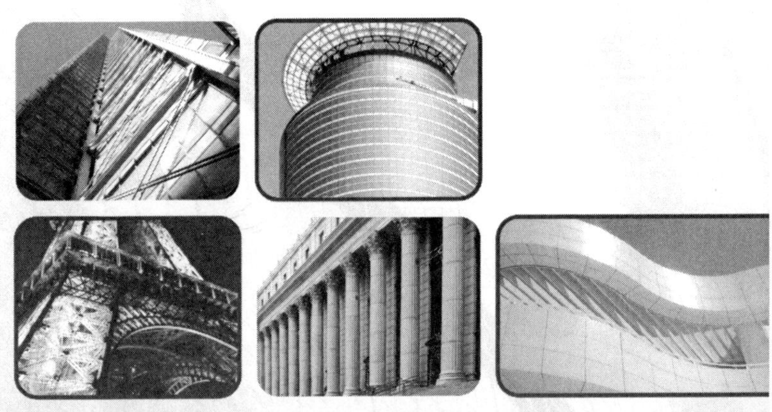

건축일반구조

정세환·정순오 공저

도서출판 세진사

머 리 말

이 책은 대학의 건축계열 학과에서 공부하는 학생들이나 산업현장의 건축 관련 기술자들을 위하여 기본적으로 이해해야 할 일반적인 건축구조학의 내용을 다루고 있다.

이 책에서는 방대한 건축 일반구조의 이론을 효율적으로 이해할 수 있도록 주요한 내용과 전체적인 흐름을 가능한 한 쉽고 간결하게 기술하려고 노력하였다. 즉, 복잡한 내용과 내용 중에 어려운 한자는 될 수 있는 대로 피하고 건축 일반구조에 관한 핵심적인 내용의 전반적 이해를 효과적으로 얻을 수 있게끔 집필하였으며, 형식은 서술 위주보다는 개괄식으로 하였고 많은 그림을 삽입하여 내용을 쉽게 이해할 수 있도록 하였다. 또한 건축구조의 전반적인 내용과 각종 구법(構法) 그리고 구조기준 등을 충실히 설명하려고 노력하였으며, 최근 개정된 구조기준[건축구조 설계기준(2005), 콘크리트 구조설계기준(2007), 건축공사표준시방서(2006), 콘크리트표준시방서(2003)]을 반영하였다.

이 책을 집필함에 있어 학회, 협회 및 관련 서적 등 여러 분들의 자료와 내용을 참고하고 활용하게 되었으나 미리 양해를 구하지 못한 점에 대하여 사의를 표하며, 이 책이 건축일반구조를 공부하는 학생들 뿐 만 아니라 건축 관련 실무에 종사하는 실무자에게도 좋은 지침서가 될 것을 기대하며 앞으로도 부족한 점은 계속 수정·보완해 나갈 생각이다.

끝으로 이 책이 출판되기까지 힘써 주신 세진사의 임직원 여러분과 편집부에 감사드립니다.

2009년 8월

저 자

차　례

2.2 지반조사 / 36

2.3 기초파기 / 40

2.4 흙막이 / 42

2.5 기초 / 51

2.6 지정 / 55

6.3 목조 벽체 / 201

6.4 마루(Floor) / 206

6.5 지붕틀 / 207

제7장 방수 공법

7.1 개요 / 213

7.2 재료별 방수공법 / 214

제8장 창호구조

제1장 총론

1.1 건축과 구조

1.2 건축 구조의 분류

1.3 내진 설계

제1장 총론

1.1 건축과 구조

1. 건축구조의 개념

건축에서 구조(構造, Structure)란 건축물을 구성하는 요소 가운데 건축물 자체와 적재물의 무게 및 지진이나 바람과 같은 건물 외부로부터의 힘에 대한 저항을 주목적으로 설치되는 것을 말하며, 구체적으로는 기둥, 보, 벽 등 건축물의 뼈대(骨組)를 말한다.

건축물의 안전은 인간의 생명과 직접적으로 관련된 것으로 건축에서 무엇보다 중요하다고 할 수 있으며, 건축물이 아닌 구조는 있을 수 있으나 구조물이 아닌 건축은 있을 수 없다.

건축의 구성방법 또는 재료 및 부품으로 구성되는 건물의 조직을 구법(構法)이라 하며, 건축물을 세우는 방법을 공법(工法)이라 한다.

2. 건축구조의 조건

(1) 안정성(安定性)

구조물은 외부로부터 여러 종류의 힘을 받더라도 움직이면 안되며 안정되어야 한다. 구조물이 움직이지 않는다는 것은 구조물에 작용하는 여러 힘들의 합이 0이라는 뜻으로, 이러한 현상을 평형(平衡)을 이루고 있다고 한다. 구조물의 평형은 수직방향의 평형, 수평방향의 평형, 전도에 대한 평형 등으로 구분할 수 있다.

(2) 기능성

구조물의 기능은 건립 목적과 깊은 관계를 가지고 있다. 주거용 구조물에서 안정성과 사용성 측면에서 보나 슬래브의 처짐 등을 적절히 제한하고 있으며, 골조계획의 합리성만 고려하여 풍하중에 대하여 연성이 높게 설계할 경우 거주자의 거주성에 좋지 않은 영향을 미칠 수 있다. 이와 같이 모든 구조물은 구조물 고유의 목적에 부합하는 기능성을 가지고 있으며, 이에 적절히 부합할 수 있도록 구조적인 검토가 이루어져야 한다.

(3) 경제성

경제성은 구조에서 필요한 안전, 구조물의 수명과 용도, 외관 등을 좌우하며, 공사비는 구조물의 종류나 사용재료, 노동력, 고용조건 등의 여러 가지 요인에 의해 영향을 받는다. 구조물에 있어 경제성은 모든 조건에서 가장 적절한 구조방식과 건설방법을 적용 또는 개발하기 위하여 다양한 요소에 대한 상호 검토가 이루어져야 한다.

3. 하중(Load)

(1) 고정하중 : 구조체 자체의 중량이나 구조물에 고정되어 일정한 위치에 작용하는 하중

(2) 활하중 : 사람・가구・짐・기타 건축물에 적재되는 물체에 의한 하중

(3) 풍하중 : 구조물에 작용하는 바람에 의한 수평력

(4) 적설하중 : 구조물 위에 쌓인 눈의 중량

(5) 지진하중 : 지진에 의한 지반운동으로 구조체에 전달되는 수평력

(6) 온도하중 : 열팽창 또는 수축에 의한 하중

(7) 토압 및 지하수압 하중 : 건물의 지하부분에 미치는 지반으로부터의 토압과 지하수 등에 의한 수압

(8) 충격하중, 진동하중 : 엘리베이터, 기계, 차량 등의 움직임에 의한 동하중

(9) 장기하중과 단기하중

① 장기하중 : 구조물에 장기간 작용하고 있는 하중으로, 고정하중+활하중

② 단기하중 : 구조물에 일시적으로 작용하는 하중으로, 장기하중+[적설하중・풍하중・지진하중 등]

▶ 설계하중의 영문기호

- D : Dead Load, 고정하중
- L : Live Load, 활하중
- W : Wind Load, 풍하중
- S : Snow Load, 적설하중
- E : Earthquake Load, 지진하중
- H : Hydraulic and Soil Pressure, 수압 및 토압
- T : Thermal Load, 온도하중
- F : Fluid Pressure, 유체압
- M : Moving Load, 운반하중

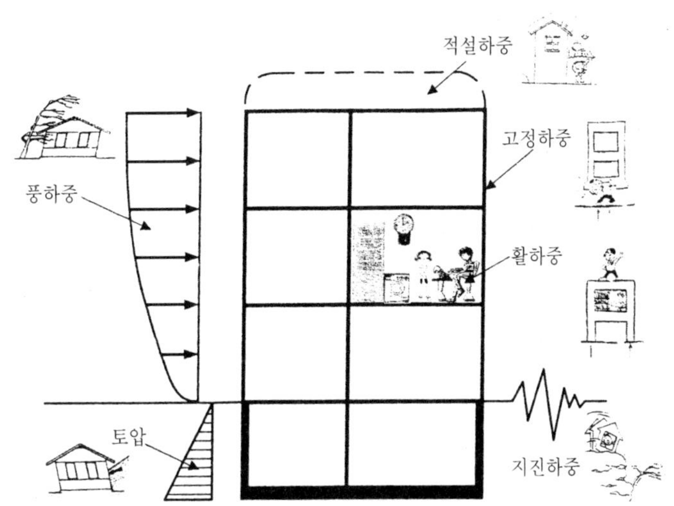

그림 1.1 건축물에 작용하는 하중의 종류

4. 구조물의 주요 구성

(1) 기초(Foundation, Footing) : 건축물의 하중을 안전하게 지반에 전달하는 하부 구조체

(2) 기둥(Column) : 상부의 하중을 받아 하부로 전달하는 수직재

(3) 벽(Wall) : 수직으로 공간을 막은 구조로 외부에 설치된 벽을 외벽, 내측을 내벽이라 하고, 칸막이벽으로 설치된 것을 장막벽, 상부하중을 받아 견딜 수 있도록 설치된 벽을 내력벽이라 한다.

(4) 바닥판(Slab, Floor) : 건축물의 수평 바닥부분으로, 사람의 활동이나 물건을 적재하는 공간을 이룬다.

(5) 보(Girder, Beam) : 기둥이나 벽체에 수평으로 걸쳐 위에서 오는 하중을 받는 구조체

(6) 지붕(Roof) : 건물의 최상부를 막아 눈, 비바람을 막는 구조체

(7) 천장(Ceiling) : 지붕이나 상부층의 밑을 막아 열 차단, 음향방지와 장식을 겸한 것

(8) 계단(Stairs) : 상부바닥과 하부바닥을 서로 연결하는 구조체

(9) 수장(Fixture) : 벽면, 바닥, 천장에 장식을 목적으로 구조체에 붙여 대는 것

(10) 창호(Door & Window) : 출입, 채광, 통풍 등의 목적으로 벽체, 지붕, 천장 등에 개구부를 설치한 것

(11) 마무리(Finishing) : 건축물의 마감일로서 구조체를 덮어 씌워 건물의 내구성을 증대시키고 장식을 목적으로 시행하는 것

1.2 건축 구조의 분류

1. 구조재료에 의한 분류

(1) 철근콘크리트 구조(RC조)

① 철근을 조립하고 콘크리트를 부어 넣어 일체식으로 구축한 것

② 내화성 · 내구성이 뛰어나며, 재료를 쉽게 구할 수 있고 부재의 형상과 치수가 자유롭다.

③ 중량이 무겁고 공기가 길며, 균질한 시공이 어렵다.

(2) 철골 구조(강 구조, S조)

① 각종 형태의 형강과 강판을 볼트, 용접 등으로 접합한 것

② 공사 진행이 빠르며, 고층건물 또는 장스팬(Span) 건물에 주로 쓰인다.

③ 강재는 세장하여 좌굴에 약하고 화재에 약하므로 내화피복이 필요하며, 가격이 비싸다.

(3) 철골 철근콘크리트 구조(SRC조)

① 철골 부재에 철근콘크리트를 함께 사용한 구조

② 내진성 · 내화성 · 내구성이 좋으며, 고층 및 대건축에 적합하다.

③ 시공이 복잡하며, 고가이고 공기가 길다.

(4) 벽돌 구조

① 내력벽을 벽돌로 쌓아 구축한 것

② 내화 · 내구적이며, 방한 · 방서성이 좋다.

③ 수평력에 약하며, 습기가 차기 쉽다.

(5) 나무 구조(목 구조)

① 건물 뼈대를 나무로 짜서 가구식으로 구축한 것

② 구조방법이 간단하며, 외관이 아름답고 자연스럽다.

③ 화재에 위험하고 내구력이 부족하며, 부패의 우려가 있다.

2. 구성 양식에 의한 분류

(1) 가구식 구조

① 가늘고 긴 부재를 접합하여 뼈대를 만드는 구조

② 부재 접합부에 따라 구조강성이 결정된다.

③ 철골구조, 나무구조

(2) 일체식 구조(라멘구조)

① 기둥과 보를 고정지점으로 하여 연속적으로 일체가 되게 만든 구조

② 철근콘크리트구조, 철골 철근콘크리트구조

(3) 조적식 구조

① 개개의 재료를 접착재료로 쌓아 만든 구조

② 재료와 접착재의 강도에 따라 구조강도가 결정되며, 횡력에 약하다.

③ 벽돌구조, 블록구조, 돌구조

(4) 조립식 구조(Prefab 구조)

① 주요 부재를 공장에서 제작하고 현장으로 운반하여 조립·접합하는 구조

② 공기가 단축되고 대량 생산이 가능하다.

③ 시공 능률이 향상되고 공사비가 절약된다.

④ 운반 거리에 제한을 받으며, 접합부의 강성이 약하다.

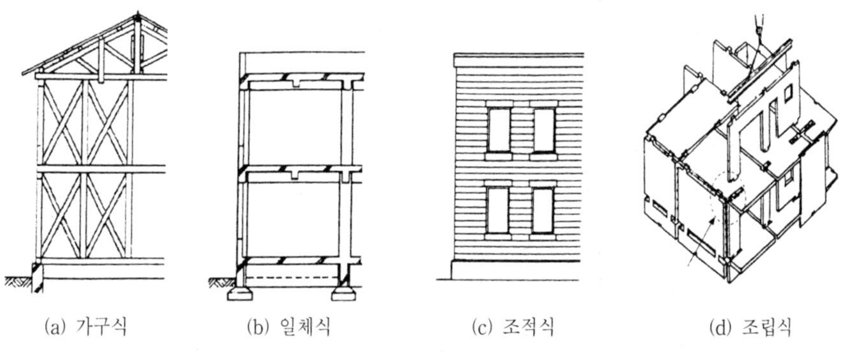

(a) 가구식 (b) 일체식 (c) 조적식 (d) 조립식

그림 1.2 구성 양식에 의한 분류

3. 시공 방법에 의한 분류

(1) 습식(濕式)구조 : 물을 사용하여 현장에서 시공하는 것, 철근콘크리트구조 · 벽돌구조

(2) 건식(乾式)구조 : 물을 사용하지 않고 규격화된 기성재를 짜 맞추어 구성하는 것, 철골구조 · 나무구조

4. 방재에 의한 분류

(1) 내화 구조 : 내외장재도 불연재료로 되어 있어서 화재의 피해를 받지 않는 구조

(2) 내진 구조 : 지진에 견딜 수 있는 구조로, 지진에너지를 받을 수 있도록 충분한 연성의 확보가 중요하다.

(3) 내풍 구조 : 풍하중에 견딜 수 있는 구조

(4) 방폭 구조 : 폭탄 투하에도 안전성을 확보하기 위한 구조

5. 특수 구조

(1) 절판(Folded Plate) 구조

① 평면판을 접어서 휨모멘트에 저항하는 강성을 높여 외력에 저항할 수 있도록 일체화시킨 구조

② 평면을 아코디언과 같이 주름을 잡아 지지하중을 증가시키는 구조형태

(2) 아치(Arch)

① 상부에서 오는 하중이 아치의 축선에 따라 압축력으로 지지점에 전달되는 구조

② 부재 하부에 인장력이 생기지 않게 한 구조

(3) 입체 트러스 구조(Space frame)

① 선형부재를 절점을 중심으로 조합하여 삼각뿔 형태의 단위 구조물을 만들고 이들을 입체적으로 현장 조립하는 구조

② 가해지는 하중이 구성부재를 통하여 3차원적으로 외주 방향으로 전달되는 구조

③ 체육관 같은 넓은 공간을 덮는데 많이 쓰인다.

(4) 현수(Suspension) 구조

① 모든 하중을 인장력으로 전달하게 하여 지붕 및 바닥 등의 슬래브를 인장력을 가한 케이블(Cable)로 지지하는 구조

② 샌프란시스코의 금문교와 같이 경간이 큰 다리 구조에 많이 쓰인다.

(5) 막(Membrane) 구조

① 막의 인장력을 사용하여 구조물 외관에 강성을 줌으로써 하중에 대하여 안정된 형태를 유지하는 구조

② 텐트와 같은 원리로 된 구조이며, 와이어 로프 등을 드리고 그 위에 플라스틱 계통의 반투명 텐트를 설치한 구조

③ 공기막 구조 : 막구조로 지붕 전체를 덮고 막 내부에 공기를 넣어 내외부의 기압 차이로 외력에 저항하도록 풍선모양으로 만든 지붕구조

(6) 쉘(Shell) 구조

① 경간 곡률반경에 비하여 두께를 얇게 만든 곡면으로 된 구조

② 곡면판이 지니는 역학적 특성을 응용한 구조

③ 외력은 주로 판의 면내력으로 전달되기 때문에 경량이고 내력이 큰 구조물을 구성할 수 있다.

④ 곡면의 형상에 따라 원통형 쉘, 구형 쉘, 쌍곡포물선 곡면쉘(HP쉘), 추동형 쉘로 구분된다.

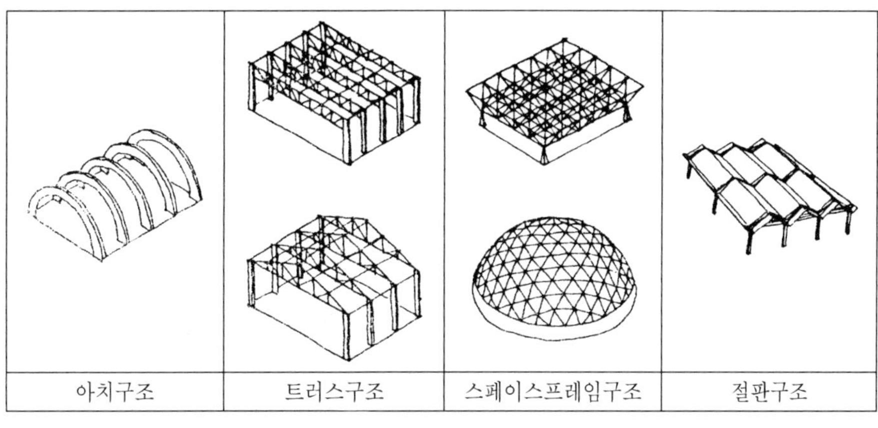

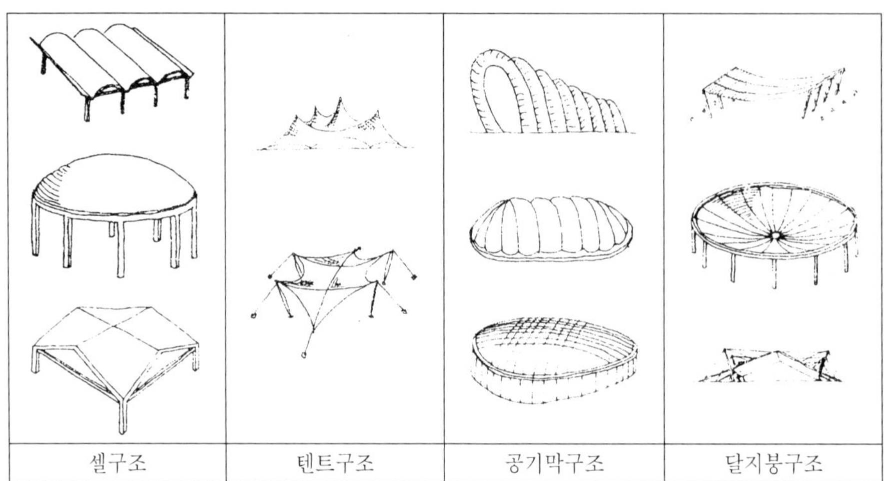

그림 1.3 특수 구조

1.3 내진 설계

1. 지진의 일반사항

(1) 지진(Earthquake)

① 땅 속의 거대한 암반이 갑자기 갈라지면서 그 충격으로 땅이 흔들리는 현상

② 지구내부 어딘가에서 급격한 지각변동이 생겨 그 충격으로 생긴 파동, 즉 지진파가 지표면까지 전해져 지반을 진동시키는 것

(2) 지진의 크기

① 규모(Magnitude)

- 발생한 지진에너지의 크기를 나타내는 척도로서 지진계에 기록된 진폭(지진의 크기)을 진원의 깊이와 진앙까지의 거리 등을 고려하여 지수로 나타낸 것
- 장소에 관계없는 절대적 개념의 크기

② 진도(Seismic intensity)

- 지진의 크기를 나타내는 가장 오래된 척도
- 어떤 장소에서 지반진동의 크기를 사람이 느끼는 감각, 주위의 물체, 구조물 및 자연계에 대한 영향을 계급별로 분류시킨 상대적 개념의 지진크기
- 정성적으로 표현된 지진의 피해는 역사적인 기록에서도 찾아낼 수 있으므로 역사적인 크기를 나타낼 때도 사용된다.

• 지진 발생시 지반의 운동정도를 평가하는데 사용되며 정밀하지는 않지만 지형적으로 다른 지역의 지진효과의 비교, 지진피해 평가 등에도 응용될 수 있다.

③ 규모 및 진도에 따른 영향[MM(Modified Mercalli) 진도계급]

규 모	진 도	인체, 구조물, 자연계 등에 대한 영향
2.9 미만	Ⅰ	· 특별히 좋은 상태에서 극소수의 사람만이 느낌
3.0~3.9	Ⅱ	· 높은 빌딩의 높은 층에 있는 사람들 같이 소수의 사람만이 느낌
	Ⅲ	· 실내에서, 특히 건물의 위층에 있는 사람들이 뚜렷하게 느낌 · 정지하고 있는 차가 약간 흔들리며 트럭이 지나가는 듯한 진동
4.0~4.9	Ⅳ	· 실내에서는 많은 사람이 느끼나 야외에서는 거의 느끼지 못함 · 밤에는 일부 사람이 잠을 깸 · 그릇, 창문, 문 등이 흔들리며 벽이 갈라지는 듯한 소리를 냄 · 대형트럭이 건물에 부딪치는 듯한 느낌을 줌. 정지한 차가 뚜렷하게 흔들림
	Ⅴ	· 거의 모든 사람이 느낌. 많은 사람이 잠에서 깸 · 그릇과 창문이 깨어지기도 하며, 고정안 된 물체는 넘어지기도 함
5.0~5.9	Ⅵ	· 모든 사람이 느낌. 많은 사람이 놀라 대피함 · 무거운 가구가 움직이기도 하며, 건물 벽에 균열이 생기기도 함
	Ⅶ	· 모든 사람이 놀라 뛰쳐 나옴 · 설계와 건축이 잘 된 건축물에서는 피해를 무시할 수 있으나, 보통 건축물은 약간의 피해가 발생 · 부실건축물은 상당한 피해 발생. 굴뚝이 무너지기도 하며, 운전자도 지진동을 느낄 수 있음
6.0~6.9	Ⅷ	· 특수 설계된 건축물에 약간의 피해 발생 · 일반 건축물에도 부분적인 붕괴 등 상당한 피해 발생. 부실 건축물은 극심한 피해 발생 · 상품, 굴뚝, 기둥, 기념비, 벽들이 무너짐
	Ⅸ	· 특수 설계된 건축물에도 상당한 피해발생 · 견고한 건축물에 부분적 붕괴발생 · 지표면에 균열 발생. 지하 송수관 파손
7.0 이상	Ⅹ	· 대부분의 건축물이 기초와 함께 부서짐 · 지표면에 심한 균열이 생김. 철로가 휘어지고 산사태가 발생함
	Ⅺ	· 남아있는 석조 건축물은 거의 없으며, 지표면에 광범위한 균열이 생김 · 지표면이 침하하고 철로가 심하게 휘어짐
	Ⅻ	· 전면적인 파괴 상황. 지표면에 파동이 보임 · 수평면이 뒤틀리며, 물체가 하늘로 던져짐

▶ 잘못 사용되는 용어

- 국제적으로 '규모'는 소수 1위의 아라비아 숫자로 표기하고 '진도'는 정수 단위의 로마 숫자로 표기하는 것이 관례이다.[규모 5.6, 진도 Ⅳ]
- '리히터 지진계로 진도 5.6의 지진'은 틀린 표현이며 '리히터 규모 5.6의 지진' 또는 단순히 '규모 5.6의 지진'으로 표현해야 한다.
- '진도 5.6'은 틀린 표현이며 '규모 5.6'이라 표현하는 것이 옳은 표기법이다.

2. 내진 설계

(1) 내진설계(Seismic Design)의 기본원칙

구조 시스템의 주요부분들이 일체적으로 거동하도록 하는 것

① 지반과 기초의 일체화

- 기초의 형태와 지중 구조시스템은 가능한 한 단순한 것을 선택한다.
- 기초가 지중의 다른 구조요소들과 묶여 있도록 계획한다.

② 구조물의 불필요한 무게를 줄일 것

- 구조물의 질량은 건물 기초에서의 흔들림에 대한 반력으로 작용한다.
- 반력으로 작용하는 질량이 적으면 적을수록 지진력이 적어지기 때문에 불필요한 질량은 제거한다.

③ 균형잡힌 평면계획에 의한 확실한 시공

- L형 평면과 같은 비정형 평면은 계획 초기부터 지양한다.
- 정형 평면일 경우 코어(Core)의 중심배치를 통해 비틀림 효과를 억제한다.

④ 비구조 요소의 무분별한 첨가 배제

- 조적벽의 추가에 따른 강성의 확보
- 상부벽의 추가에 따른 강성의 확보

⑤ 내진상세 구조기준의 철저한 준수

- 벽과 벽을 연결하는 보 : 전단보강근(스터럽), 전단력이 큰 경우는 X자형 보강근
- 기둥 횡보강 상세 : 접합부 내에 정착되도록 시공하며 접합부 근방에서는 횡보강근의 간격도 1/2로 줄여서 배근한다.

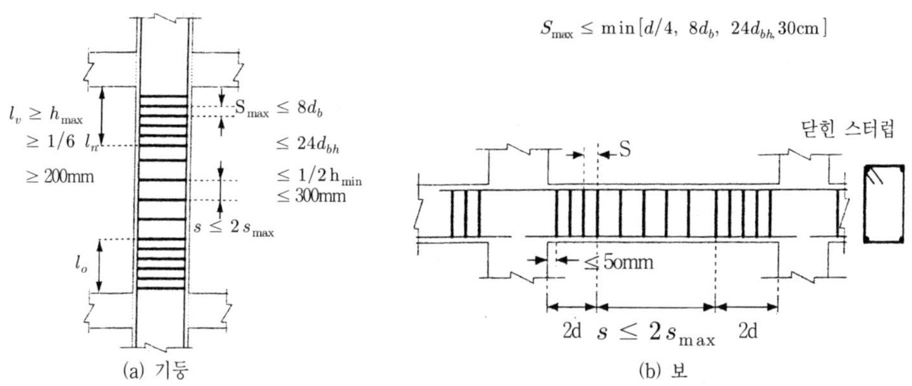

그림 1.4 기둥과 보의 내진 상세

(2) 내진 보강법

① 내진벽 : 기존 골조 내에 신설 내진벽을 설치하며, 기존 내진벽의 두께를 늘린다.

② 날개벽의 신설 : 내진벽으로 취급할 수 없는 박은 벽판 즉, 날개벽을 기둥의 한쪽 또는 양쪽에 붙여서 기둥의 강도 또는 골조의 인성을 개선한다.

③ 기둥의 보강 : 기둥의 단부에 강판, 탄소섬유 등으로 감싸며, 기둥단면을 증대시킨다.

④ 보의 보강 : 보의 단부에서 하단과 측면에 강판, 탄소섬유 등을 부착하거나 콘크리트 단부에 스터럽을 배근하여 연성을 확보한다.

⑤ 철골가새 보강 : 기존 골조 내에 철골가새를 설치한다.

⑥ 기타 방법

- 반응수정계수(R) 값이 높은 골조 형식으로 변경한다.
- 건물 내부의 비구조재를 제거하여 건물의 중량(W)을 감소시킨다.
- 보나 전단벽에서 주철근을 선택적으로 제거하여 강기둥-약보 거동을 유도하거나 휨파괴를 유도한다.
- 철골구조에서 수평력을 하부구조로 안전하게 전달될 수 있도록 바닥구조가 다이아프램의 역할을 할 수 있도록 보강한다.
- 철골구조에서 단순접합을 모멘트접합(강접합)으로 보강한다.
- 철골구조에서 보통모멘트골조를 연성모멘트골조로 보강한다.

(3) 내진설계를 위한 해석방법

① 등가 정적해석법 : 지진력을 정적인 횡력으로 계산하여 지진거동을 해석하는 방법

② 동적 해석법 : 응답스펙트럼 해석법, 선형 시간이력해석법, 비선형 시간이력해석법

(4) 내진설계 기준[KBC 2005]

① 밑면 전단력(V)

$$V = C_c \cdot W = \frac{S_{D1}}{[\frac{R}{I_E}]T} \cdot W$$

여기에서 C_c : 지진응답계수

W : 유효 건물중량

S_{D1} : 설계스펙트럼가속도

R : 반응수정계수

I_E : 건물의 중요도계수

T : 건물의 고유주기(초)

② 지진응답계수(C_c) : 그 지역의 지진특성을 반영하여 설계의 목적으로 수정된 설계스펙트럼을 계수화하여 표현한 것

③ 지역계수(A) : 해당지역의 지진위험도를 가속도의 형태로 나타낸 것

④ 반응수정계수(R)

- 구조물의 강도와 인성에 따른 에너지흡수능력의 지표
- 탄성 지진하중을 줄여주는 역할을 하기 위한 계수
- 지진에 저항력이 좋은 시스템일수록 큰 값을 가진다.

⑤ 건물의 중요도계수(I_E) : 건물의 중요도에 따라 지진하중을 증감시키는 정도를 나타내는 계수

⑥ 건물의 고유주기(T)

- 저항요소의 변화특성과 골조의 유연도와 같은 구조성질에 따라 구해지는 값
- 기본진동주기(T_a)[약산법]

$$T_a = C_T (h_n)^{3/4}$$

여기에서 C_T : 0.085(철골 모멘트골조)

0.073(철근콘크리트 모멘트골조, 철골 편심가새골조)

0.049(그외 다른 건물)

h_n : 건물 밑면으로부터 최상층까지의 높이

⑦ 층간변위(Δ)

• 주어진 층의 상하단 질량중심의 수평변위간 차

x층 변위 : $\delta_x = \dfrac{C_d \delta_{xe}}{I_E}$

여기에서 C_d : 변위증폭계수

δ_{xe} : 지진력저항시스템의 탄성해석에 의한 변위

I_E : 건물의 중요도계수

허용 층간변위(Δ_a)[h_{sx} : x층 층고]

내진등급 특 : $0.010h_{sx}$

내진등급 I : $0.015h_{sx}$

내진등급 II : $0.020h_{sx}$

(5) 내진 이외의 지진을 다루는 기술

① 내진(耐震) : 구조물이 지진력에 대항하여 싸워 이겨내도록 구조물 자체를 튼튼하게 설계하는 기술

② 제진(制震) : 별도의 장치를 이용하여 지진력에 상응하는 힘을 구조물 내에서 발생시키거나 지진력을 흡수하여 구조물이 부담해야 할 지진력을 감소시키는 기술 제진장치의 움직임에 따라 흔들림을 효과적으로 제어하여 건물의 안전성을 높이는 방법

③ 면진(免震) : 구조물과 지반을 분리시켜 지반진동으로 인한 지진력이 직접 구조물로 전달되는 양을 감소시킴으로서 내진성을 확보한다는 수동적인 개념의 기술

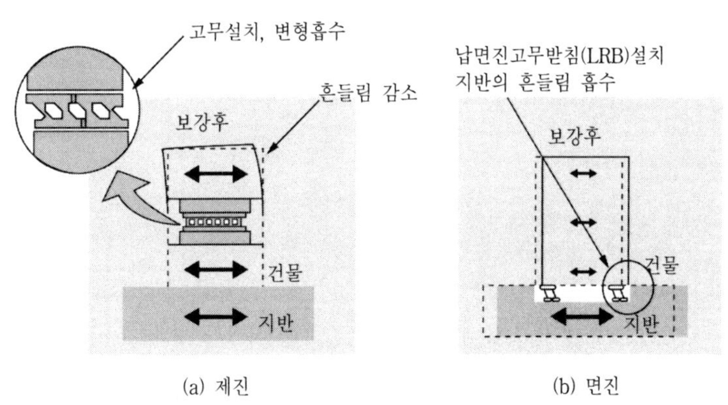

그림 1.5 재진과 면진

제2장 기초구조

제2장 기초구조

2.1 지반

1. 지반의 성질

(1) 전단강도

① 흙에 관한 역학적 성질로써 기초의 극한지지력을 알 수 있다.

② 기초의 하중이 흙의 전단강도 이상이 되면 흙은 붕괴되고 기초는 침하를 일으키며, 그 이하가 되면 흙은 안정되고 기초는 지지된다.

(2) 투수성

① 터파기시 지반의 투수성은 배수공사와 지하수 처리에 영향을 준다.

② 모래가 진흙보다 투수성이 크다.

③ 점토지반의 투수성은 압밀침하의 시간을 지배한다.

(3) 압밀 침하

① 간극 내의 물이 밖으로 유출하여 입자의 간격이 좁아지며 침하되는 것

② 점토지반은 투수성이 작아서 장기간에 걸쳐 압밀침하를 일으킨다.

(4) 예민비(Sensitivity Ratio, ST)

① 자연 시료에 대한 이긴 시료의 강도비

② 진흙의 자연시료는 어느 정도 강도는 있으나 그 함수율을 변화시키지 않고 이기면 약해지는 성질이 있고 그 정도를 나타내는 것이 예민비이다. → 압축강도의 감소비

③ 모래는 작고 점토는 크다.[점토 : 4~10, 모래 : 1 정도]

(5) 간극수압(공극수압)

① 흙 속에 포함된 물에 의한 상향 수압

② 간극수압은 지반의 강도를 저하시키며 물이 깊을수록 커진다.

(6) 액상화(Liquefaction) 현상

① 모래 지반에서 지진, 진동 등에 의해 간극수압의 상승으로 유효응력이 감소되고 전단저항을 상실하여 액체와 같이 되는 현상

② 부동침하, 지반이동, 작은 건축물의 부상 등이 발생된다.

(7) 사질 및 점토질 지반의 비교

특 성	사 질	점토질	특 성	사 질	점토질
투수계수	크다	작다	공극율	작다	크다
내부 마찰각	크다	작다	동결 피해	작다	크다
전단강도	크다	작다	가소성	없다	있다
점착성	작다	크다	건조 수축	어렵다	쉽다
압밀성	작다	크다	불교란 시료	채취 곤란	채취 쉽다

(8) 지중 응력 분포

① 모래(사질)

- 지지력은 중앙에서 크게 나타나고 주변으로 갈수록 감소한다.
- 점착력이 적어 구조물 주변에 저항력이 적게 일어나므로 건물의 양단에서 침하하기 쉽다.

② 진흙(점토질)

- 지지력은 주변에서 크게 나타나고 중앙으로 갈수록 감소한다.
- 기초 주변에서 전단저항을 일으켜 구조물 주변에 저항력이 크게 일어나므로 건물의 중앙에서 침하하기 쉽다.

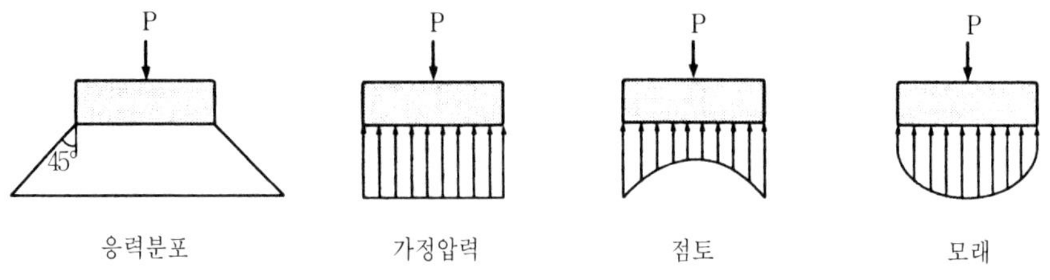

그림 2.1 지중응력 분포

2. 지반의 지내력

(1) 지지력과 지내력

① 지반의 극한지지력 : 구조물을 지지할 수 있는 지반의 최대저항력

② 지반의 허용지지력 : 지반의 극한지지력을 안전율로 나눈 값

③ 허용지내력 : 지반의 허용지지력 내에서 침하 또는 부등침하가 허용한도 내로 될 수 있게 하는 하중

(2) 지반의 허용지내력 [kN/m²]

지반의 종류	장기 허용지내력		단기 허용 지내력
	일반적인 것	밀실한 것	
경암반	4,000		통상 장기허용 지내력의 2배로 본다 (법규규정은 1.5배)
연암반	2,000		
자 갈	300	600	
자갈과 모래와의 혼합	200	500	
모래섞인 점토, 롬토	150	300	
모 래	100	400	
점 토	100	250	

※ 롬(Loam)토 : 모래+실트+점토의 혼합토

(3) 지내력 시험

지반면에 직접 하중을 가하여 기초 지반의 지지력을 추정하는 것으로, 평판재하시험이 지내력시험으로 많이 쓰인다.

(4) 평판 재하시험(Plate Bearing Test, P.B.T)

① 구조물을 설치하는 지반에 재하판을 통해서 하중을 가한 후 하중-침하량의 관계에서 지반의 지지력을 구하는 원위치 시험

② 시험 기구

- 재하판 : 지름 300~750mm(두께 25mm 이상)의 원형 철판 또는 사각 철판
- Jack : 가력기구, 용량 500kN 이상 또는 최대 예상하중 용량
- Load cell : 계측기기, 하중을 ±2% 정밀도로 측정
- Dial gauge : 측정기기, 측정범위(Stroke) 50mm 이상으로서 0.01mmm 정밀도 필요

③ 최소한 3개소 시험을 하며, 시험개소 사이의 거리는 재하판 지름의 5배 이상으로 한다.

④ 예비재하를 한 다음 1 Cycle 또는 다(多) Cycle 방식 중 선정하여 실시한다.

⑤ 하중 증가 : 100kN/m^2 이하 또는 예상 지지력의 1/5 이하의 하중으로 나누고 누계적으로 동일하중을 재하한다.

⑥ 재하시간 간격 : 최소 15분이상, 시간간격 변경시 일련의 모든 시험에 동일 적용하다.

⑦ 재하판에 하중을 가하는 방식 : 중량물을 이용하는 중량식과 어스앵커, 인장말뚝 등을 이용하는 반력식 및 트럭이나 중장비를 사용하는 방법이 있다.

⑧ 하중 지지력은 항복하중의 1/2 또는 극한 지지력의 1/3 중 작은 값으로 한다.

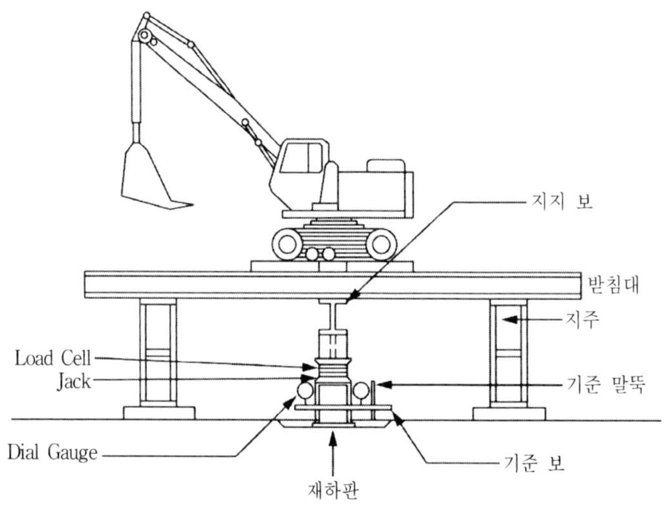

그림 2.2 평판 재하시험

2.2 지반조사

1. 일반 사항

(1) 지반조사의 목적

① 지반의 구성상태 및 지하수위 파악

② 산정지반조건에 따른 흙막이공사 공법 결정

③ 기초의 지지력 계산 및 구조물의 예상 침하량 산정

④ 구조물에 적절한 기초의 형태와 깊이를 결정

(2) 지반조사 순서 : 사전조사→예비조사→본조사→추가조사

① 예비조사

- 기초의 형식을 구상하고, 본조사의 계획을 세우기 위하여 시행하는 것
- 대지 내의 개략의 지반구성, 각층의 토질의 단단함과 연함 및 지하수의 위치 등을 파악하는 것

② 본조사

- 기초의 설계 및 시공에 필요한 제반 자료를 얻기 위하여 시행하는 것
- 보링 및 기타 방법에 의하여 대지 내의 지반구성과 기초의 지지력, 침하 및 시공에 영향을 미치는 범위 내의 지반의 여러 성질과 지하수의 상태를 조사하는 것
- 조사간격, 조사지점 및 깊이는 예비조사에서 추정되는 지반상황과 건물의 규모, 종류에 따라서 정하는 것으로 한다.

2. 지반조사법

종 류	내 용
지하 탐사법	시험파기, 짚어보기, 물리적 지하탐사법
보링(Boring)	오거 보링, 수세식 보링, 충격식 보링, 회전식 보링
사운딩(Sounding)	표준관입시험, 베인시험, 원추관입시험, 스웨덴식 관입시험
시료 채취(Sampling)	교란 시료채취, 불교란 시료채취
토질시험	분류판별시험, 압밀시험, 압축시험, 전단시험 등
지내력 시험	평판재하시험, 말뚝재하시험, 말뚝박기시험

(1) 지하 탐사법

① 시험파기(터파보기) : 대지 일부를 시험 파기하여 지층상태를 보고 내력을 추정한다.

② 짚어보기(탐사간) : 철봉을 땅 속에 박아보아 침하력에 의한 손짐작으로 지반의 단단함을 판단한다.

③ 물리적 지하탐사법 : 광대한 지하 구성층의 대략적 탐사방법

- 전기저항식 : 땅 속에 전류를 통하여 거리와 전기저항의 관계 등으로 지층을 파악하는 것

- 탄성파식 : 탄성파를 발생시켜 진동이 도달하는 시간과 거리를 통해 지층을 파악하는 것
- 방사능 검층법 : 코발트 등의 방사성 물질이 땅 속을 통과하는 강도로 지층을 파악하는 것

(2) 보링(Boring)

① 시추공내 원위치 시험을 위한 구멍을 만드는 작업, 토질시험을 위한 불교란 시료의 채취

② 보링의 목적 : 토질관찰, 토질시험용 샘플채취, 표준관입시험, 지하수위 확인

③ 보링의 사용기구

- 비트(Bit, 충격날) : 굴착용
- 로드(Rod, 쇠막대) : 지지연결대
- 코아 튜브(Core tube) : 시료 채취기
- 외관(Casing) : 구멍벽 보호용

④ 보링의 종류

- 오우거 보링 : 나선형의 송곳(오우거)을 이용하여 간편하게 구멍을 뚫는 것
- 수세식 보링 : 연약한 토사에 수압을 이용하는 것으로, 회전식과 병용하여 널리 이용된다.
- 충격식 보링 : 비트의 상하작동에 의한 충격을 이용하는 것으로, 토사 및 균열이 심한 암반에 적용하며 지하수 개발에 많이 이용한다.
- 회전식 보링 : 비트를 회전시켜 구멍을 뚫는 것으로, 지층의 변화를 연속적으로 비교적 정확하게 알고자 할 때 이용한다.

⑤ 토질 주상도(土質 柱狀圖, Drill log)

- 보링과 표준관입시험 등으로 얻은 지층 구성, 지하수 위치, 지반의 단단하고 무른 정도(경연) 등의 결과를 각각의 보링위치에 대하여 하나의 시트로 정리한 것
- 확인 사항 : 지층의 확인, 지하수위의 확인, N값의 확인, 시료 채취

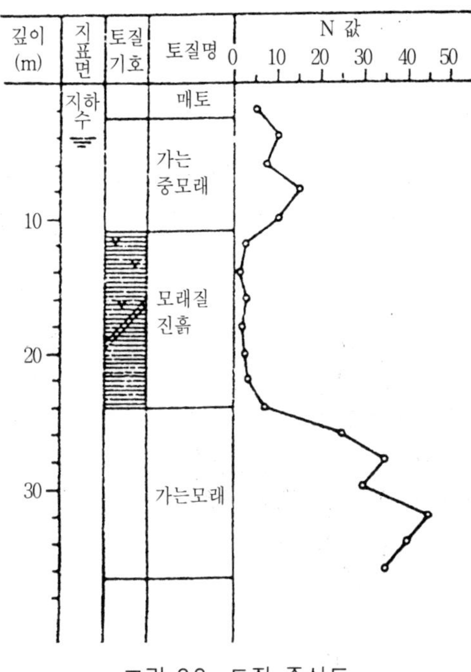

그림 2.3 토질 주상도

(3) 표준관입시험(Standard Penetration Test, SPT)

① 중량 63.5kg의 추를 높이 76cm에서 떨어뜨려 표준 샘플러를 30cm 관입시키는데 요하는 타격회수(N값)를 구하여 지반의 밀도를 측정하는 것

② Sounding 관입시험의 한 종류이며, 보링 작업을 통해서 얻는다.

③ 불교란시료 채취가 곤란한 모래질 지반에 가장 적당하다.

④ 자갈층에서는 정확한 판정이 곤란하다.

⑤ N값이 클수록 밀실한 토지이다.

⑥ 표준관입시험 N값에 의한 밀도 측정

N값	모래질 지반	N값	점토질 지반
50 이상	대단히 조밀	30~50	딱딱
10~30	보통	8~15	단단
4~10	느슨	4~8	중간
0~4	대단히 느슨	2~4	무름
		0~2	대단히 무름

(4) 베인 시험(Vane test)

① 보링의 구멍을 이용하여 +자 날개형의 베인(Vane)을 지반에 넣고 회전시켜

전단강도를 구하는 방법

② 연한 점토질에 쓰이며, 굳은 진흙층에는 테스터의 관입이 곤란하므로 부적당하다.

③ 10m 이상의 길이가 되면 로드(Rod)의 되돌음 등이 있어 부정확하다.

④ 용도 : 점토질의 점착력 판별, 기초저면 지내력 확인

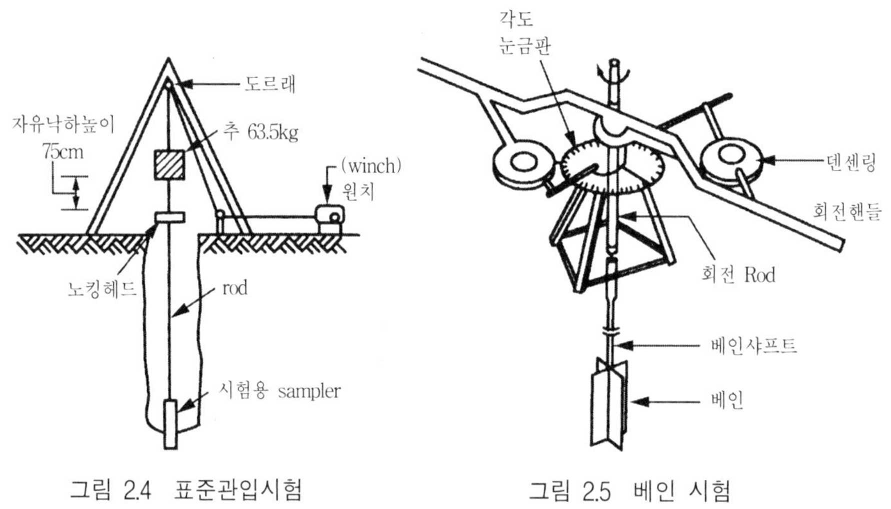

그림 2.4 표준관입시험

그림 2.5 베인 시험

2.3 기초파기

1. 흙파기

(1) 흙파기 준비

터 고르기→기준점(bench mark) 설치→ 줄쳐보기→수평 규준틀 설치

(2) 흙파기 모양

① 구덩이 파기 : 네모로 구덩이를 파는 것, 독립기초에 사용

② 줄기초 파기 : 도랑 모양으로 길게 파는 것, 조적조 기초에 사용

③ 온통 파기 : 지하실 등을 만들 때와 같이 건물 밑을 온통 파는 것

2. 흙파기 공법

(1) 경사면 온통파기(Open cut) 공법

① 굴착면을 경사지게 하여 흙막이벽이나 가설 구조물이 없이 굴착하는 것
② 굴착면적에 비해 대지 면적이 큰 경우에 사용된다.

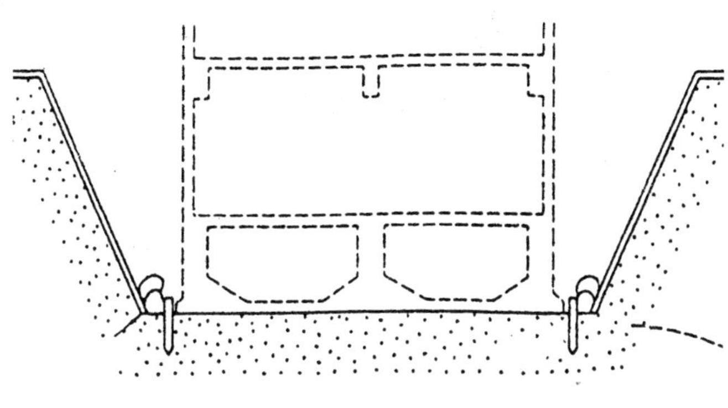

그림 2.6 경사면 온통파기 공법

(2) 흙막이 온통파기(Open cut) 공법
① 자립식 공법 : 흙막이벽만으로 토압을 지지하면서 굴착하는 것
② 버팀대 공법 : 흙막이벽의 토압을 버팀대로 지지하면서 굴착하는 것
③ 어스 앵커 공법 : 버팀대 대신 흙박이벽의 바깥쪽에 어스 앵커(Earth anchor)를 설치하여 토압을 지지하면서 굴착하는 것

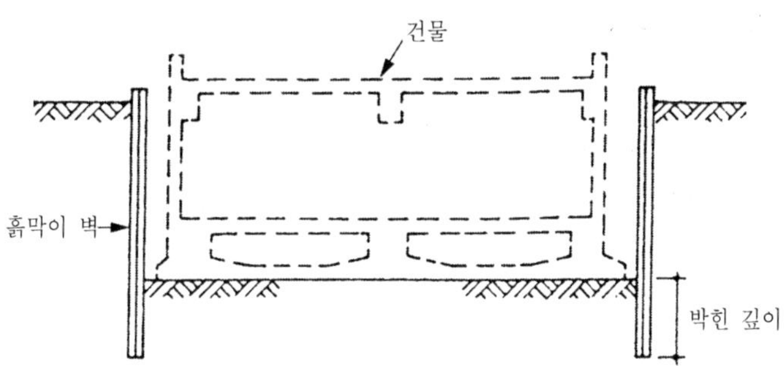

그림 2.7 자립식 흙막이 공법

(3) 아일랜드 컷(Island cut) 공법
① 흙막이를 설치하고 그 주위는 비탈면으로 남겨두고 중앙 부분을 먼저 파서 기초 구조물을 축조한 다음 버팀대로 흙막이를 지지하고 주변 흙을 파내는 것
② 굴착면적이 넓고 깊이가 비교적 얕은 경우에 효과적이다.

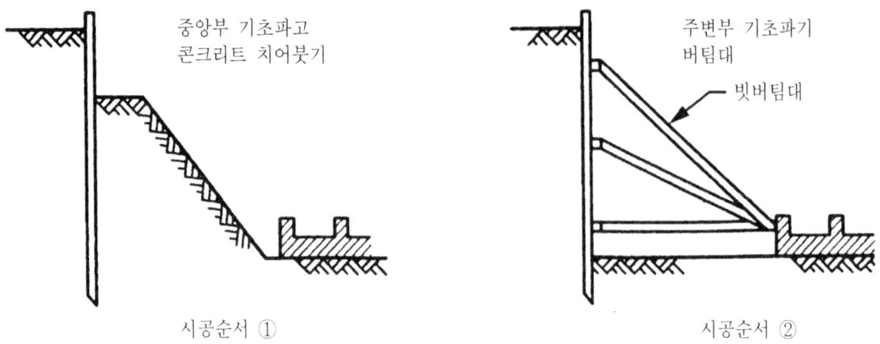

그림 2.8 아일랜드 컷 공법

(4) 트렌치 컷(Trench cut) 공법

① 아일랜드 컷 공법과 반대로 주변 흙을 먼저 파고 구조물을 축조한 후 중앙부의 흙을 나중에 굴착하는 것

② 지반이 매우 연약하여 온통파기가 불가능할 때 또는 히빙현상이 예상될 때 효과적이다.

2.4 흙막이

1. 간단한 흙막이

(1) 줄기초 흙막이

구멍벽의 붕괴를 방지하기 위해서 널판, 띠장, 버팀대 등을 사용한다.

(2) 엄지말뚝식 흙막이

일정한 간격으로 H형강(엄지말뚝)을 박고 토류판을 H형강 사이에 끼워서 토사의 붕괴를 방지하는공법

(3) 연결재 당겨매기식 흙막이

지반이 연약하여 버팀대로 지지하기 곤란한 넓은 대지에 사용한다.

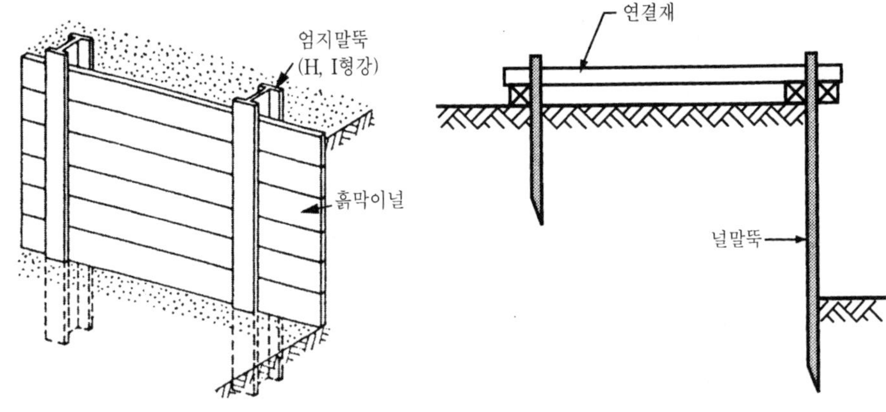

그림 2.9 엄지말뚝식 흙막이

그림 2.10 연결재 당겨매기식 흙막이

2. 버팀대식 흙막이

(1) 수평 버팀대식 흙막이

① 굴착 외주에 흙막이벽을 설치하고 토압을 버팀대에 부담하면서 굴착하는 것

② 굴착면적이 좁고 깊을 때 유리하다.

③ 대지 경계면까지 굴착 가능하며, 공법적으로 단순하다.

④ 버팀대에 의해 굴착기계 활동이 제한되어 작업성이 저하된다.

⑤ 버팀대가 길어지면 좌굴이 일어나므로 중간에 받침기둥을 설치하여 버팀대를 보강한다.

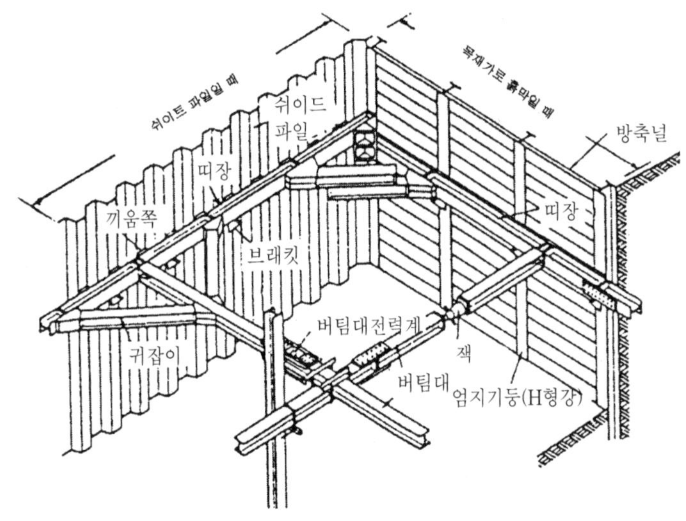

그림 2.11 수평 버팀대식 흙막이

(2) 빗버팀대식 흙막이

아일랜드 컷 공법처럼 중앙부를 먼저 굴착하고 본체를 구축한 후에 경사지게 버팀대를 걸쳐 흙막이벽을 지지하면서 굴착하는 것

3. 널말뚝 흙막이

(1) 목재 널말뚝

① 줄바르게 수직으로 박되 널 틈이 생기지 않도록 밀착시켜야 한다.

② 목재 널말뚝을 이용한 터파기 깊이는 4m 정도가 적합하다.

③ 경미한 흙막이로 사용되며, 지하수가 많은 곳에는 부적당하다.

(2) 철재 널말뚝

① 용수가 많고 토압이 크고 기초가 깊을 때 사용한다.

② 차수성이 우수하며, 시공이 용이하다.

③ 지하수위가 높은 연약지반에 적합하다.

4. 어스 앵커(Earth anchor) 공법

(1) 흙막이벽을 어스 드릴(Earth Drill)로 천공하여 그 속에 PC강선 등의 인장재와 모르타르를 주입(Grouting)하여 경화시킨 후 PC강선 등의 인장력으로 토압을 지지하는 흙막이 공법

(2) 버팀대 대신 어스 앵커를 이용하여 선단부를 양질 지반에 정착시키고 이를 반력으로 흙막이벽 등의 구조물을 지지하는 공법

(3) 적용조건 : 지하수위가 낮은 지반, 조밀한 토층 및 암반층, 굴착면적이 넓은 경우, 현장 외부용지에 여유가 있는 경우

(4) 장점

① 작업공간이 넓고 기계화 시공으로 공기단축이 가능하다.

② 앵커체의 국부적인 파괴가 흙막이벽 전체의 파괴로 이어지지 않는다.

③ 복잡한 평면 또는 경사지반에도 시공 가능하다.

(5) 단점

① 앵커의 영향범위 내 용지사용에 대한 승인획득이 필요하다.

② 천공시 지하수 유입에 의한 지하수위 저하의 우려가 있다.

(6) 종류

① 용도 : 가설용 앵커(제거식 앵커와 비제거식 앵커)와 영구용 앵커

② 앵커체 지지방식 : 주변 마찰형, 지압형, 복합형

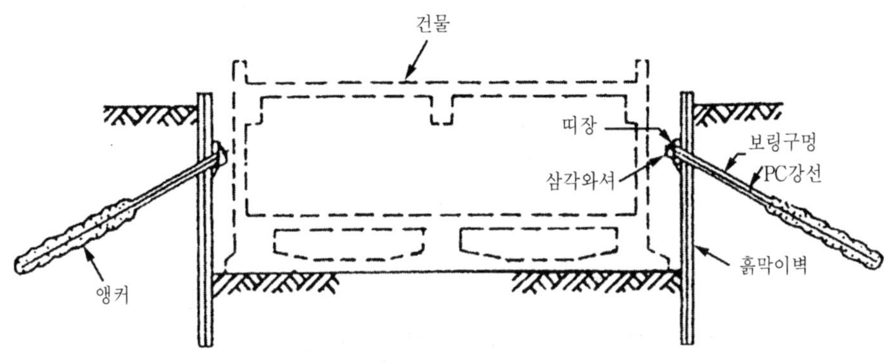

그림 2.12 어스 앵커 공법

5. 지하연속벽 흙막이

(1) 이코스 파일(Icos Pile) 공법[주열식 지하연속벽]

① 하나 걸름으로 구멍을 뚫어 말뚝모양의 기둥을 연속적으로 형성하여 흙막이 벽을 구축하는 것

② 진동, 소음을 피할 목적으로 강재 널말뚝공법이나 엄지말뚝 공법 대신 개발된 공법

③ 말뚝배치 방식 : 독립형, 접선형, 겹침형(Over lapping형), 어긋 매김형

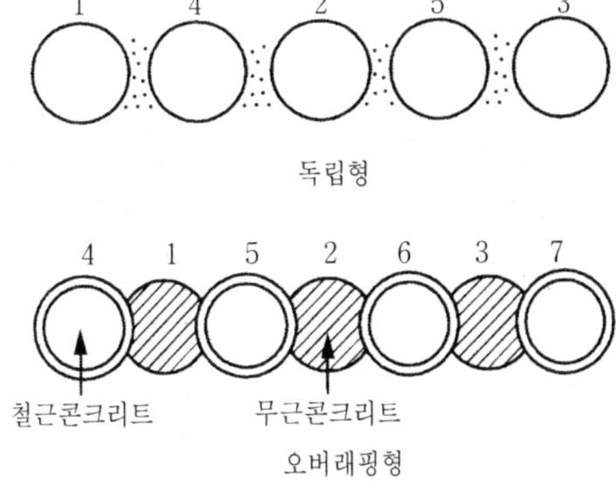

그림 2.13 이코스 파일 공법

(2) CIP 말뚝공법, PIP 말뚝공법, MIP 말뚝공법

① CIP 말뚝(Cast In Place pile) 공법

- 굴착장비로 구멍을 뚫고 지상 조립된 철근망과 조골재를 채우고 모르타르를 주입하거나 콘크리트를 타설하는 주열식 흙막이 벽체
- 강성이 크므로 인접 구조물에 영향이 적다.
- 장비가 소형이므로 협소한 장소에도 시공 가능하다.
- 말뚝간 연결불량으로 인해 차수성능이 떨어진다.

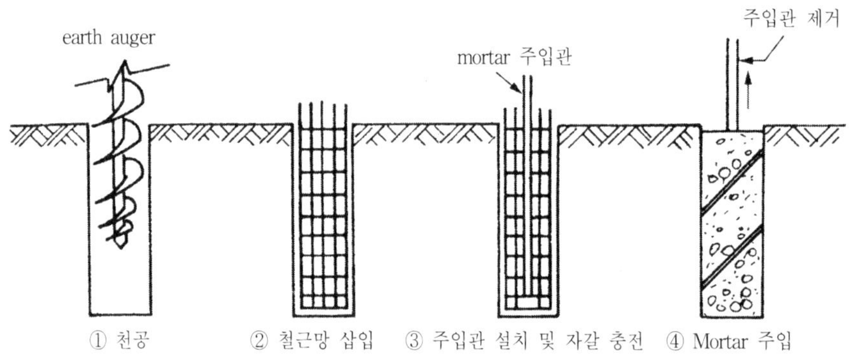

그림 2.14 C.I.P 말뚝 공법

② PIP 말뚝(Packed In Place pile) 공법

스크류 오우거(Screw auger)를 회전시키면서 굴착한 후 흙과 오우거를 함께 올리면서 그 밑 공간은 오우거 중심관 선단을 통해 프리팩트 모르타르나 콘크리트를 채운 후 철근망을 삽입하는 공법

그림 2.15 P.I.P 말뚝 공법

③ MIP 말뚝(Mixed In Place pile) 공법
파이프 회전축의 선단에 커터(Cutter)를 장치하여 흙을 뒤섞으며 구멍을 뚫은 후 흙과 모르타르를 혼합하여 소일 콘크리트 말뚝(Soil concrete pile)을 형성하는 공법

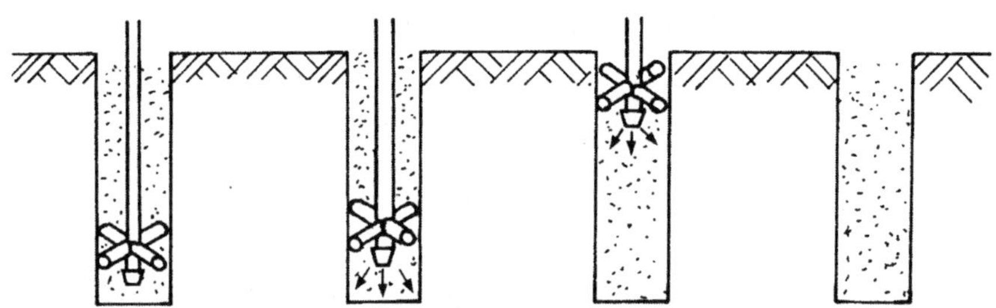

그림 2.16 M.I.P 말뚝 공법

(3) Soil Cement Wall(S.C.W) 공법

① 자연 상태의 흙을 오우거(Auger) 등으로 굴착하고, 시멘트 밀크(Cement Milk)를 혼합 교반하여 연속 흙막이벽을 형성하는 공법
② MIP 공법과 유사하여 H형강, 강관, 시트 파일(Sheet Pile) 등을 압입 시공하여 보강한다.
③ 접합부가 없는 타원 구조물이 형성되어 차수성이 우수하다.
④ 축조방식 : 연속축조 방식, 앨리멘트(Element) 방식, 선행축조 방식

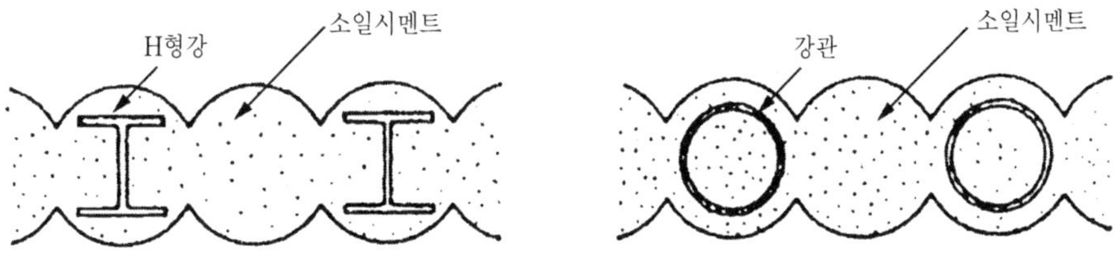

그림 2.17 S.C.W(Soil Cement Wall) 공법

(4) Slurry wall 공법(Diaphragm Wall 공법, 격막벽 공법)

① 안정액을 사용하여 지반 붕괴를 방지하면서 굴착하여 그 속에 철근망을 넣고 콘크리트를 타설하여 연속으로 콘크리트 흙막이벽을 설치해 가는 공법
② 탑다운 공법 적용시나 인접 건축물에 피해가 예상될 때 적용한다.

③ 장점

• 주변 지반에 대한 영향이 적어 인접건물 경계선까지 시공이 가능하다.

• 차수성이 높고 지반조건에 구애받지 않고 시공이 가능하다.

• 벽체의 강성이 높아 본 구조체로도 사용이 가능하다.

④ 단점

• 공사비가 고가이며, 넓은 작업공간이 필요하다.

• 벤토나이트 폐액처리에 따른 환경피해의 우려가 있다.

⑤ 안정액(Bentonite, 이수) : 굴착벽면의 붕괴방지, 부유물의 침전방지

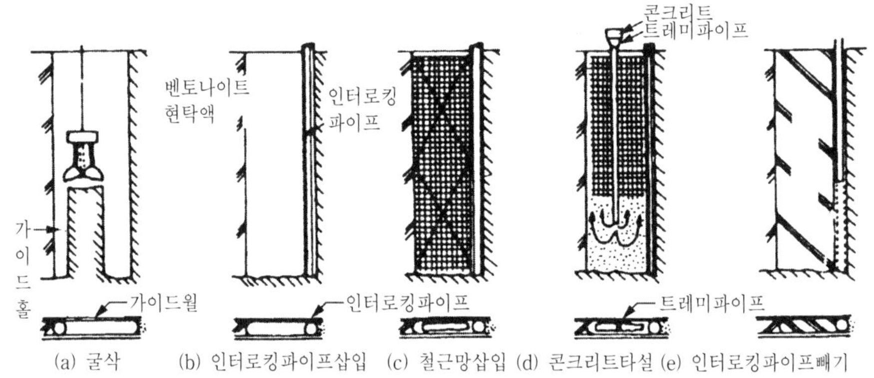

그림 2.18 Slurry wall 공법

6. Top down 공법(역구축공법, 역타공법)

(1) 지하 연속벽에 의해 지하 외부 옹벽과 기둥을 선시공한 후 1층 슬래브를 시공하여 지하 터파기와 동시에 지상층 공사를 실시하는 공법

(2) 도심지 내의 공사여건이 열악한 부분에서 온통파기 공법이나 버팀대 공법, 어스앵커 공법 등의 적용이 어려운 곳에서 사용한다.

(3) 장점

① 주변 건물과 지반에 악영향이 없는 안정적 공법이다.

② 지상, 지하 동시작업으로 공기가 단축된다.

③ 1층 바닥을 작업공간, 자재적치장으로 활용할 수 있다.

④ 천후와 무관한 전천후 작업이 가능하다.

(4) 단점

① 굴착작업의 공기 및 공사비면에서 불리하다.

② 수직부재의 이음부 등에 대한 일체화 시공이 어렵다.

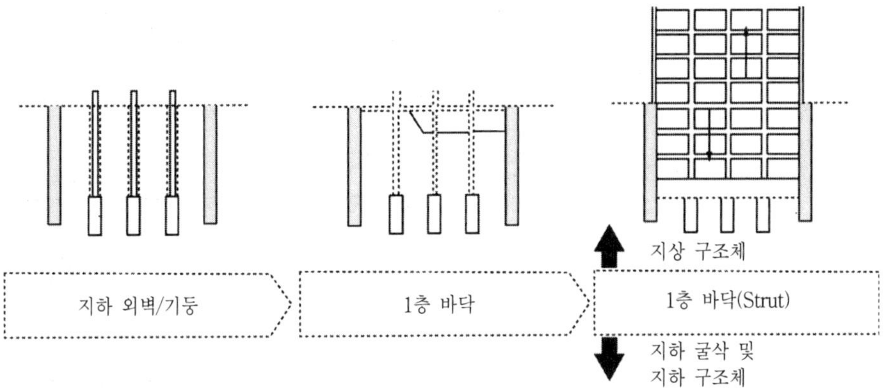

그림 2.19 Top down 공법

7. 흙막이의 안전

(1) 히빙(Heaving) 현상

① 연약지반에서 흙막이 바깥에 있는 흙의 중량과 지표면 적재하중에 의해서 흙막이 바깥의 흙이 안으로 밀려 들어와 볼록하게 되는 현상

② 방지 대책

- 흙막이벽의 깊이를 견고한 지반까지 확보한다.
- 강성이 큰 흙막이벽을 사용한다.
- 흙막이벽 내외의 흙의 중량 차이를 가급적 적게 유지한다.
- 아일랜드 공법을 적용하여 흙막이벽 전면에 중량을 부과한다.
- 부분굴착을 하여 굴착지반의 안전성을 높인다.
- 하부에 지반을 개량하거나 하중을 증가시킨다.

(2) 보일링(Boiling) 현상

① 굴착시 지하수위와 흙막이벽 저면과의 수위차가 심하거나, 상승하는 피압수로 인해 모래입자가 부력을 받아 떠올라 지반의 지지력이 없어지는 현상

② 투수성이 좋은 모래질 지반에서 주로 발생한다.

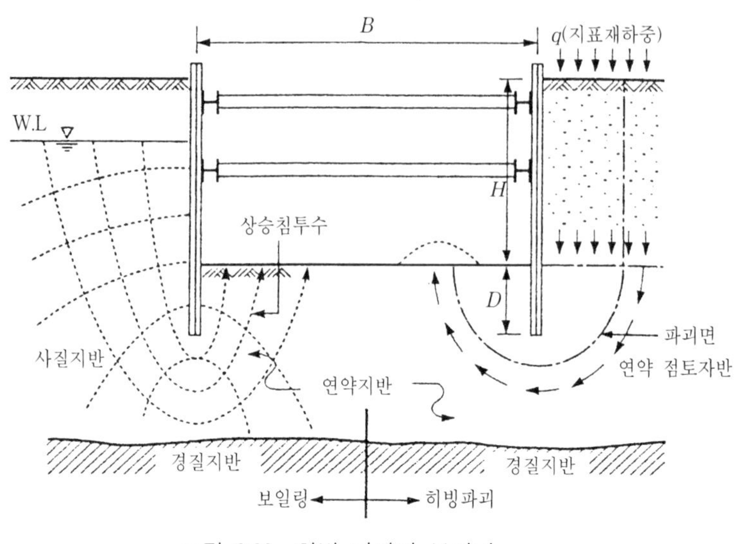

그림 2.20 히빙 파괴와 보일링

(3) 파이핑(Piping) 현상

흙막이벽의 부실공사로 뚫린 구멍이나 이음새를 통하여 물과 토사가 흘러들어 기초저면의 모래지반을 들어 올리는 현상

(4) 흙막이 공사시 주변 침하현상의 원인

① 시트 파일(Sheet pile)의 변동 및 이동
② 점토의 히빙(Heaving) 현상
③ 사질토의 보일링(Boiling) 현상
④ 우수 침입 등으로 인한 파이핑(Piping) 현상
⑤ 지면의 과중한 적재현상
⑥ 지하수 배수시의 지반 이완
⑦ 측압에 견디지 못할 때
⑧ 흙막이 버팀기둥 또는 버팀대의 시공불량

2.5 기초

1. 기초와 지정

(1) 기초(基礎, Foundation)

건물의 하중을 지반에 안전하게 전달하기 위한 구조물의 하부구조

(2) 기초의 명칭

① 기초 : 기둥 하부에서 기초판 하부까지를 말한다.

② 지정 : 지반을 보강하는 기초판 하부구조

③ 기초판 : 상부하중을 지정에 전달하고자 만든 구조부분

④ 지중보(기초보) : 기초의 주각부를 연결하는 수평보

- 기초와 기초를 연결하여 주각부의 강성 증대
- 지진에 대한 저항 효과, 건축물의 부동침하 억제
- 기초의 휨모멘트를 흡수하여 축하 중이 작용하도록 유도

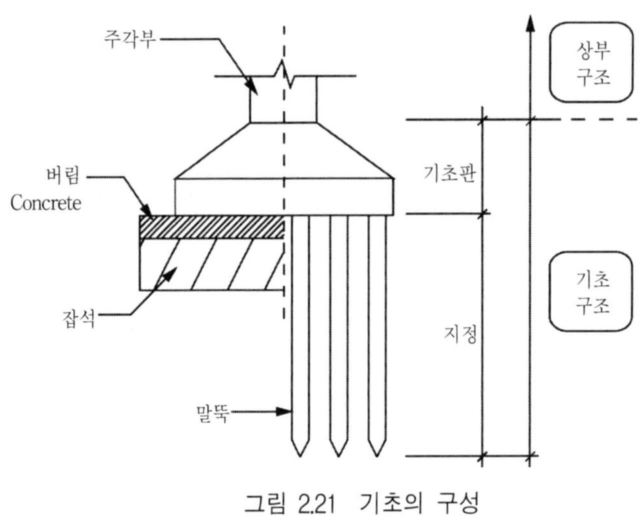

그림 2.21 기초의 구성

(3) 기초의 계획

① 기초는 양호한 지반에 지지되는 것을 원칙으로 하다.

② 기초는 상부구조의 규모, 형상, 구조, 강성 등을 함께 고려해야 하며, 대지의 상황 및 지반의 조건에 적합하고 유해한 장해가 생기지 않아야 한다.

③ 기초의 선정에 있어서는 이 기초가 대지 주변에 미치는 영향을 고려해야 한다.

④ 동일 건물의 기초에서는 될 수 있는 한 이종 형식의 기초를 병용하는 것을 피하는 것으로 한다.

⑤ 기초는 접지압이 허용 지내력도를 초과하지 않아야 하며, 또한 기초의 침하가 허용침하량 이내이고 가능하면 균등해야 한다.

⑥ 직접기초의 저면은 온도변화에 의하여 기초지반의 체적변화를 일으키지 않고 또한 우수 등으로 인하여 세굴되지 않는 깊이에 두어야 한다.

⑦ 기초는 지반의 동결에 따른 침하를 방지하기 위하여 항상 동결선 이하에 구축한다.

⑧ 부력에 의한 기초판의 부상을 방지할 수 있는 대책을 세워야 한다.

2. 기초의 분류

기초판 형식에 의한 분류	독립기초, 복합기초, 연속(줄)기초, 온통기초
지정 형식에 의한 분류	직접기초, 말뚝기초, 피어기초, 잠함기초

(1) 독립기초

① 기둥 하나에 기초판 하나인 기초

② 일체식 구조의 기초로 주로 이용

(2) 연속(줄)기초 : 벽 또는 1 열의 기둥을 받치는 기초

(3) 복합 기초

① 2개이상의 기둥을 한 개의 기초판으로 받치는 것

② 기둥 간격이 좁거나 외부기둥이 대지 경계선 가까이 있을 때 사용

(4) 온통기초(매트기초)

① 건축물의 밑바닥 전체에 걸쳐 만든 기초

② 지반의 지내력이 약하여 독립기초나 말뚝기초로 적당하지 않을 때 사용

③ 기초를 한 개의 바닥판으로 만들어 부동침하 방지효과가 크다.

(5) 직접기초

하중을 기초판으로 직접 지반에 전달하는 얕은 기초

(6) 말뚝기초

말뚝을 박아 구조물을 지지되는 기초

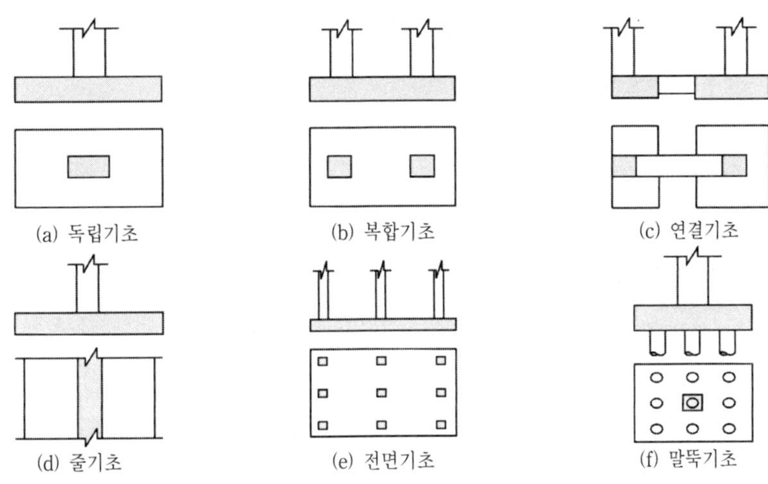

그림 2.22 기초의 종류

(7) 우물기초(피어기초)

① 직경이 매우 큰 대형의 현장타설 콘크리트말뚝으로, 우물을 파는 식으로 파는 기초

② 연약한 지층이 깊고, 상부구조가 고층이고, 중량이 크면 말뚝기초로서는 지지력을 증가시킬 수 없을 때 사용

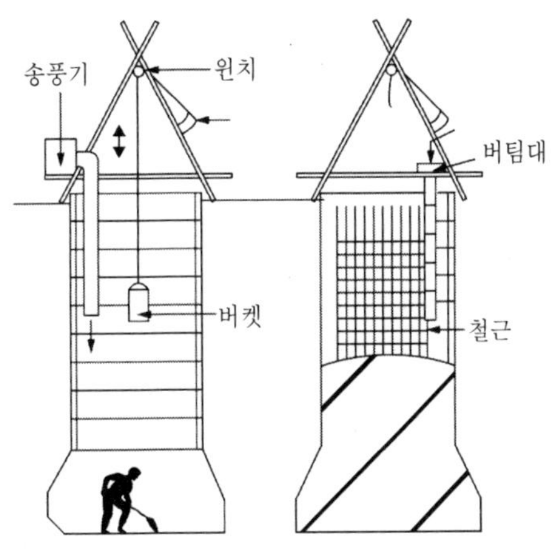

그림 2.23 우물 기초

(8) 잠함기초

상자형 단면을 만들어 굴착에 따라 내려앉게 하는 기초

① 개방 잠함(open caisson)

- 지하층 전체를 미리 지상에서 만들어 소정의 깊이까지 침하시키는 방법
- 압축공기를 사용하지 않고 구조물 침하

② 용기 잠함(pneumatic caisson)

- 압축공기로 지하수 유입을 막고 고기압 내에서 굴착작업을 실시
- 용수량이 많고 깊은 기초를 구축할 때 사용

3. 기초의 안정

(1) 부동 침하(부등 침하)

① 한 건물에서 부분적으로 서로 상이하게 침하되는 현상

② 원인 : 연약층, 경사 지반, 이질 지층, 낭떠러지, 증축, 지하수위 변경, 지하 구멍, 메운 땅 흙막이, 이질 지정, 일부 지정 등

③ 부동침하에 의한 균열은 대각선 방향으로 발생하는 것이 보통이다.

④ 부동침하를 방지하기 위한 대책

- 구조물의 하중을 고르게 기초에 분포시킨다.
- 건물의 길이를 짧게 하고 인접 건물과의 거리를 멀게 한다.
- 건물 중량을 줄인다.
- 지하실을 강성체로 설치한다.
- 복합 기초로 한다.
- 한 건물에서 가급적 동일 종류의 기초로 한다.
- 각 하중 크기에 알 맞는 기초판 크기로 설계한다.

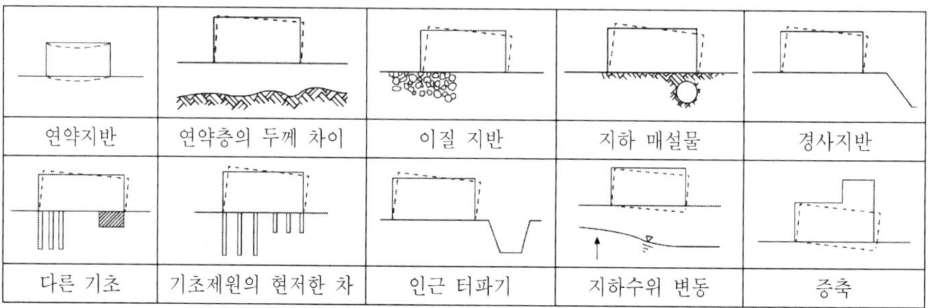

그림 2.24 부동침하의 원인

(2) 연약 지반에 대한 대책

① 상부 구조에 대한 대책

- 건물을 경량화할 것
- 건물의 길이를 작게 할 것
- 강성을 높일 것
- 인접 건물과의 거리를 멀게 할 것
- 건물의 중량 분배를 고려할 것

② 하부 구조에 대한 대책

- 경질 지반에 지지시킬 것
- 마찰 말뚝을 사용할 것－지지말뚝과 혼용 금지
- 지하실을 설치할 것－온통기초가 유효
- 기초 상호간을 연결－지중보 또는 지하연속벽 시공

③ 지반 계획 : 강제 배수, 고결, 치환 등의 지반개량공법 실시

(3) 언더 피닝(Under pinning) 공법

① 기존 건축물 가까이 신축공사를 하고자 할 때 기존 건물의 지반과 기초를 보강하는 공법

② 공법의 적용

- 건축물이 침하하여 복원할 경우
- 건축물의 이동이 생겼을 경우
- 기존 건축물의 지지력 부족
- 기존 건축물 밑에 지중 구조물을 설치할 경우

2.6 지정

1. 보통지정

(1) 잡석 지정

① 잡석을 나란히 옆세워 깔고 사춤자갈을 넣어 잘 다진 것

② 이완된 지표면을 다지고 콘크리트 두께를 절약하는 목적과 기초, 바닥밑의 방습 및 배수처리 또는 기초콘크리트를 시공할 때 흙이 섞이지 않게 하기 위하

여 사용

(2) 모래 지정

지반이 연약하고 하부 2m 이내에 굳은 지층이 있을 때 사용

(3) 자갈 지정

밑창콘크리트를 평평하게 하고, 기초하부 부분의 물을 배수하기 위해 사용

(4) 밑창콘크리트(버림콘크리트) 지정

① 잡석지정, 자갈지정 등의 위에 두께 5~10cm 정도로 무근콘크리트를 타설하는 것

② 지반다지기, 잡석지정 등을 보강하고, 기초 철근 및 거푸집 작업을 용이하게 하며, 기초 저부에 먹매김을 위하여 사용

2. 말뚝지정

(1) 말뚝기초의 계획

① 말뚝의 허용내력은 말뚝의 허용지지력 이하로 하며, 침하에 따라 상부구조에 유해한 영향을 주지 않아야 한다.

② 말뚝기초의 허용지지력은 말뚝의 지지력에 의한 것으로만 하고, 기초판 저면에 대한 지반의 지지력은 가산하지 않는 것으로 한다.

③ 말뚝기초의 설계에 있어서는 하중의 편심에 대하여 검토를 해야 한다. 특히 1개의 말뚝에 의해 기둥을 지지하는 경우는 기초보의 강성 및 내력을 증대시키는 등 주각의 고정에 대한 대책을 강구해야 한다.

④ 충격력, 반복력, 횡력, 인발력 등을 받는 기초에 있어서는 말뚝기초에 대한 지반의 저항력 및 말뚝에 발생하는 복합응력에 대하여 안전성을 검토하여야 한다.

⑤ 동일 건축물 또는 공작물에서는 지지말뚝과 마찰말뚝을 혼용해서는 안된다. 또한 타입말뚝, 매입말뚝 및 현장타설콘크리트 말뚝의 혼용, 재종이 다른 말뚝의 사용은 가능한 한 피해야 한다.

⑥ 말뚝머리부분, 이음부, 선단부는 충분히 응력을 전달할 수 있는 것으로 한다.

(2) 지지방식에 따른 말뚝의 분류

① 지지 말뚝 : 상부의 하중을 직접 굳은 암반에 전달시키는 말뚝

② 마찰 말뚝(Friction pile)

- 지반과 말뚝 표면간에 생기는 마찰력으로 하중 전달하는 말뚝
- 굳은 지반이 지표로부터 깊이 있어 지지말뚝으로 할 수 없을 경우 사용
- 연약지반에 효과적이다.
- 말뚝수가 많을수록 말뚝 하나의 지지력은 감소한다.

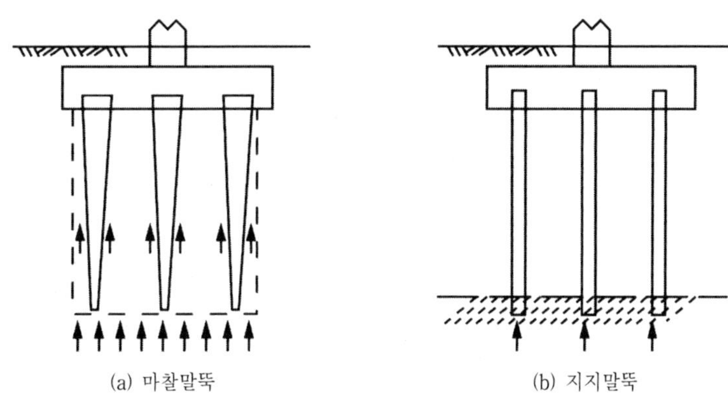

그림 2.25 마찰 말뚝과 지지 말뚝

(3) 재료에 따른 말뚝의 분류

	나무 말뚝	기성 콘크리트말뚝	현장타설 콘크리트말뚝	강재 말뚝
길 이	7m 이하	15m 이하	보통 30~90m	최대 70m
지지력	최대 10ton	최대 50ton	보통 200ton	최대 100ton
특 징	상수면 이하 거의 사용안함	상수면 깊고 중량건물에 사용	지지지반이 깊이 있거나 대규모 건물에 사용	경질지반이 깊거나 해안매립지에 사용

(4) 말뚝의 중심간격

① 나무 말뚝 : 말뚝머리 직경의 2.5배 이상 또는 600mm 이상

② 기성콘크리트 말뚝 : 말뚝머리 직경의 2.5배 이상 또는 750mm 이상

③ 현장타설 콘크리트말뚝 : 말뚝머리 직경의 2.0배 이상 또는 말뚝머리 직경에 1,000mm를 더한 값 이상

④ 강재 말뚝 : 말뚝머리 직경 또는 폭의 2.0배(폐단 강관말뚝의 경우 2.5배) 이상 또는 750mm 이상

(5) 나무 말뚝

① 갈라짐 등의 흠이 없는 생통나무의 껍질을 벗긴 것으로 말뚝머리에서 끝마구리까지 대체로 균일하게 직경이 변화하고 끝마구리의 직경이 120mm 이상의 것을 사용한다.

② 나무말뚝의 양단 중심점을 이은 직선은 말뚝 밖으로 나와서는 안된다.

③ 나무말뚝은 항상 그 전장이 지하수위하에 있는 경우 또는 균해, 충해에 대한 적절한 조치에 의해 내구성이 보증된 경우 이외는 사용해서는 안된다.

(6) 기성콘크리트 말뚝

① 지하 상수면에 관계없이 사용할 수 있다.

② 말뚝머리는 기초판 밑까지 닿아야 한다.

③ 견고한 지층에 타입시 파손의 우려가 있으며, 이음부의 신뢰성이 적다.

④ 소요길이 및 크기에 제한을 받는다. → 1개의 말뚝길이는 15m 이하

⑤ 주근 : 6개 이상, 철근비 0.8% 이상, 피복두께 30mm 이상

⑥ 콘크리트 강도 : 35MPa 이상, 허용압축응력도 : 7.5MPa 이하

⑦ 종류 : 원심력 철근콘크리트(RC)말뚝, 프리텐션 방식 원심력 콘크리트(PC)말뚝, 프리텐션 방식 원심력 고강도콘크리트(PHC)말뚝

(7) 현장타설콘크리트 말뚝

① 굳은층이 지하 깊이 있어 말뚝박기가 곤란할 때 현장에서 직접 말뚝을 설치하는 방법

② 주근 : 6개 이상, 철근비 0.4% 이상, 피복두께 60mm 이상

③ 콘크리트 강도 : 18MPa 이상

④ 허용압축응력도 : 일반타설 말뚝은 콘크리트강도의 1/4 또는 6MPa 이하, 수중타설 말뚝은 콘크리트강도의 1/5 또는 5MPa 이하

(8) 강재 말뚝

① 종류 : H형강 말뚝, 강관(pipe) 말뚝

② 강한 타격에도 견디며 지지력이 크다.

③ 경질층에 타입, 인발이 용이하다.

④ 부식이 되며, 가격이 비싸다.

(9) 말뚝박기 공법

① 타격공법

- 디젤햄머, 유압햄머 등으로 타격하여 박는 공법
- 소음, 진동이 크다.

② 진동공법

- 상하 진동하는 진동식 말뚝타격기(Vibro hammer)를 이용하여 말뚝을 박는 공법
- 말뚝머리의 손상이 적고 타입 및 인발을 겸용할 수 있다.

③ 압입공법

- 압입장치의 반력을 이용하여 말뚝을 압입하여 박는 공법
- 프리보링 공법, 수사식 공법 등과 병용한다.

④ 수사식 공법(Water jet 공법)

- 물을 고압으로 분사시켜 지반을 무르게 만든 다음 말뚝을 박는 공법
- 단독으로는 말뚝관입이 어려워 압입공법과 병용한다.

⑤ 프리 보링(Pre-boring) 공법[선행 굴착공법]

- 미리 구멍을 뚫어 기성말뚝을 삽입한 후 압입 또는 타격에 의해 말뚝을 설치하는 공법
- 소음, 진동이 적으며, 말뚝머리 파손이 적다.

⑥ 중공파기 공법

- 말뚝 중공부의 장비를 이용하여 굴착하면서 말뚝을 관입하고 최종 단계에서 타격처리나 시멘트액 등을 주입하여 처리하는 공법
- 대구경 말뚝에 적합한 공법으로 말뚝파손이 없다.

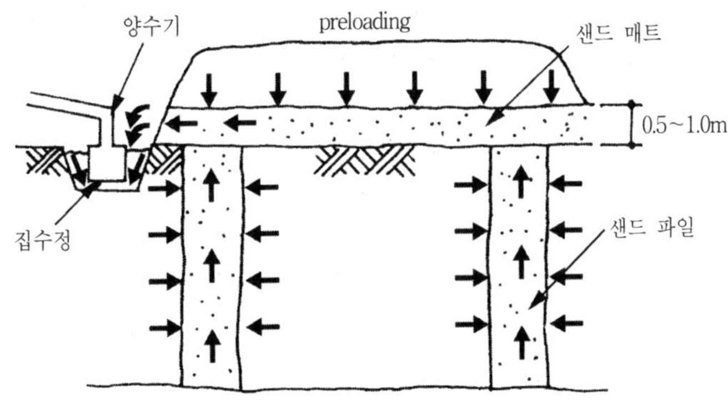

그림 2.26 프리 보링(Pre-boring) 공법

3. 말뚝 시험

(1) 말뚝재하 시험

① 말뚝에 하중을 가하여 말뚝의 침하 및 인발, 수평변위 양상을 분석함으로 말뚝의 지지력을 조사하기 위한 시험

② 하중을 가하는 방법과 반력말뚝이나 반력앵커의 인발저항을 이용하는 방법으로 나뉜다.

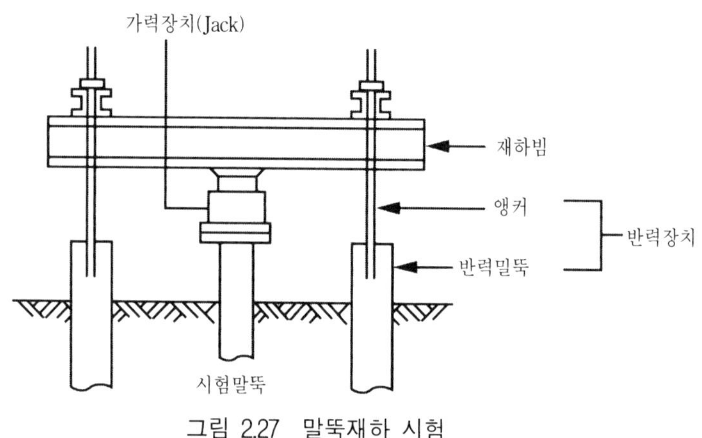

그림 2.27 말뚝재하 시험

(2) 말뚝박기 시험(시항타)

① 순간적인 타격을 가하여 말뚝의 지지력을 조사하기 위한 시험

② 시험말뚝은 사용말뚝과 똑같은 조건으로 하고, 3개 이상으로 한다.

③ 말뚝은 수직으로 박고, 휴식시간 없이 연속적으로 박는다.

④ 관입은 소정의 위치까지 박고 예정 위치에 도달시키려고 무리하게 박지 않는다.

⑤ 기초면적 1,500m^{2}까지는 2개, 3,000m^{2}까지는 3개의 단일말뚝을 설치한다.

⑥ 타격회수 5회에 총 관입량이 6mm 이하인 경우는 거부현상으로 본다.

⑦ 최종 침하량(관입량)은 최종 5회~10회 타격한 평균값을 사용한다.

⑧ 말뚝의 허용지지력 : $R = \dfrac{F}{5S+0.1} = \dfrac{W \times H}{5S+0.1}$

[F : 타격에너지, W : 추의 무게, H : 낙하높이, S : 최종관입량]

(3) 말뚝의 허용지지력 산출방법

① 재하시험에 의한 방법 : 지지말뚝과 마찰말뚝, 동적 · 정적 재하시험

② 말뚝박기시험에 의한 방법 : 지지말뚝

③ 지반의 허용응력도에 의한 방법 : 지지말뚝

④ 표준관입시험에 의한 방법 : 지지말뚝

⑤ 토질시험에 의한 방법 : 마찰말뚝, Terzaghi 공식 · Meyerhof 공식

⑥ 동역학적 추정공식 : Hiley 공식 · Sander 공식 · Engineering News 공식

4. 현장타설콘크리트 말뚝(제자리콘크리트 말뚝)

관입공법	콤프레솔 말뚝, 심플렉스 말뚝, 페데스탈 말뚝, 레이몬드 말뚝, 프랭키 말뚝
굴착공법	베노토 공법, 어스드릴 공법, 리버스서큐레이션 공법
프리팩트콘크리트말뚝	C.I.P, P.I.P, M.I.P

(1) 관입공법

① 콤프레솔(Compressol pile) 말뚝

3가지 추를 사용하여 원뿔 추로 구멍을 뚫고 둥근 추로 다져 넣고 평면 추로 다지는 것

② 심플렉스 말뚝(Simplex pile)

지반에 외관을 박고 콘크리트를 넣고 추로 다진 후 외관을 제거하는 것

③ 페디스탈 말뚝(Pedestal pile)

심플렉스 말뚝을 개량한 것으로, 지내력의 증대를 위하여 말뚝 선단에 구근 형성하는 것

④ 레이몬드 말뚝(Raymond pile)

외관에 심대(core)를 넣어 박은 후 심대를 뽑고 콘크리트를 다져 넣는 것

⑤ 프랭키 파일(Franky pile)

마개와 외관을 지중에 박은 다음 마개를 빼내고 콘크리트를 넣어 다지는 것

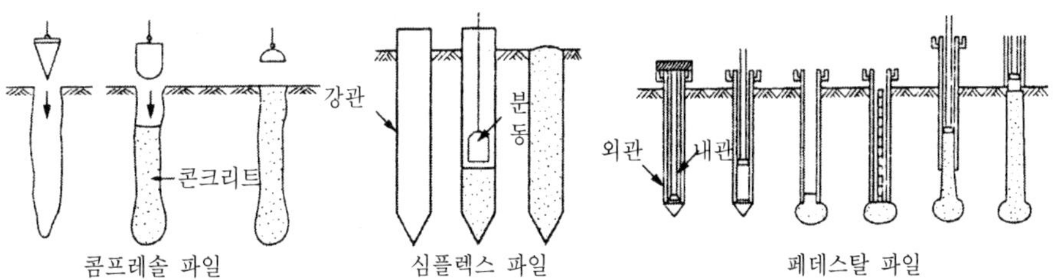

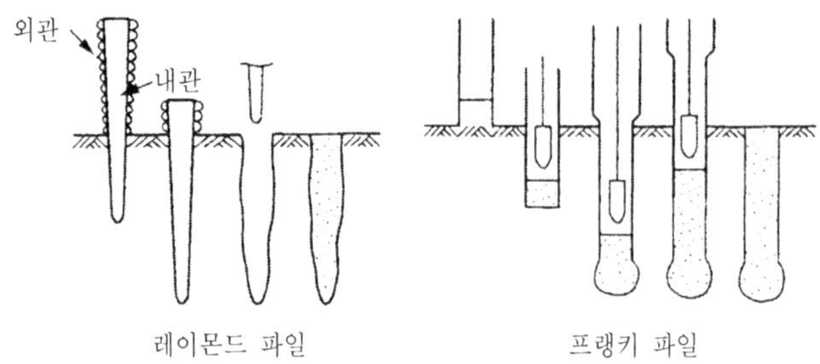

그림 2.28 관입 공법

(2) 베노토 공법(Benoto method)

① 요동장치(Oscillator)에 의해 케이싱 튜브(Casing tube)를 압입하면서 햄머 그래브(Hammer grab)로 굴착 후 철근망을 삽입하고 콘크리트를 타설하면서 튜브를 빼내는 것

② All Casing 공법으로 굴착 깊이까지 케이싱(Casing)을 관입한다.

③ 붕괴성 있는 토질에도 시공이 가능하다.

④ 큰 지름 0.8~2.0m, 심도는 20~50m까지 시공 가능하다.

⑤ 적용 지층이 넓다. → 암반을 제외한 전 토질에 적용이 가능하다.

⑥ 기계 경비가 고가이며 굴착속도가 느리다.

⑦ 사질토가 두꺼울 경우(5m 이상) 케이싱 튜브를 빼는데 어려움이 있다.

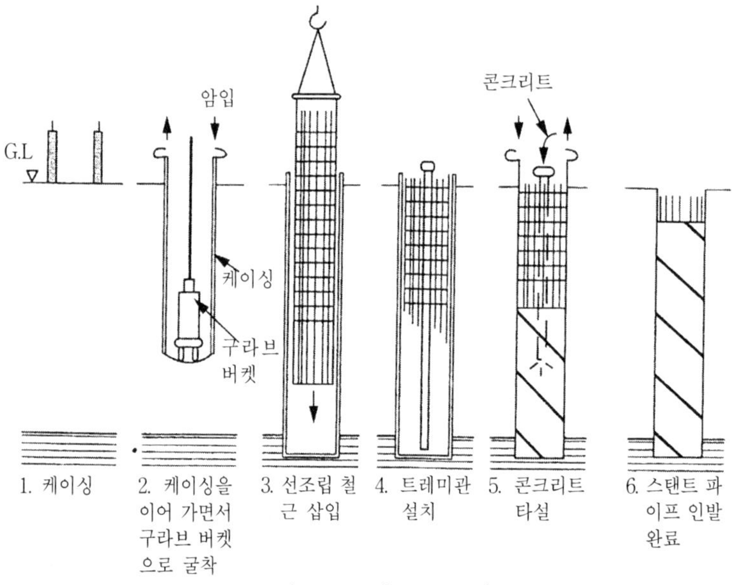

그림 2.29 베노토 공법

(3) 어스 드릴 공법(Earth drill method)[=칼웰드(Calweld) 공법]

① 회전식 버켓(Bucket)인 어스 드릴(Earth drill)로 구멍을 뚫고 철근망을 삽입하고 콘크리트를 타설하는 것

② 기계가 간단하며, 기동성과 굴착능률이 우수하다.

③ 구멍벽 보호를 위해 벤토나이트(Bentonite) 안정액을 사용하거나 표층부에만 짧은 케이싱(Casing)을 사용한다.

④ 점토, 실트, 모래층에 적용한다.

⑤ 중간에 굳은 층이 있을 경우 굴착이 곤란하다.

⑥ 슬라임(Slime) 처리를 철저히 하여 지지력을 확보해야 한다.

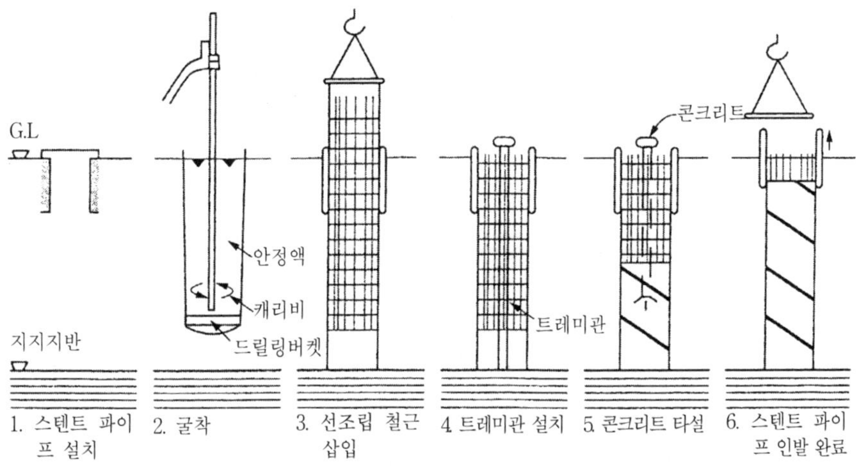

그림 2.30 어스 드릴 공법

(4) 리버스 서큐레이션 공법(Reverse Circulation Drill) : 역순환공법

① 특수한 비트(Bit)를 회전시켜 지반을 굴착하고 물의 흐름과 반대로(Reverse) 굴착토사를 드릴 로드(Drill rod) 내의 물과 함께 배출하여 침전지에 토사를 침전 후 물을 다시 구멍 내에 환류(Circulation)시켜 굴착 후 철근망을 삽입하고 트레미관에 의해 콘크리트를 타설하는 것

② 상부에 스탠드파이프 케이싱(Stand Pipe Casing)을 사용하고 그 이하는 지하수위보다 2m 이상 물을 채워 정수압(0.02N/mm^2)으로 구멍벽을 유지하면서 굴착한다.

③ 깊은 심도까지 굴착이 가능하고 심도가 깊을수록 효율이 높다.

④ 자갈, 연경암층도 무진동으로 굴착이 가능하다.

⑤ 이수 순환설비 공간이 필요하고 굴착토 및 이수처리가 어렵다.

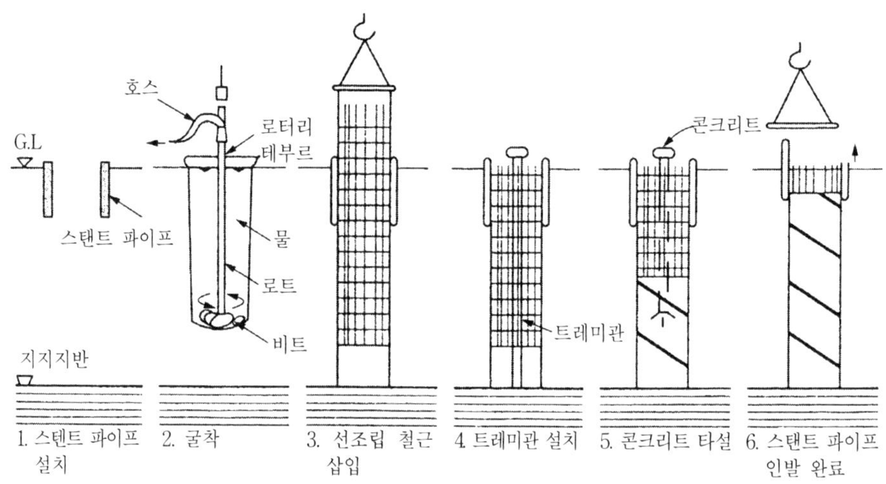

그림 2.31 리버스 서큐레이션 공법

(5) 프리팩트콘크리트말뚝

① CIP 말뚝(Cast In Place pile) : 굴착장비로 구멍을 뚫고 지상 조립된 철근망과 조골재를 채우고 모르타르를 주입하거나 콘크리트를 타설하는 공법

② PIP 말뚝(Packed In Place pile) : 스크류 오우거(Screw auger)로 구멍을 뚫고 프리팩트 모르타르나 콘크리트를 채운 후 철근망을 삽입하는 공법

③ MIP 말뚝(Mixed In Place pile) : 흙을 뒤섞으며 구멍을 뚫은 후 흙과 모르타르를 혼합하여 소일 콘크리트 말뚝(Soil concrete pile)을 형성하는 공법

2.7 지반개량 공법

종 류	내 용
치환공법	굴착치환, 미끄럼치환, 폭파치환
압밀공법	선행 재하공법, 과재하중 공법, 사면 선단재하공법
탈수공법	샌드드레인 공법, 페이퍼드레인 공법, 팩드레인 공법
배수공법	웰포인트 공법, 깊은 우물 공법
다짐공법	진동다짐 공법, 모래다짐말뚝 공법, 폭파다짐 공법, 동다짐 공법, 전기충격 공법
약액주입공법	시멘트계, 아스팔트계, 벤토나이트계, 점토계, 불안정 물유리계, 고분자계
고결공법	생석회 파일 공법, 소결공법, 동결공법
기 타	동치환공법, 전기침투 공법, 대기압공법, 표면처리공법

1. 사질 지반의 개량공법

(1) 배수공법

① 웰포인트(Well point) 공법

- 지중에 Pipe(집수관)를 1~1.5m 간격으로 박고 웰포인트(Well point)를 사용하여 지하수를 진공 펌프로 흡입 탈수하여 지하수위를 저하시키는 공법
- 투수성이 좋은 사질지반에 효과적이며, 점토질 지반에는 부적당하다.
- 흙의 안정성이 향상되며, 기초공사 등을 건조한 상태에서 가능하게 한다.
- 지하수위 저하에 따른 지반침하 등 주변의 변화와 피해에 유의한다.

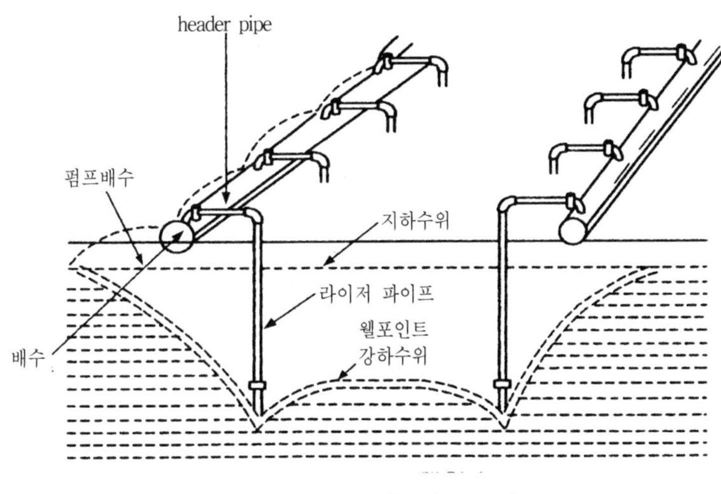

그림 2.32 웰포인트 공법

② 깊은 우물공법(Deep well method)

터파기 내부에 깊이 7m 이상의 깊은 우물을 파고 스트레이너(strainer)를 부착한 파이프를 삽입하여 수중펌프로 양수하여 지하수위를 저하시키는 공법

(2) 다짐공법

① 진동다짐(Vibro Flotation) 공법

- 연약한 사질지반에 막대기 모양의 진동체(Vibro float)를 삽입해서 진동시키면서 물을 분사시켜 물과 진동으로 지반을 다지고 동시에 생긴 틈에 모래나 자갈을 채워 지반을 개량하는 공법
- 짧은 공기로 지반을 균일하게 다져 지내력을 증가시켜 액상화를 방지한다.

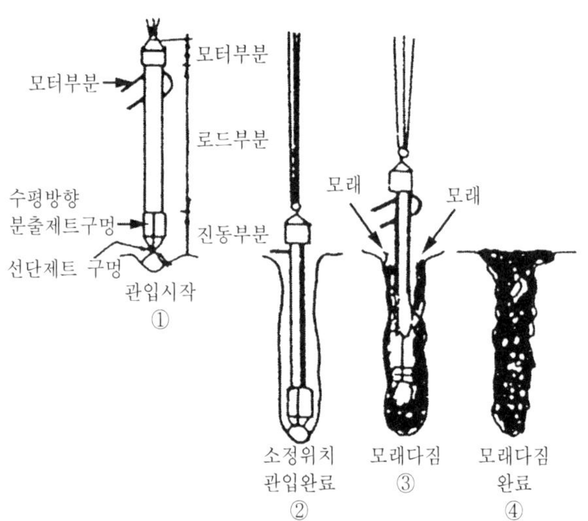

그림 2.33 진동다짐 공법

② 모래다짐말뚝(Sand Compaction Pile) 공법

- 특수 파이프를 관입하여 모래 투입 후 진동 다짐하여 모래말뚝기둥을 형성하는 동시 에 주변의 지반을 다져서 개량하는 공법
- 바이브로 컴포저(Vibro compozer) 공법이 대표적이다.

③ 폭파다짐 공법 : 폭파 혹은 인공지진으로 느슨한 사질지반을 다지는 공법

④ 동다짐 공법 : 개량하고자 하는 연약지반 위에 무거운 물체를 반복하여 낙하시켜 다짐 효과를 얻는 공법

⑤ 전기충격 공법 : 지반을 포화상태로 만든 후 지반 내에 삽입한 방전 전극에 고압전류를 일으켜서 생긴 충격력에 의해 연약한 지반을 다지는 공법

(3) 약액주입공법

① 지반의 강도를 증가시키든지 혹은 용수 및 누수를 방지하는 목적으로 지반 속에 응결재를 주입하여 고결시키는 공법

② 현탁액형(시멘트계, 아스팔트계, 벤토나이트계, 점토계), 용액형(불안정 물유리계, 고분자계)

2. 점토 지반의 개량공법

(1) 치환공법

연약지반을 양질의 지반으로 교체하는 공법

① 굴착치환 : 연약층을 굴착하여 양질의 흙으로 치환하는 공법

② 미끄럼치환 : 연약지반 위에 양질의 성토를 압축하여 치환하는 공법

③ 폭파치환 : 연약지반 내에 설치된 폭약을 폭파시켜 연약층을 밀어 양질토로 치환하는 공법

(2) 압밀(재하)공법

하중을 가함으로써 압밀침하를 촉진하여 강도를 증가시키는 것

① 선행 재하(Pre loading) 공법 : 사전 재하하여 미리 압밀침하를 발생시켜 잔류 침하를 없애고 지반강도를 증가시키는 공법

② 과재하중(Sur charge) 공법 : 계획 높이 이상으로 성토하여 강제로 침하시켜 지내력을 증가시키는 방법

③ 사면 선단재하공법 : 성토의 비탈면 부분을 계획선 이상으로 넓게 하여 비탈면의 끝의 전단강도를 증가시키는 공법

(3) 탈수공법

압밀 배수를 촉진시켜 지반의 전단강도를 증가시키는 것

① 샌드 드레인(Sand drain) 공법

철관을 적당한 간격으로 지반에 박고 그 구멍 속에 모래를 다져 넣고 모래말뚝을 형성한 다음 지표면에 흙 또는 기타 하중을 실어 진흙의 수분을 모래말뚝을 통해 탈출시키는 것

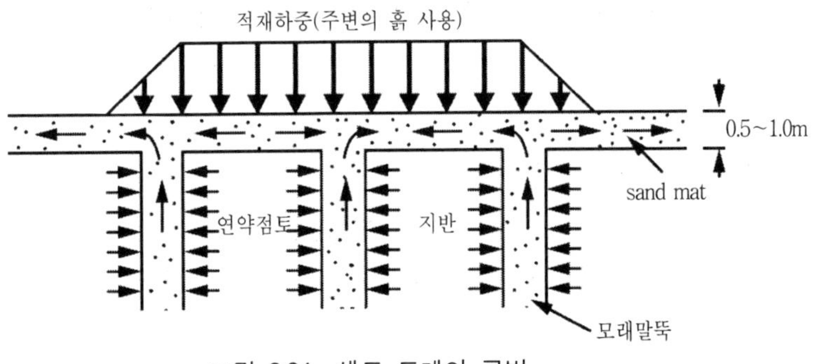

그림 2.34 샌드 드레인 공법

② 페이퍼 드레인(Paper drain) 공법

샌드 드레인 공법의 모래 대신에 흡수지(합성수지로 된 Card board)를 연약 지반에 압입하여 압밀을 촉진시키는 공법

③ 팩 드레인(Pack drain) 공법

샌드 드레인 공법의 모래말뚝이 절단되는 단점을 보완하기 위해 개발된 공법으로, 포대(Pack)에 모래를 채워 드레인(Drain)의 연속성 확보가 가능하다.

(4) 고결공법

① 생석회 파일 공법

샌드 드레인 공법의 모래 대신에 생석회를 채워 넣고 지반 속의 수분과 반응시켜 지반을 개량하는 공법

② 동결공법

지중에 액화질소 등 냉동가스를 주입하여 지하수를 일시적으로 동결시켜 지반강도와 차수성을 높이는 지반개량 공법

③ 소결공법

점토질의 연약지반에 구멍을 뚫고 그 속을 가열하여 그 주변의 흙을 탈수시켜 지반을 개량하는 고결공법

(5) 동치환 공법

크레인으로 무거운 추를 자유 낙하시켜 연약층을 치환하고, 침하한 양만큼 계속 자갈, 쇄석을 보충하여 체우고 다시 타격 공정을 되풀이하여 지중에 대직경의 쇄석 기둥을 설치하는 공법

(6) 전기침투 공법

점토지반에 전극을 삽입하여 직류를 흐르게 하면 전기삼투현상에 의해 음극에 수분이 모이게 되는 원리를 이용하여 압밀배수를 도모하는 공법

(7) 대기압 공법(진공압밀공법)

지중을 진공상태로 만들어 재하중으로서 성토 대신 대기압을 이용하여 연약 점토지반을 탈수에 의해 압밀을 촉진시키는 공법

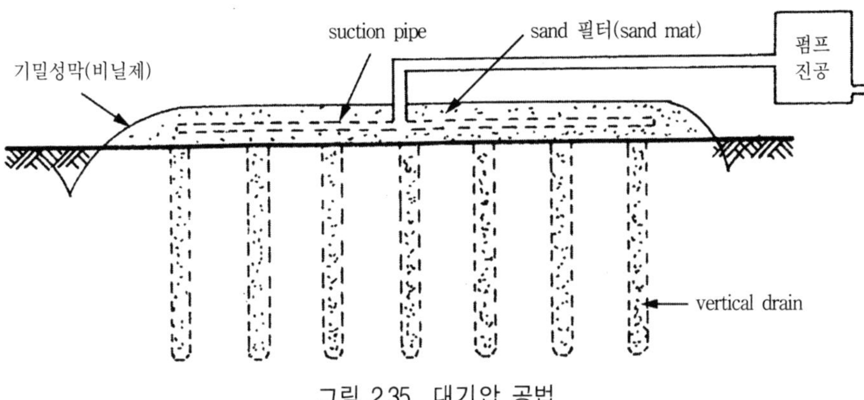

그림 2.35 대기압 공법

제3장 철근콘크리트구조

3.1 개요

3.2 콘크리트(Concrete)

3.3 거푸집

3.4 철근(鐵筋)

3.5 구조계획

3.6 각부구조

제3장 철근콘크리트 구조

3.1 개요

1. 철근콘크리트의 정의

① 콘크리트(Concrete)

시멘트, 물, 골재 및 필요에 따라 혼화제를 섞어서 일체화시킨 복합재료로, 압축력에 대해서는 강하지만 인장력에는 약하므로 균열이 발생하기 쉽고 충격작용에 대해서도 파손되기 쉽다.

② 철근(Reinforcing steel)

연성이 풍부한 봉강으로, 인장력에 대해서 강하고 큰 늘어남을 기대할 수 있지만 가늘고 길어 구부러지기 쉽고 녹슬기 쉬우며 내화성도 떨어진다.

③ 철근 콘크리트

- 콘크리트 강도의 단점을 보완하기 위해 인장력에 강한 철근과 압축력에 강한 콘크리트를 서로 결합하여 형성한 합성 구조체로, 철근으로 보강한 콘크리트(Reinforced Concrete)라는 뜻이다.
- 철근은 인장력을, 콘크리트에는 압축력을 각각 부담시켜 두 재료의 특성을 유효하게 활용한 것

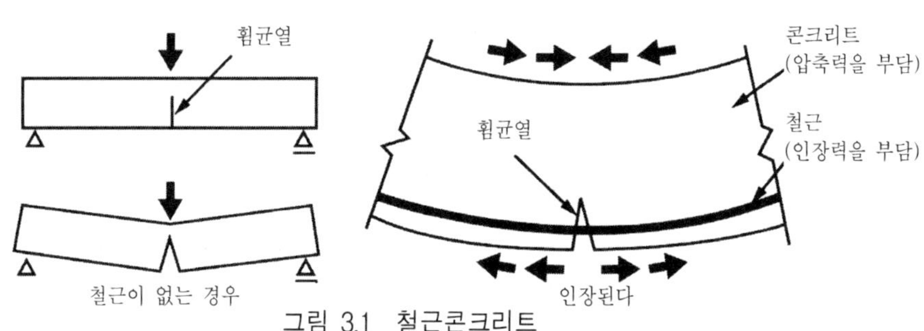

그림 3.1 철근콘크리트

2. 철근과 콘크리트의 적합성

① 철근과 콘크리트의 부착이 잘 된다.

철근과 콘크리트가 일체로 되어 작용하기 위해서는 철근과 콘크리트의 부착이 잘 되어야 서로의 응력을 전달할 수 있다.

② 콘크리트가 철근의 녹막이(방청) 작용을 한다.

콘크리트 속에 파묻힌 철근은 알칼리성인 콘크리트에 보호되어 녹의 발생이 방지되며 충분한 내구성을 보유하게 된다.

③ 철근과 콘크리트의 열팽창계수는 거의 같다.

철근과 콘크리트의 열팽창계수는 거의 같아 신축 차이가 생기지 않으므로 두 재료의 일체성이 손상되지 않는다.

3. 철근콘크리트구조의 장단점

① 높은 경제성을 가지고 있다.

콘크리트를 이루는 시멘트, 골재, 물 등의 공급이 풍부하고 운반하거나 저장하기 쉽다.

② 내화성과 내구성이 높고, 유지 관리가 쉽다.

- 철근은 열에 약하지만, 고온까지 견딜수 있는 콘크리트가 철근을 보호하므로 내화성능이 있는 구조가 된다.
- 알칼리성인 콘크리트가 철근을 보호하므로 녹이 잘 슬지 않는다.
- 콘크리트 자체가 열화가 잘 되지 않는 내구적인 재료이므로 유지 관리가 쉽다.

③ 조형성이 뛰어나다.

콘크리트는 소성상태로 타설되기 때문에 거푸집에 따라 원하는 형상을 만들 수 있다.

④ 차음성능과 내진성능이 우수하다

높은 강성과 질량으로 진동에 대한 저항성능이 크며, 소리를 차단하는 효율이 좋다.

⑤ 강도에 비하여 무게가 무겁다.

강재에 비하여 많은 물량이 소요되고 구조체의 자중이 커지는 단점이 있어 철골구조에 비하여 긴 경간구조에는 불리하다.

⑥ 균열이 발생하기 쉽다.

콘크리트는 건조에 따라 수축하고 인장강도가 낮아 인장측에서 균열과 취성파괴가 쉽게 일어난다.

⑦ 공사 기간이 길다.
철근, 거푸집, 콘크리트 등 작업공정이 복잡하며, 콘크리트에 대한 양생기간 등 공사기간이 긴 구조이다.

⑧ 해체하거나 개축이 곤란하다.
철근콘크리트구조는 매우 견고하기 때문에 해체가 쉽지 않고, 건물의 이설이나 개축이 곤란하다.

3.2 콘크리트(Concrete)

1. 콘크리트의 구성재료

콘크리트는 시멘트와 물이 혼합된 시멘트 페이스트(cement paste)에 골재가 결합된 것으로, 시멘트 페이스트는 골재 사이의 틈을 채우고 시멘트와 물 사이에 수화반응을 하면서 골재와 강한 접착력을 나타내어 견고하고 내구성 있는 구조재료를 형성하게 된다.

(1) 시멘트(Cement)

① 수화작용에 의하여 고착력을 발휘하는 미세한 분말재료로 포틀랜드 시멘트(Portland cement)가 대표적이다.

② 포틀랜드 시멘트는 사용 목적에 따라 1종은 보통, 2종은 중용열, 3종은 조강, 4종은 저열, 5종은 내황산염 등 5종류로 분류된다.

(2) 골재

① 시멘트와 물에 혼합하는 충진재 즉 모래, 자갈, 쇄석 등의 입상재료이다.

② 잔골재는 5mm 체를 85% 이상 통과하는 골재, 굵은 골재는 85% 이상 남는 골재이다.

③ 굵은 골재의 최대 치수
- 부재 최소치수의 1/5, 슬래브 두께의 1/3, 철근 수평 순간격의 3/4
- 굵은골재 최대치수는 철근을 적절히 감싸주고 또한 허니콤(honey comb) 모양의 공극을 최소화하기 위해 제한하고 있다.

④ 골재의 실적율 : 골재의 단위용적 중 실적 부분의 비율을 백분율로 나타낸 것

⑤ 골재의 조립률 : 골재의 입도를 표시하는 하나의 지표

⑥ 골재의 유해물 : 개흙(Silt) · 찰흙(Clay), 염화물, 당분, 유기 불순물, 연한 석편, 비중이 작은 물질, 유지류, 산류(酸類) 등

(3) 물

① 배합에 사용되는 물은 청정한 것으로서 산, 기름, 알칼리, 염분, 유기물 그리고 유해한 물질을 포함하지 않아야 한다.

② 배합수에 불순물이 많으면 응결시간, 콘크리트 강도, 체적변화에 영향을 미칠 뿐만 아니라 풍화현상이나 철근부식을 일으킬 수 있다.

(4) 혼화재료

① 품질 개선이나 소요 성질을 부여하기 위하여 부가적으로 사용되는 재료

② 혼화재

- 포졸란(Pozzolan) 작용 : 플라이애시, 규조토 등
- 잠재 수경성 : 고로슬래그 미분말 및 실리카퓸
- 콘크리트 팽창 : 팽창재
- 콘크리트 착색 : 착색재
- 기타 : 고강도용 혼화재, 증량재, 폴리머 등

③ 혼화제

- 시공연도, 내동해성 개선 : AE제, AE감수제
- 유동성 개선 : 유동화제
- 큰 감수효과 : 고성능 감수제
- 응결, 경화 조절 : 촉진제, 지연제, 급결제 등
- 방수효과 : 방수제
- 철근부식 억제 : 방청제
- 수중 재료분리 억제 : 수중 불분리성 혼화제
- 기타 : 보수제, 방동제 등

2. 콘크리트의 배합

(1) 콘크리트 배합시 요구 조건

① 소요의 강도, 내구성, 수밀성, 균열저항성, 철근을 보호하는 성능을 갖도록 한다.

② 적합한 시공연도를 갖는 범위 내에서 단위수량은 되도록 작게 한다.

③ 적합한 시공연도 확보를 위하여 단면형상, 횟수 및 강재배치에 따라 다짐작업이 용이하면서 재료분리가 생기지 않도록 한다.

(2) 콘크리트의 배합설계순서

설계기준강도→배합강도→시멘트강도→물시멘트비→슬럼프값→굵은골재 최대치수→잔골재율→단위수량→시방배합→현장배합

(3) 물시멘트비(W/C)

① 시멘트에 대한 물의 중량 백분율

② 물시멘트비가 클 때 문제점

- 강도 저하 및 부착력 저하
- 재료분리, 블리딩, 레이턴스 증가
- 내구성, 내마모성, 수밀성 저하
- 건조수축, 크리프, 균열발생 증가

(4) 시공연도(Workability)에 영향을 주는 요인

단위 수량, 시멘트의 종류·분말도·풍화, 골재의 입도·입형, 잔골재율, 굵은골재 최대치수, 혼화재료, 온도, 공기량, 비빔시간 등

(5) 슬럼프 시험(Slump test)

굳지 않은 콘크리트의 반죽질기를 측정하여 시공연도를 판단하고자 실시하는 시험

(6) 굳지 않은 콘크리트의 성질

① 시공연도(Workability) : 반죽질기에 따른 작업의 난이도 및 재료분리에 저항하는 정도 등 종합적 의미의 시공난이 정도

② 반죽질기(Consistency) : 단위수량에 의해 변화하는 콘크리트 유동성의 정도

③ 성형성(Plasticity) : 거푸집에 쉽게 넣을 수 있고 재료분리가 일어나지 않는 성질

④ 마감성(Finishability) : 마무리하기 쉬운 정도

⑤ 압송성(Pumpability) : 펌프에 콘크리트가 잘 밀려나가는 지의 난이 정도

⑥ 다짐성(Compatability) : 다짐의 용이한 정도

(7) 재료 분리

① 시멘트, 물, 골재가 골고루 분포되어 있지 않고 균질성을 상실한 상태

② 원인 : 큰 비중의 차이, 모르타르의 점성이 적을 때

③ 피해 : 콘크리트의 강도저하, 수밀성의 저하, 철근과의 부착강도 저하, 균열발생의 원인

(8) 블리딩(Bleeding)

① 시멘트, 골재 등이 침하에 따라 물이 상승되어 표면에 떠오르는 현상

② 재료분리 현상의 일종으로, 침하균열의 원인이 된다.

(9) 레이턴스(Laitance)

① 블리딩에 의하여 표면에 떠올라 침적한 백색의 미세한 물질

② 콘크리트의 강도와 접착력을 감소시키므로 제거해야 한다.

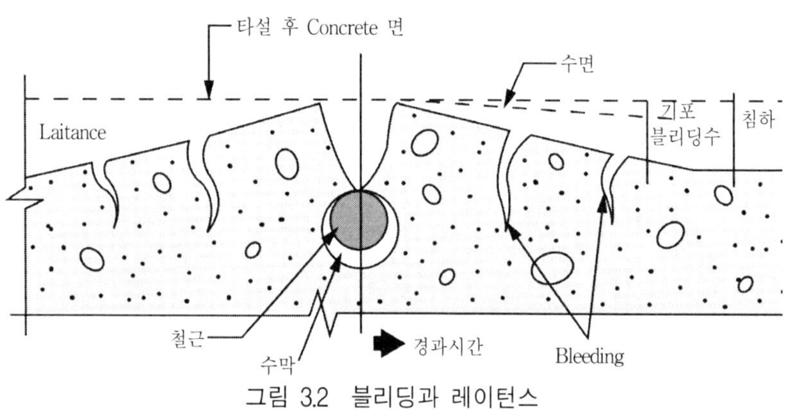

그림 3.2 블리딩과 레이턴스

(10) 알칼리 골재반응

① 시멘트의 알칼리 성분과 골재의 불안정한 특정물질(실리카 · 탄산염 등)과의 화학반응에 의해 콘크리트 구조체를 열화시키는 것

② 콘크리트가 팽창하여 표면에 균열이 발생하고, 젤라틴 모양의 흰 앙금 등이 콘크리트 표면 또는 내부에 생기기도 한다.

(11) 콘크리트 양생

① 필요한 온도, 습도를 유지시켜 주며 하중이나 충격 등의 해로운 영향을 주지 않도록 타설 후에서 소요강도가 발현될 때까지 보호하는 작업

② 양생 방법 : 습윤양생, 증기양생, 전기양생, 피막양생

3. 콘크리트의 성질

(1) 콘크리트의 강도

① 압축강도

- 콘크리트의 강도라고 하면 압축강도를 말한다.
- 압축강도 측정은 표준 원통형 공시체(직경 150mm, 높이 300mm)를 수중 양생하여 재령 28일의 압축강도를 구한다.
- 물시멘트비(W/C)가 낮을수록 압축강도가 높다.

② 인장강도 : 압축강도의 1/10 정도로 매우 작다.

③ 휨강도 : 압축강도의 1/6 정도이다.

④ 전단강도 : 압축강도의 1/5 정도이다.

(2) 콘크리트의 건조수축

① 수분이 증발하면서 콘크리트에 생기는 체적 변화

② 경화 초기에 많이 생기며 시간 경과에 따라 서서히 줄어든다.

③ 건조수축에 영향을 미치는 요인 : 물시멘트비(W/C), 상대습도, 골재의 함량과 성질, 부재의 크기 등

(3) 콘크리트의 크리프(Creep)

① 일정한 하중이 가해진 후 하중의 증가가 없는데도 시간이 지나면서 변형이 증가하는 현상

② 크리프 변형은 탄성변형보다 크다.

③ 응력이 클수록, 물시멘트비가 클수록, 단위 시멘트량이 많을수록, 습도가 낮을수록, 온도가 높을수록, 부재치수가 작을수록 크게 발생한다.

(4) 내화성

① 260℃ : 시멘트 페이스트의 결합수가 소실되어 강도 저하

② 500℃ : 상온에서 강도의 40% 이하로 저하되므로 500℃ 이상으로 가열된 콘크리트를 재사용하는 것은 매우 위험하다.

③ 내화성능 향상방안 : 피복두께 증가, 내화성 높은 골재 사용, 표면을 단열재로 보호

(5) 내구성

① 콘크리트는 강알칼리성이며, 콘크리트에 묻힌 철근 표면은 얇은 부동태 피막으로 피복되어 있기 때문에 부식으로부터 보호되어 있다. 그러나 콘크리트 중에 일정량 이상의 염분(Cl^-)이 존재하면 염소이온의 작용에 의해 부동태 피막이 파괴되어 철근이 부식되기 쉬운 상태가 되며, 또한 콘크리트의 중성화가 촉진된다. 콘크리트 중의 철근이 부식되면 그 체적은 원래의 2~3 배로 팽창하고, 그 팽창압에 의해 피복콘크리트에 균열이 발생한다.

② 염분의 침투가 예상되는 구조물은 피복두께를 크게 하거나 물-결합재비를 낮추면서 강도를 높여 수밀한 콘크리트가 되도록 한다.

③ 동결융해, 황산염 노출 및 철근부식을 막기 위해서는 최대 물-결합재비가 0.4에서 0.5 이하가 되도록 하며, 이는 압축강도가 35MPa에서 27MPa에 해당된다.

④ 제빙 화학제에 노출되는 콘크리트는 물-결합재비가 0.4 이하가 되어야 하며, 해수나 해풍에 노출된 경우의 콘크리트 강도는 27MPa 이상을 요구하고 있다.

⑤ 경량콘크리트에서는 물-결합재비 대신 압축강도의 최소값이 규정되어 있으며, 경량골재 콘크리트에서는 좋은 품질의 시멘트풀을 사용함으로써 최소 강도 수준의 확보가 가능하다.

⑥ 흙이나 물에 있는 유해한 농도의 황산염에 노출되는 콘크리트는 내황산염 시멘트(5종 시멘트)로 만들어야 한다.

⑦ 철근의 부식방지를 위해서 굳지 않은 콘크리트의 전체 염화물이온량은 원칙으로 0.3kg/m^3 이하로 한다.

(6) 중성화(中性化)

① 공기 중의 탄산가스에 의해 수산화칼슘이 탄산칼슘으로 변화하여 알칼리성을 잃는 것

② 내구성 저하 : 철근의 부식→부피 팽창→균열 발생→콘크리트 열화

③ 물시멘트비가 적을수록 늦어지며, 혼합시멘트를 사용하면 빨라지고 마감재의

유무 및 종류에 따라 달라진다.

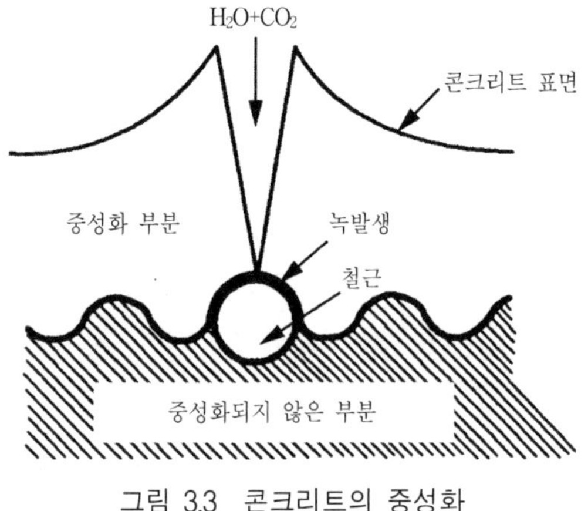

그림 3.3 콘크리트의 중성화

(7) 비파괴 검사법

① 강도 추정

- 슈미트 해머법 : 콘크리트 표면을 타격했을 때의 반발경도에서 강도를 추정
- 초음파 속도법 : 콘크리트 속을 전파하는 초음파의 속도에서 강도를 추정
- 인발법 : 콘크리트 속에 매입한 볼트 등의 인발내력에서 강도를 추정
- 조합법 : 반발경도, 초음파 속도, 인발내력 등을 병용해서 강도를 추정

② 균열 및 결함부 탐사 : 탄성파법, 적외선 법, 어커스틱 에미션법

③ 철근의 위치 및 부식 탐사 : 자기법, 방사선 투과법, 레이저법, 자연전극 전위법

4. 콘크리트의 균열(Crack)

(1) 일반사항

① 콘크리트는 인장강도에 비해 탄성계수가 크고 단단하며 깨지기 쉬운 재료이므로 약간의 인장력만 작용해도 균열이 발생한다.

② 콘크리트 구조물에서 균열의 발생을 막을 수 있는 방법은 없으며, 건물에 유해하지 않을 정도로 제어하는 것이 중요하다.

③ 철근을 최대 콘크리트 인장영역에 고르게 분산시킴으로써 균열 제어를 할 수 있다.

④ 균열에 의한 피해 : 내구성 저하 및 외관의 손상, 철근의 부식, 누수의 원인, 심리적 불안감 조성

(2) 요인별 균열발생의 원인

① 재료조건 : 건조수축, 소성수축, 소성침하, 수화열 등
② 시공조건 : 콘크리트 배합 및 타설, 철근배근, 거푸집 및 양생 등
③ 콘크리트 열화 : 콘크리트 중성화, 염화물의 침입, 알칼리골재반응, 동결융해 등

(3) 굳지 않은 콘크리트의 균열

① 소성 수축균열 : 표면에 급격한 건조시 발생
② 소성 침하균열 : 비중의 차이로 발생, 블리딩이 주된 원인
③ 거푸집 및 지반의 이동에 의한 균열

(4) 굳은 콘크리트의 균열

① 건조수축으로 인한 균열 : 체적 변화로 발생, 가장 흔히 발생할 수 있는 균열
② 열응력으로 인한 균열(온도 균열) : 수화열에 의한 내부 온도상승으로 발생
③ 화학적 반응으로 인한 균열 : 알칼리 골재 반응, 알칼리 탄소 골재 반응
④ 자연의 기상작용으로 인한 균열 : 기상작용의 영향으로 인한 체적변화로 발생, 동결융해, 건습현상 등
⑤ 철근의 부식으로 인한 균열 : 철근이 녹이 슬어 발생
⑥ 시공불량으로 인한 균열 : 장기간 비빔, 급속한 타설, 양생불량, 동바리 침하, 조인트처리불량 등
⑦ 시공시의 초과하중으로 인한 균열 : 시공 중에 발생하는 과하중으로 인해 발생
⑧ 설계 잘못으로 인한 균열 : 철근의 상세오류, 수축 조인트의 결여, 기초의 설계오류 등
⑨ 하중 작용으로 인한 구조적 균열 : 하중이 설계하중을 초과하거나 부재의 저항능력이 작을 경우 발생

(5) 균열의 특징

① 시멘트의 이상응결 : 폭이 크고 짧은 균열이 불규칙하게 발생
② 시멘트의 이상팽창 : 방사형의 그물 모양의 균열
③ 침하 및 블리딩 : 철근 상부에 단속적으로 발생
④ 수화열 : 직선상의 균열이 등간격으로 규칙적으로 발생
⑤ 반응성 골재, 풍화암의 사용 : 벌집 모양으로 발생

⑥ 콘크리트 경화, 건조수축 : 세장한 균열이 등간격으로 발생

⑦ 동결 융해 : 경사, 길이 방향의 균열과 스켈링이 특징

⑧ 구조물의 부동침하 : 45° 방향의 큰 균열이 발생

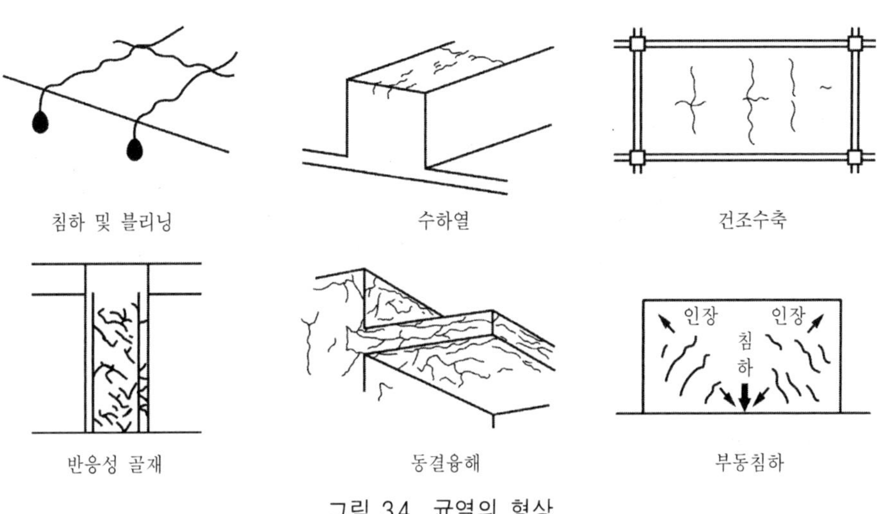

그림 3.4 균열의 형상

(6) 균열의 검사

① 육안검사 : 크랙 게이지, 루페(현미경), 스트레인 게이지, 콘택트 게이지 등에 의한 측정

② 비파괴 검사 : 초음파 검사, X선/Y선 투과법

③ 코어 검사 : 균열의 크기, 기피 등을 정확히 확인 가능

(7) 균열 보수법

① 표면처리공법 : 콘크리트 표면에 도막 형성, 방수성 확보

② 충전공법 : U형, V형으로 따내고 유연성 에폭시, 폴리머 모르타르 등을 충전

③ 주입공법 : 구멍을 뚫은 후 에폭시수지, 시멘트 슬러리를 주입

(8) 균열 보강법

① 강재보강 공법 : 강판 부착공법, 보강보 설치 공법

② 단면 증대공법 : 기존면에 철근콘크리트를 타설하여 단면 늘림

③ 복합재료 보강공법 : 탄소섬유시트, 유리섬유시트 보강공법

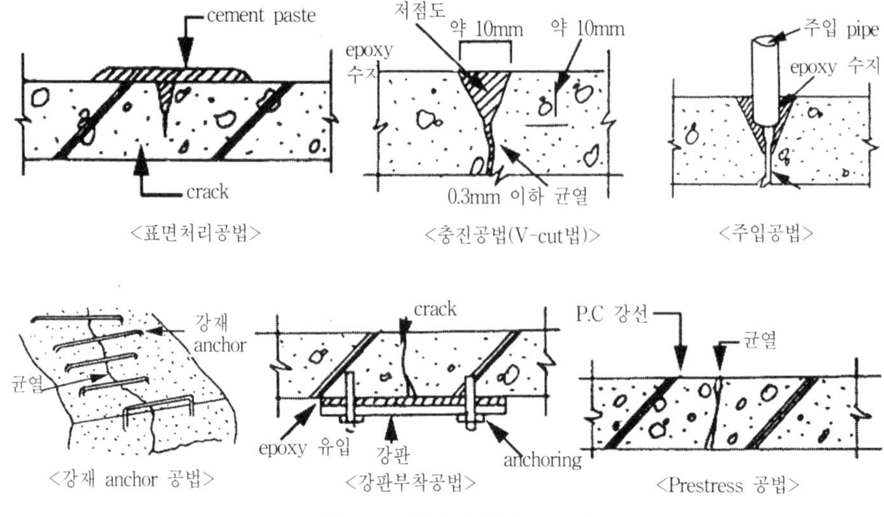

그림 3.5 균열의 보수·보강

5. 각종 콘크리트

(1) 한중(寒中) 콘크리트

① 일 평균기온 4℃ 이하의 동결할 위험이 있는 기간 내에 시공하는 콘크리트

② 응결, 경화 초기 동결방지에 유의한다.

(2) 서중(暑中) 콘크리트

① 일 평균기온이 25℃를 초과 또는 일 최고기온 30℃ 초과시 타설하는 콘크리트

② 단위수량 증가로 수밀성 저하, 초기발열 증대로 온도균열 발생, 콜드 조인트의 발생, 공기량 조절의 어려움

(3) 매스(Mass) 콘크리트

① 부재단면의 최소치수가 800mm 이상이고, 내부 최고온도와 외기온도의 차가 25℃ 이상이 예상되는 경우의 콘크리트

② 수화열에 의한 온도응력 및 온도균열에 대하여 충분히 검토한다.

(4) 유동화 콘크리트

미리 비빈 콘크리트에 분산성능이 좋은 유동화제를 첨가하여 된비빔 콘크리트의 품질을 유지한 채 일시적으로 유동성을 향상시킨 콘크리트

(5) 경량 콘크리트

단위중량을 줄임으로써 단면의 크기를 축소하고 단열, 방음성 등의 개선효과를 얻고자 개발한 콘크리트

(6) 고강도 콘크리트

설계기준강도 40N/mm^2 이상(경량콘크리트 27N/mm^2 이상)인 콘크리트

(7) 쇄석 콘크리트

강자갈 대신에 깬자갈(쇄석)을 사용한 콘크리트

(8) 수밀 콘크리트

콘크리트 자체 밀도를 높여 특히 수밀성이 높고 투수성이 작은 콘크리트

(9) 제치장 콘크리트

외장을 하지 않고 노출면 콘크리트 자체가 마감면이 되는 콘크리트

(10) 프리팩트 콘크리트(Prepacked concrete)

거푸집에 미리 굵은 골재를 투입하고 그 간극에 모르타르를 주입하여 완성시키는 콘크리트

(11) 프리캐스트 콘크리트(Precast concrete)

구조물을 부품화하여 공장 생산하고 현장에서 조립하는 것

(12) 프리스트레스트 콘크리트(Prestressed concrete)

인장응력이 생기는 부분에 미리 압축의 프리스트레스를 주어 콘크리트의 인장강도를 증가하도록 한 콘크리트

(13) 쇼트크리트(Shotcrete)

모르타르를 압축공기로 분사하여 바르는 것

(14) A.E 콘크리트(Air Entrained concrete)

AE제(공기연행제)를 넣어 볼베어링 역할을 하는 미세한 기포를 골고루 분포시

켜 시공연도를 증진시킨 콘크리트

(15) 팽창 콘크리트

콘크리트의 팽창효과를 이용하여 균열저감 등 내구성 개선을 위해 사용되는 콘크리트

(16) 중량(차폐) 콘크리트

차폐를 목적으로 중량 골재를 사용하여 비중을 크게 하고 치밀하게 한 콘크리트

(17) 진공 콘크리트(vacuum)

진공 매트로 수분과 공기를 흡수하고 대기압으로 콘크리트를 다짐하여 초기강도와 내구성을 증진시킨 콘크리트

(18) 섬유보강 콘크리트

콘크리트 속에 강섬유, 유리섬유 등을 분산시켜 보강한 콘크리트

(19) 폴리머 콘크리트(Polymer concrete)

레진(resin) 콘크리트, 폴리머 합침 콘크리트, 폴리머 시멘트 콘크리트 등

3.3 거푸집

1. 개요

(1) 거푸집

굳지 않은 콘크리트가 경화되어 강도를 발현하고 자립할 수 있을 때까지 콘크리트를 지지하는 가설 구조물

(2) 거푸집의 역할

거푸집은 콘크리트를 일정한 형상과 치수로 유지시켜 주며 경화에 필요한 수분의 누출을 방지하고 외기의 영향을 차단하여 콘크리트가 적절하게 양생되도록 돕는 역할을 한다.

2. 거푸집의 구성 재료

(1) 거푸집널

① 콘크리트와 직접 접촉하여 콘크리트 측압 등의 하중을 거푸집의 각 부재로 분산시키는 부재

② 종류 : 목재널, 합판, 철재 패널, 알루미늄 패널, 합성수지판, 경질섬유판, 성형 시멘트판 등

(2) 장선(띠장)

거푸집널을 지지하고 변형을 방지하며 하중을 멍에에 전달하는 부재

(3) 멍에

장선(띠장)에 작용하는 하중을 동바리 또는 긴결재에 전달하는 부재

(4) 동바리(받침기둥, 지주, Support)

① 슬래브 거푸집에서 멍에에 작용하는 하중을 받아 슬래브 또는 지반에 전달하는 부재

② 종류 : 파이프 서포트, 단위틀식 서포트, 수평 지지보(무지주공법)

(5) 긴결재

① 폼 타이(Form tie) : 콘크리트의 측압에 거푸집널이 벌어지거나 우그러들지 않도록 거푸집널을 서로 연결 고정하는 것

② 칼럼 밴드(Column band) : 기둥 거푸집의 고정 및 측압 저항용으로 쓰인다.

(6) 기타 부속재

① 격리재(Separator) : 거푸집 상호간의 일정한 간격(벽두께, 기둥의 나비 등)을 유지하기 위해 거푸집널 사이에 고정시키는 것

② 간격재(Spacer) : 철근과 거푸집의 간격을 일정하게 유지시켜 철근의 피복두께를 일정하게 유지시키는 것

③ 박리제(Form oil) : 거푸집널을 떼어내기 쉽게 하기 위하여 미리 거푸집널에 바르는 기름

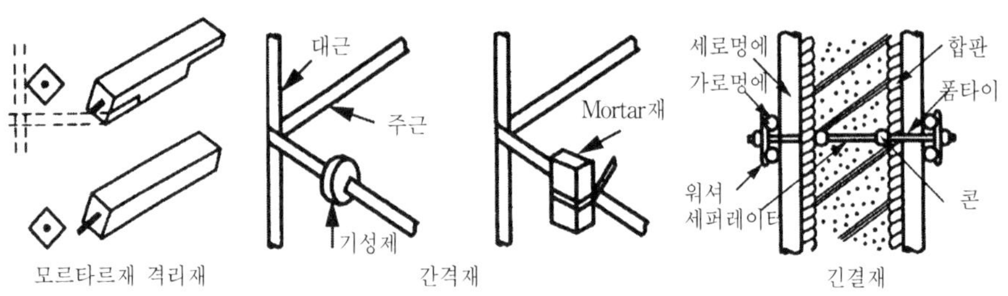

그림 3.6 격리재, 간격재, 긴결재

3. 거푸집의 안전

(1) 거푸집 공사는 가설비계, 가설발판 등을 사용함으로써 안전사고의 발생 가능성이 매우 높고 거푸집 자체가 중량물이므로 안전에 취약하다.

(2) 거푸집에 작용하는 하중

① 슬래브, 보 거푸집 : 콘크리트 중량, 콘크리트 타설 작업 하중, 충격하중 등

② 벽, 기둥 거푸집 : 콘크리트 측압

(3) 거푸집은 콘크리트의 자중, 측압 등 고정하중 뿐만 아니라 작업자, 기자재 등의 적재에도 안전하도록 구조적으로 검토한 후 설치되어야 한다.

(4) 거푸집은 콘크리트가 외력 또는 자중에 견딜 수 있는 소요강도를 확보할 때까지 존치하야 하며, 거푸집 존치기간은 콘크리트 압축강도와 존치기간 경과를 기준으로 결정할 수 있다.

(5) 거푸집을 설계할 때 검토해야 할 사항은 부재에 작용하는 휨모멘트와 처짐이다.

(6) 거푸집 재료의 허용응력도

① 합판은 섬유방향에 따라 강도나 탄성계수가 크게 변하므로 강도 계산시에 주의해야 한다.

② 목재는 함수율이 1% 늘면 강도와 탄성계수가 3% 정도 저하하므로 강우 등으로 흡수량이 클 때에는 이상 변형에 주의해야 한다.

(7) 거푸집 변형 기준

① 순간격(L) 내의 변형이 상대변형과 절대변형 중 작은 값 이하가 되도록 한다.

② 변형 기준[마감이 있는 콘크리트면] : 상대변형 l/270, 절대변형 6mm

(8) 슬래브 거푸집 설계

① 장선간격 : 합판 거푸집의 최대처짐이 허용처짐 이내가 되는 지점거리(장선간격)를 산정

② 멍에간격 : 장선의 최대처짐이 허용처짐 이내가 되는 지점거리(멍에간격)를

산정

③ 동바리 간격 산정 : 멍에의 최대처짐이 허용처짐 이내가 되는 지점거리(동바리간격)를 산정

④ 동바리 강도 검토 : 동바리 양단은 핀(Pin)접합으로 계산

4. 거푸집 공법

(1) 합판 거푸집

합판, 멍에, 장선 등을 이용하여 현장에서 제작 사용하는 거푸집

(2) 강재 거푸집(Metal form)

① 철판과 앵글 등으로 패널 제작된 거푸집

② 거푸집의 전용성을 높이고 공기단축과 시공의 정확성을 높인 거푸집

(3) 유로 거푸집(Euro form)

① 특수코팅 합판과 경량 프레임으로 구성된 규격화된 거푸집

② 몇가지 형태의 기본 패널로 벽, 기둥의 조립이 가능하다.

(4) 알루미늄 거푸집

경량이므로 취급이 용이하며, 클립을 사용하여 조립 긴결 및 고정이 가능하다.

5. 시스템화 대형 거푸집공법

시스템 거푸집은 작은 부재를 사용시마다 조립, 해체하지 않고 일체화 제작하여 한번에 해체, 이동 조립하는 거푸집 시스템이다.

종 류	내 용
벽 체 전 용	갱 폼, 클라이밍 폼, 슬라이딩 폼, 슬립 폼
슬 래 브 용	플라잉 폼, 워플 폼, 데크 플레이트
벽+슬래브용	트래블링 폼, 터널 폼
무지주 공법	보우 빔, 페코 빔

(1) 갱 폼(Gang form)

① 대형 패널에 작업발판과 버팀대를 부착, 일체화시켜 한번에 설치하고 해체하

는 거푸집 [=대형 패널 거푸집]

② 주로 외벽의 두꺼운 벽체나 옹벽 등에 이용된다.

③ 건물의 고층화 및 양중기계의 발달로 사용이 늘어나고 있다.

(2) 클라이밍 폼(Climbing form)

① 갱 폼에 거푸집 설치를 위한 비계틀과 마감작업용 비계를 일체로 제작한 거푸집

② 벽체용 거푸집으로, 한꺼번에 인양시켜 거푸집을 설치한다.

(3) 슬라이딩 폼(Sliding form)

① 수평·수직적으로 반복된 구조물을 시공이음 없이 균일한 형상으로 시공하기 위하여 거푸집을 연속적으로 이동시키면서 콘크리트를 타설하여 구조물을 시공하는 거푸집

② 사일로(silo), 교각, 건물의 코아부분 등 단면의 변화가 없는 수직으로 연속된 구조물에 사용된다.

③ 연속적으로 부어 넣으므로 일체성을 확보할 수 있다.

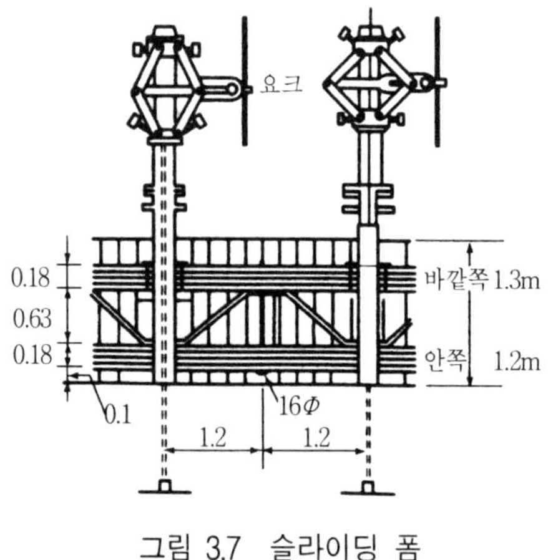

그림 3.7 슬라이딩 폼

(4) 슬립 폼(Slip form)

전망탑, 급수탑 등 단면형상에 변화가 있는 수직으로 연속된 콘크리트 구조물에 사용되는 연속화, 일체화 공법

(5) 플라잉 폼(Flying form)

① 거푸집판 · 장선 · 멍에 · 동바리 등을 일체화하여 수평 · 수직방향으로 이동하는 거푸집

② 슬래브 전용의 대형 거푸집[=테이블 폼(Table form)]

③ 수직, 수평으로 반복 모듈을 가진 초고층 또는 아주 넓은 지하층 구조물에 적용된다.

(6) 워플 거푸집(Waffle form)

① 무량판 구조 또는 평판구조에서 특수상자 모양의 기성재 거푸집[돔 팬(Dome pan)]

② 격자 모양의 천정을 만들 때 사용하는 거푸집

③ 작은 보가 없이 큰 경간(Span)의 공간을 확보할 수 있고 층고를 낮출 수 있다.

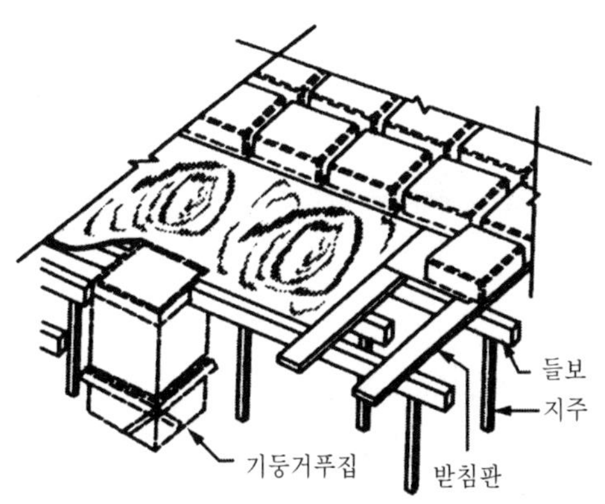

그림 3.8 워플 거푸집

(7) 데크 플레이트(Deck plate)

① 철골보 위에 걸쳐서 동바리 없이 거푸집판 등으로 이용되는 슬래브 철판

② 강성을 키우기 위해서 철판을 요철 가공한 것

③ 거푸집의 해체 공정이 줄어들어 노무절감과 공기를 단축할 수 있다.

(8) 터널 폼(Tunnel form)

① 벽체와 슬래브 거푸집을 ㄱ자형, ㄷ자형으로 일체로 제작하여 한번에 설치하고 해체할 수 있도록 한 거푸집

② 아파트, 병실 등 연속된 동일 단면의 구조체에 적용된다.

(9) 트레블링 폼(Travelling form)

① 트레블러라고 불리는 비계틀 또는 가동골조에 지지된 이동거푸집

② 지하철, 터널, 교량 등 주로 토목 구조물에 적용된다.

(10) 보우 빔(Bow beam)

하층의 작업공간을 확보하기 위하여 설치한 철골트러스와 유사한 경량 가설보 [무지주 공법]

(11) 페코 빔(Pecco beam)

① 보우 빔과 같이 하층의 작업공간을 확보하기 위한 무지주 공법

② 안보가 있어 스팬 조절이 가능하다.

3.4 철근(鐵筋)

1. 철근의 종류 및 성질

(1) 철근 표면에 따른 종류

① 원형철근(Round steel bar)

- 단면이 원형으로 돌기가 없는 미끈한 형상의 철근
- 원형지름의 지름은 ϕ로 표시한다.

② 이형철근(Deformed steel bar)

- 콘크리트와의 부착력을 높이기 위하여 표면에 마디와 리브를 붙인 철근
- 이형지름의 지름은 공칭지름 D로 표시한다.[D22 : 공칭지름 약 22mm의 이형철근]

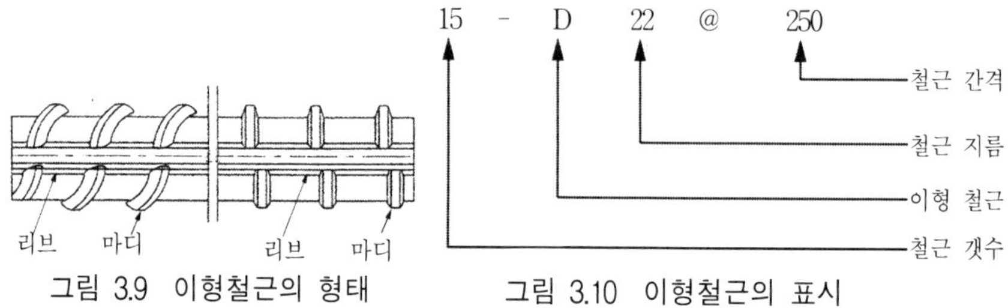

그림 3.9 이형철근의 형태　　그림 3.10 이형철근의 표시

표 2. 이형철근의 치수 및 무게

호 칭	단위 무게(kg/m)	공칭 지름(mm)	공칭 단면적(mm²)	공칭 둘레(mm)
D6	0.249	6.35	31.67	20
D10	0.560	9.53	71.33	30
D13	0.995	12.7	126.7	40
D16	1.56	15.9	198.6	50
D19	2.25	19.1	286.5	60
D22	3.04	22.2	387.1	70
D25	3.98	25.4	506.7	80
D29	5.04	28.6	642.4	90
D32	6.23	31.8	794.2	100
D35	7.51	34.9	956.6	110
D38	8.95	38.1	1,140	120
D41	10.5	41.3	1,340	130
D51	15.9	50.8	2,027	160

(2) 철근 용도에 따른 종류

① 주철근(Main bar) : 설계하중에 의하여 그 단면적이 정해지는 철근

② 종방향 철근 : 부재에 길이 방향으로 배근한 철근

③ 띠철근 : 기둥에서 종방향 철근을 정해진 간격으로 둘러싼 횡방향의 보강철근

④ 나선철근 : 기둥에서 종방향 철근을 나선형으로 둘러싼 철근

⑤ 후프(Hoop) : 폐쇄 띠철근 또는 연속적으로 감은 띠철근

⑥ 연결철근(Cross tie) : 한쪽 끝은 135° 갈고리가 있고, 다른 끝에서는 90° 갈고리가 있는 연속철근

⑦ 복부 보강근(사인장 철근) : 전단력을 받는 부재의 복부에 배근하여 사인장 응력에 저항하는 철근

⑧ 전단 보강근 : 전단력에 저항하도록 배근한 철근

⑨ 스터럽(Stirrup) : 보의 주철근을 둘러싸고 이에 직각되게 또는 경사지게 배근한 복부 보강근으로, 전단력 및 비틀림 휨모멘트에 저항한다.

⑩ 비틀림 철근 : 비틀림 응력에 저항하기 위하여 배치하는 철근

⑪ 굽힘 철근(Bent bar) : 구부려 올리거나 또는 구부려 내린 부재 길이방향으로 배근된 철근

⑫ 옵셋 굽힘철근(Offset bent bar) : 기둥 연결부에서 단면 치수가 변하는 경우에 배치되는 구부린 주철근

⑬ 배력철근 : 집중하중을 분포시키거나 균열을 제어할 목적으로 주철근과 직각에 가까운 방향으로 배치한 보조철근

⑭ 수축·온도철근 : 건조수축 또는 온도변화에 의하여 콘크리트에 발생하는 균열을 방지하기 위한 목적으로 배근되는 철근

⑮ 갈고리(Hook) : 철근의 정착 또는 겹침이음을 위해 철근 끝을 구부린 부분

(3) 철근의 성질

① 철근의 물성에 따른 종류의 구별을 쉽게 하기 위하여 양단면을 색칠하여 구분한다.

② SD 400

S : 구조용 강재, D : 이형철근(Deformed), 400 : 항복강도(f_y=400N/mm^2 [MPa])

③ 항복강도 500MPa(SD 500)까지는 허용되고 있으나, 고강도 철근을 사용하면 강도상의 문제는 없더라도 균열 폭이 크게 발생되는 등의 문제가 야기되므로 그 사용에 주의를 요하고 있다.

표 3. 철근의 종류와 역학적 성질

종 류	기 호	항복강도(MPa)	인장강도(MPa)	구분 방법
원형철근	SR 240	240 이상	390~530	청색
	SR 300	300 이상	450~610	녹색
이형철근	SD 300	300~400	450 이상	녹색
	SD 350	350~450	500 이상	적색
	SD 400	400~520	570 이상	황색
	SD 500	500~640	630 이상	흑색

2. 철근의 가공

(1) 철근의 가공

절단, 구부리기, 조립으로 구분된다.

(2) 철근가공 치수의 허용오차

① 스터럽, 띠철근, 나선철근 : ±5mm

② 주근 : ±15mm[D25 이하], ±20mm[D29 이상 D41 이하]

(3) 갈고리(Hook)의 설치

① 원형철근 : 말단부에 반드시 갈고리 설치

② 이형철근 : 말단의 갈고리는 생략할 수 있지만, 기둥 및 보의 단부, 스터럽 및 띠철근, 굴뚝의 철근에는 갈고리 설치

(4) 표준 갈고리

① 주근 갈고리

- 구부림각도 180° 구부린 반원 끝에서 $4d_b$ 또는 60mm 이상되는 갈고리
- 구부림각도 90° 구부린 끝에서 $12d_b$ 이상되는 갈고리[d_b : 철근 지름]

② 스터럽 및 띠철근 갈고리

- D16 이하의 철근으로 구부림각도 90° 구부린 끝에서 $6d_b$ 이상되는 갈고리
- D19, D22와 D25의 철근으로 구부림각도 90° 구부린 끝에서 $12d_b$ 이상되는 갈고리
- D25 이하의 철근으로 구부림각도 135° 구부린 끝에서 $6d_b$ 이상되는 갈고리

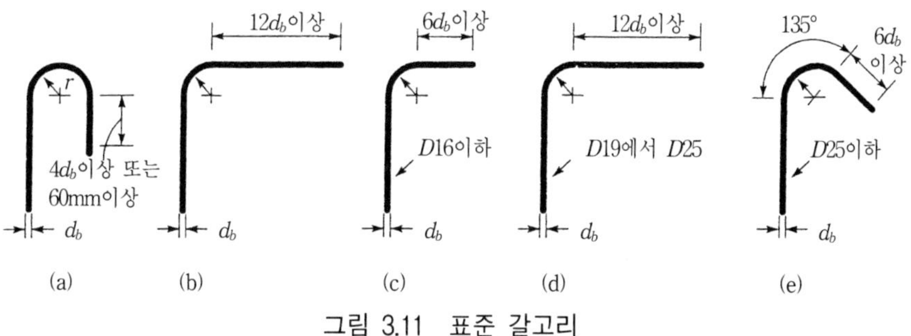

그림 3.11 표준 갈고리

(5) 철근 선조립 공법

① 기둥, 보, 슬래브, 벽 등을 부위별로 공장에서 미리 조립(유니트화된 철근부재를 가스압접, 용접 또는 특수 이음철물 등을 사용하여 조립)하는 공법

② 분류 : 철근 선조립 공법, 용접철망 선조립 공법

③ 공사기간이나 배근 정밀도 측면에서 양질의 시공을 기대할 수 있다.

3. 철근의 이음

(1) 일반사항

① 철근 이음 : 한정된 길이의 철근을 현장에서 연속적인 철근으로 하기 위한 철근의 접합부

② 철근은 생산 · 운반 · 시공의 편의상 절단하여 운반 · 조립하므로 이음이 발생한다.

③ 철근의 이음부위는 구조적으로 취약하므로 이음위치 결정과 이음방법 선택은 매우 중요하다.

④ 이음은 콘크리트와의 부착강도에 의해 형성되므로 부착력을 확보하기 위한 소정의 이음길이 확보가 중요하다.

(2) 철근의 이음

① 이음 위치 : 응력이 작은 곳, 콘크리트 구조물에 압축응력이 생기는 곳에 설치한다.

② 이음의 1/2 이상을 한 곳에 집중시키지 말고 엇갈려 잇는다.(이음부의 분산)

③ 지름이 다른 주근을 잇는 경우에는 작은 주근의 지름을 기준으로 한다.

④ D35를 초과하는 철근은 겹침이음을 하지 않는다.[건축구조설계기준(2005)]

(3) 이음 위치

① 기둥 : 층높이의 2/3 하부에서 잇는다. → 중앙부위가 휨응력이 작다.

② 보 : 압축측에서 잇는다. → 인장력을 양단부에서는 상부, 중앙부는 하부가 부담하므로 하부주근은 양단부에서, 상부주근은 중앙부에서 잇는다.

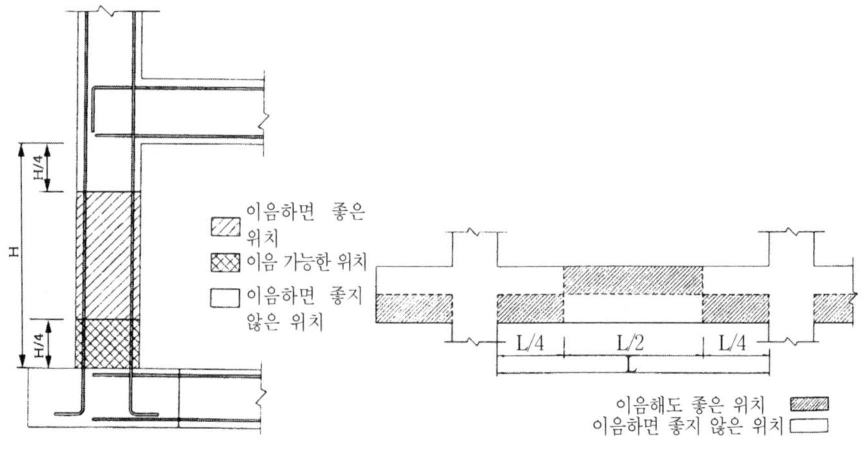

(a) 기둥 (b) 보

그림 3.12 철근의 이음 위치

(4) 인장철근의 이음

① 인장을 받는 철근의 겹침이음 길이는 A급, B급으로 분류한다.

→ 이음을 2가지로 분류한 이유는 겹침이음의 위치를 가능한 한 최소 응력점에 두고, 한 위치에서 겹침이음의 비율을 낮추도록 하기 위한 것으로, 구조도면에 별도의 명기가 없는 한 대부분 B급 이음이다.

② 철근이 큰 인장응력을 받는 구역에 용접이음 및 기계적 연결로 이음을 두는 경우, 이음 위치에서 항복강도의 125% 이상을 발휘하도록 한다.

→ 용접이음은 주로 D19 이상 지름이 큰 철근에 적용되며, 완전용접을 보장하기 위해 용접강도는 철근의 항복강도 125%의 인장강도를 발휘할 수 있어야 한다.

(5) 이음 방법

① 겹침이음 : 철근을 서로 겹쳐 댄 다음 결속선으로 고정하는 것

② 용접이음 : 철근을 녹여 접합하는 방법, 아크용접 · 플러시 버트용접 · 가스압접

③ 가스압접

- 철근을 가열하면서 압력을 가함으로써 철근의 접촉부가 부풀어 올라 철근이 접합되는 일체식 이음
- 조직과 성분의 변화가 적고 접합강도가 큰 우수한 접합방법
- 일반적으로 19mm 이상의 철근은 겹침이음보다 경제적이다.

④ 기계식 이음

- 나사식 이음 : 철근의 마디가 나사형태로 제작된 나사마디철근을 사용하는 방법과 철근에 직접 나사를 가공하여 접합하는 방법으로 구분된다.
- 슬리브 압착 이음 : 원형 슬리브(Sleeve) 내에 철근을 삽입하고 이 강관을 압착 가공함으로써 철근의 마디와 밀착되게 하는 방법
- 슬리브 충전 이음 : 이음용 슬리브와 철근 사이에 무수축성 모르타르를 충전하여 철근을 잇는 방법

⑤ Cad welding : 철근에 슬리브를 끼워 연결하고 철근과 슬리브 사이의 공간에 순간 폭발을 발생시켜 합금을 녹여 흘러 보내 충전하여 있는 방법

⑥ G-loc splice : 깔대기 모양의 G-loc sleeve를 끼우고 G-loc wedge를 망치로 쳐서 이음하는 방법

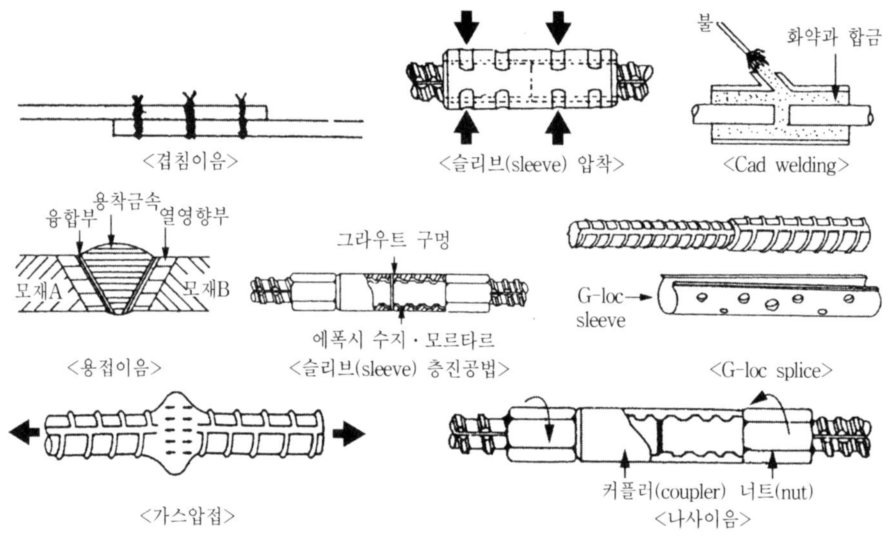

그림 3.13 철근의 이음 방법

4. 철근의 정착

(1) 정착 길이

① 높은 응력을 받는 철근은 상대적으로 얇은 콘크리트 단면을 따라 쪼개지려는 경향이 있으므로 소정의 정착길이가 필요하다.

② 콘크리트에 묻혀 있는 철근이 힘을 받을 때 뽑히거나 미끄러짐 변형이 없이 항복강도까지 발휘할 수 있게 하는 최소한의 묻힘 길이

③ 철근의 항복강도 및 콘크리트의 압축강도에 의해 달라진다.

④ 압축철근에서는 휨인장 균열에 의해 정착이 약화되는 현상이 나타나지 않으며 콘크리트에 대한 철근 단부의 지압은 정착에 유익하기 때문에, 압축철근은 인장철근보다 정착길이가 짧다.

(2) 정착 방법

① 묻힘 길이에 의한 방법, 갈고리에 의한 방법, 철근의 가로방향에 T형이 되도록 철근을 용접하는 방법 등

② 받침부를 지나 정착길이 이상 연장한다.

③ 철근의 정착길이가 확보되지 않을 경우 갈고리를 두어 정착한다.

④ 갈고리는 압축철근의 정착에 있어서는 유효하지 않는 것으로 본다.

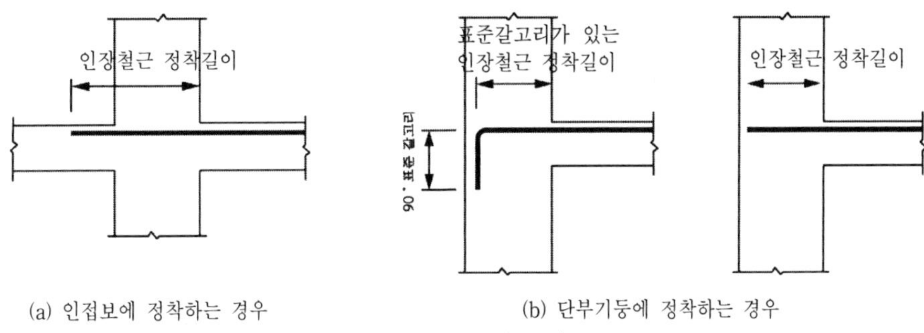

그림 3.14 정착길이를 취하는 방법

(3) 정착 위치

① 기둥의 주근 : 기초에 정착

② 보의 주근 : 기둥에 정착

③ 작은 보(Beam)의 주근 : 큰 보(Girder)에 정착

④ 직교하는 보 밑에 기둥이 없을 때 : 보 상호간에 정착

⑤ 지중보의 주근 : 기초 또는 기둥에 정착

⑥ 벽 철근 : 기둥, 보 또는 슬래브에 정착

⑦ 슬래브 철근 : 보 또는 벽체에 정착

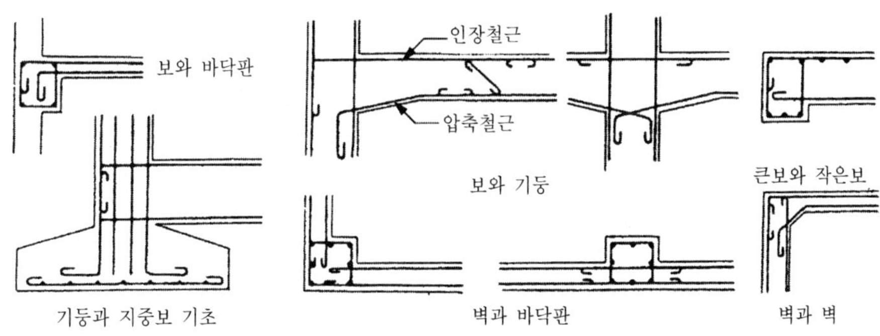

그림 3.15 철근의 정착

5. 철근의 순간격

(1) 최소 철근간격의 제한 규정은 철근과 철근, 철근과 거푸집 사이로 공극없이 콘크리트를 쉽게 칠 수 있도록 하기 위하여, 그리고 철근이 한 위치에 집중됨으로써 전단 또는 수축균열이 발생하는 것을 방지하기 위함이다.

(2) 보

① 주철근의 수평 순간격 : 25mm 이상, 철근의 공칭지름(d_b) 이상 또는 굵은 골재 최대치수의 4/3배 이상

② 상단과 하단에 2단 이상으로 배근된 경우 : 상하 철근의 순간격은 25mm 이상

(3) 기둥 축방향 철근의 순간격

40mm 이상, 철근 공칭지름(d_b)의 1.5배 이상 또는 굵은 골재 최대치수의 4/3배 이상

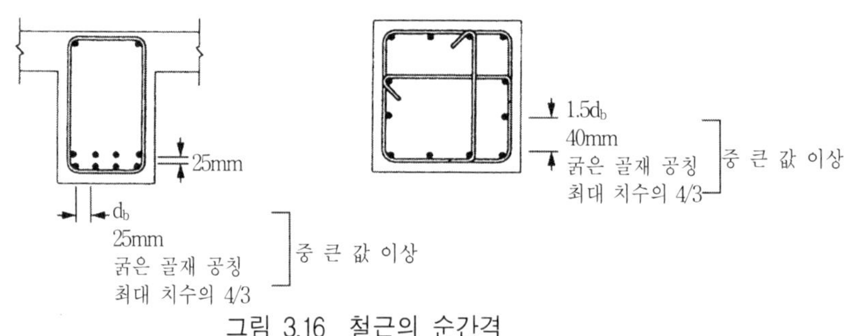

그림 3.16 철근의 순간격

6. 철근의 피복 두께

(1) 피복두께

콘크리트 표면과 그에 가장 가까이 배근된 철근 표면 사이의 거리

(2) 피복의 목적

① 철근의 부식방지(방청)

② 내화성의 확보

③ 콘크리트와의 부착력 확보

(3) 현장치기 콘크리트의 최소 피복두께 [건축구조설계기준(2005)]

<table>
<tr><th colspan="3">종 류</th><th>피 복 두 께</th></tr>
<tr><td colspan="3">수중에서 타설하는 콘크리트</td><td>100mm</td></tr>
<tr><td colspan="3">영구히 흙에 묻혀 있는 콘크리트</td><td>80mm</td></tr>
<tr><td rowspan="3">흙에 접하거나 옥외의 공기에 직접 노출되는 콘크리트</td><td colspan="2">D29 이상 철근</td><td>60mm</td></tr>
<tr><td colspan="2">D25 이하 철근</td><td>50mm</td></tr>
<tr><td colspan="2">D16 이하 철근</td><td>40mm</td></tr>
<tr><td rowspan="4">옥외의 공기나 흙에 직접 접하지 않는 콘크리트</td><td rowspan="2">슬래브, 벽체, 장선</td><td>D35 초과 철근</td><td>40mm</td></tr>
<tr><td>D35 이하 철근</td><td>20mm</td></tr>
<tr><td colspan="2">보, 기둥*</td><td>40mm</td></tr>
<tr><td colspan="2">쉘, 절판부재</td><td>20mm</td></tr>
</table>

※ 보, 기둥의 콘크리트 강도가 40MPa 이상이면 피복두께를 10mm 저감시킬 수 있다.

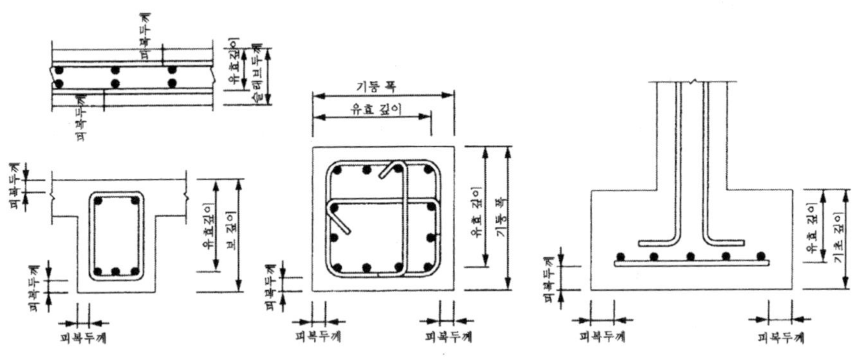

그림 3.17 부재별 최소 피복두께

3.5 구조 계획

1. 일반사항

(1) 구조계획시 검토해야 할 사항

① 지반조사 보고서를 통하여 부지의 지반특성을 파악한다.

② 입지조건, 건물의 용도, 형상 및 구조재료 등의 상황에 따라 하중을 산정한다.

③ 구조물의 형상을 구체화하기 위하여 구조형식을 결정한다.

④ 구조형식에 따른 평면계획을 결정한다. 특히 기둥의 배치는 구조계획에 큰 영향을 미치므로 신중히 결정한다.

⑤ 층높이와 보 깊이의 결정을 위해 설비계획을 정확히 파악하여 입면계획을 결정한다.

⑥ 구조형식이나 구조재료를 혼용할 경우 강성이나 내력의 연속성을 유의한다.

⑦ 지진하중과 풍하중에 저항하는 구조요소는 평면 및 입면상 균형을 고려하여 배치한다.

⑧ 거주성과 사용성에 영향을 미치는 진동과 변형을 고려한다.

(2) 구조계획은 구조재의 선택과 구조형식을 검토하고, 뼈대의 합리적인 배치와 크기를 정하는 것이지만, 철근콘크리트조에서는 구조형식, 기둥배열, 보 및 내진벽의 배치, 기초형식 등에 대한 충분한 검토가 필요하다.

(3) 기둥간격은 큰 것이 기능상 좋으나 경제적인 스팬 이상으로 되면 골조공사비가 증가하며, 보 깊이의 증가는 층높이를 증가시키고 공사비에 영향을 준다.

2. 건물의 형상

(1) 평면 형태

① 필요에 따라 복잡한 평면형태도 채택하지만, 단순한 사각형으로 하는 것이 내부공간 사용면이나 시공면 뿐만 아니라 내진상 유리하다.

② 평면이 L형인 건물에서는 지진 발생시 접합부 구석에 무리한 힘이 작용하여 파괴될 가능성이 있다.

③ 요철이 심한 부정형 건물은 구조재에 작용하는 응력도 복잡하다.

(2) 입면 형태

① 건물의 입면형은 전체 높이를 가지런하게 한 단조로운 형태가 좋다.

② 건물 높이에 차이가 있어 단형이 되거나, 옥상에 돌출부를 둘 때에는 구조면이나 내진면에 유의를 해야 한다.

3. 골조 계획

(1) 건물 높이, 층높이

① 건물 높이는 각층 용도 및 기능에 따라 정하며, 이에 따라 전체 높이가 결정되고 골조도 정해지게 된다.

② 층높이는 1층에서 3.5~4m, 기타 일반층에서는 3~3.5m가 보통이며, 층높이가 낮을수록 구조적, 경제적으로 유리하다.

③ 이중 천장인 경우 공기조화 등 설비관계로 천장면과 보 사이는 최소 300mm 이상의 공간이 필요하며, 지하실에 보일러 시설이 있을 경우 기계높이와 굴뚝

설치에 충분한 층높이가 있어야 한다.

(2) 기둥의 배치

① 기둥은 큰보를 지지하며 동시에 보와 함께 라멘구조의 뼈대를 형성하여 상층의 하중을 하층 뼈대 또는 기초에 전달하고, 지진하중 등 수평하중에는 보와 일체가 되어 휨모멘트와 전단력에 저항하여 건물을 안전하게 지지하는 중요 구조재이다.

② 기둥은 동일 직선상에 같은 간격으로 배치함을 원칙으로 한다. 부득이할 때에는 무원칙한 불규칙보다는 리듬이 있는 불균등 배치를 하는 것이 좋다.

③ 구조상 가로 세로로 등간격으로 배치하는 것이 가장 이상적이며, 입체적으로는 각층의 기둥이 같은 위치에 놓여 직선이 되게 한다.

④ 기둥 간격이 큰 구간의 양 옆에는 좁은 간격으로 기둥을 배치하여 강성을 높여주는 것이 좋다.

⑤ 기둥의 간격은 건물의 용도, 규모 및 배치하는 방향에 따라 다르지만 보통 5~7m이고, 구조상, 기능상 합리적인 경간(Span)은 6m 정도이며 기둥이 부담하는 슬래브의 면적은 30m²를 표준으로 한다.

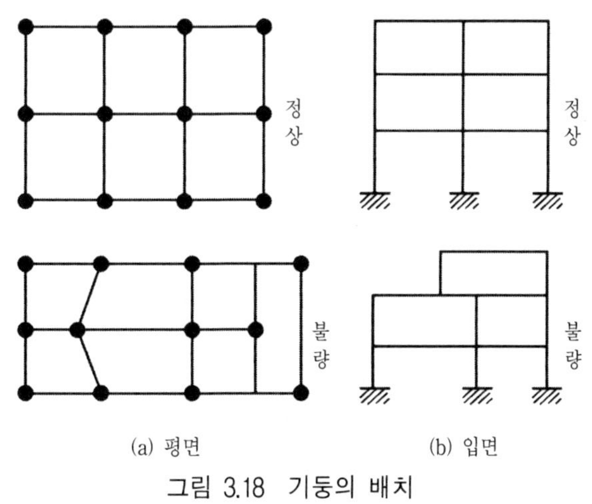

그림 3.18 기둥의 배치

⑥ 경간이 커지면 보의 휨모멘트와 전단력이 커져 단면의 크기와 철근량이 증가하게 된다.

⑦ 기둥에는 축하중과 휨모멘트가 동시에 작용하고, 따라서 기둥의 크기와 형태는 경간비에 따라 결정함이 좋다.

⑧ 기둥의 단면치수는 최상층에서 350~400mm각 정도로 하고, 아래층으로 내려오면서 2개층 단위로 50mm 내외로 증가시키는 것이 좋다.

⑨ 외부기둥인 경우 기둥단면의 외부쪽을 일정하게 하고 내부쪽을 변화시키는 것이 의장상 유리하다.

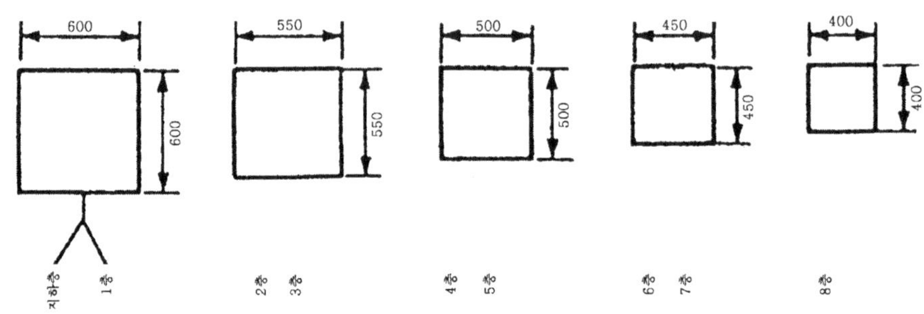

그림 3.19 기둥 단면의 보기

(3) 보의 배치

① 보는 슬래브와 일체로 만들어 하중을 기둥에 전달하는 역할을 한다. 또 큰보는 기둥과 함께 라멘구조의 뼈대를 구성하여 지진하중 등 수평하중에 대해 기둥과 일체가 되어 저항함으로써 건물을 안전하게 지지하는 중요 구조재이다.

② 큰 보(Girder) : 기둥과 기둥을 연결한 보

③ 작은 보(Beam) : 기둥간격이 크거나 적재하중이 많을 때 큰 보 사이에 걸쳐 대는 것

④ 슬래브의 두께를 두껍게 하면 큰보의 분담면적을 넓힐 수 있으나 지나치면 비경제적이므로 보통 35~40m^{2}를 초과할 때에는 작은 보를 넣는 것이 유리하다.

⑤ 작은보를 여러개 넣을 때에는 되도록 짝수로 넣어 큰 보 중앙부의 부담을 줄이는 것이 좋다.

⑥ 직사각형 슬래브에서 작은보를 1개만 넣을 때에는 장변방향으로 넣고, 2개를 넣을 때는 단변방향에 등간격으로 넣는 것이 유리하다.

⑦ 연속 경간의 건물에서는 작은보를 같은 방향으로 연결시켜 넣는 것이 바람직하다. 방향이 서로 다르면 큰보와 만나는 자리에서 배근상 애로가 생긴다.

⑧ 보의 깊이(Depth)는 경간의 1/8~1/15 범위이고 1/12로 하는 때가 많으며, 폭(Width)은 깊이의 1/2~2/3 범위로 보통 300~500mm 정도로 한다.

⑨ 경간이 길 때 보의 양단부에 휨모멘트와 전단력이 증가하므로 변단면의 헌치(Haunch)를 설치하여 보의 깊이을 키우기도 한다.

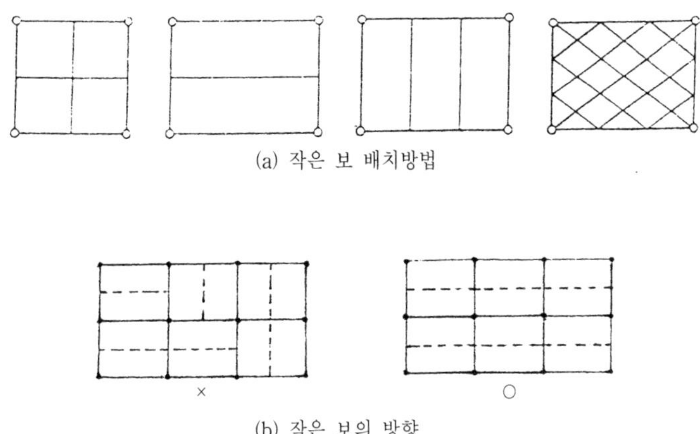

그림 3.20 보의 배치

(4) 슬래브

① 슬래브는 수직하중을 받아 보에 전달하는 역할을 하며 동시에 지진하중 등 수평하중을 보와 기둥에 분배하는 중요한 역할을 한다.

② 슬래브의 강성이 부족하거나 내진벽 상호간격이 클 때에는 뼈대에 불규칙한 변형이 생긴다.

③ 슬래브는 휨모멘트에 따라 설계하게 되며, 전단력은 경미하므로 무시할 수 있다.

④ 슬래브는 보통 보로 지지하지만, 보를 쓰지 않고 기둥만으로 지지하는 형식도 있다.

⑤ 슬래브가 너무 얇으면 힘의 전달이 불충분할 뿐만 아니라 진동, 처짐 등 현상이 발생되므로 되도록 두껍게 한다.

⑥ 슬래브의 면적이 커지면 진동, 처짐이 생기기 쉽고 철근도 많이 필요하여 공사비도 높아지므로 작은보를 설치하기도 한다.

⑦ 일반적으로 슬래브의 경간이 2.7~3.3m인 경우 135mm, 3.3~4m인 경우 150mm로 가정한다. 그러나 슬래브의 과도한 처짐을 방지하고 전기배관 및 사용성 확보 등을 고려하여 150mm 이상을 권장하고 있다.

4. 고층건물의 구조계획

(1) 고층건물의 구조는 수평적으로 하중이 집적되어 수직방향으로 전달되고 최종적으로는 기초에 이르도록 하는 구조이다. 따라서 고층건물 구조계획의 주안점은 원활한 하중의 집적, 전달 및 수평력에 대한 안전성 확보에 있다.

(2) 코어(Core) 구조

① 벽을 한 곳에 모아 고층건물에서 필요한 엘리베이터, 계단, 설비용 샤프트(Shaft) 등을 둘러싸게 한 것

② 코어는 대칭이 되게 배치하여 편심에 의한 뒤틀림 등이 없도록 한다.

③ 코어는 평면상의 위치에 따라 중앙 코어형, 이중 코어형, 편심 코어형, 4구석 코어형, 외부 코어형 등이 있는데, 건물의 평면형 · 규모 · 용도 등에 따라 채택된다.

④ 일반적으로 중앙 코어형이 많이 쓰이고, 외부 코어형은 수평력이 작용할 때 일체성이 부족한 결점이 있다.

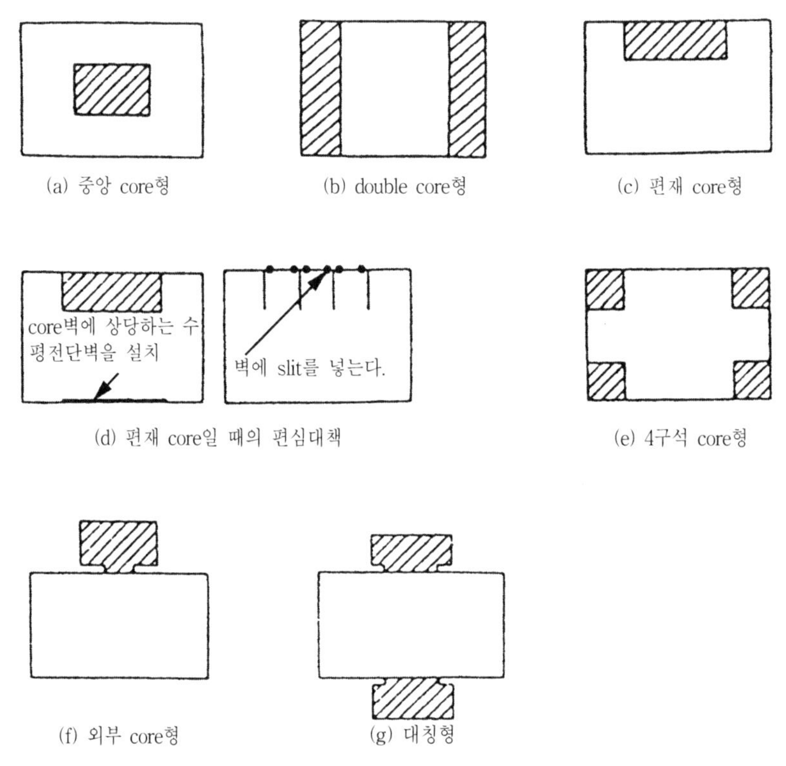

그림 3.21 코어(Core)의 배치

(3) 내진벽 구조

① 수평력에 대한 저항을 내진벽을 두어 저항하도록 한 것

② 내진 효과를 높이는 데 중요한 것은 내진벽을 전체적으로 균등하게 배치하여 한 방향으로 몰리거나 상하벽이 어긋나지 않도록 배치해야 한다.

③ 내진벽의 형식에는 분산형과 외피형이 있으며, 전체적으로 분배한 분산형이 유효하고 외피형은 창고건물 등에 이용된다.

④ 내진벽은 평면상에서 연장선의 교점을 포함하여 2개소 이상의 교점이 있도록 배치하야 한다.

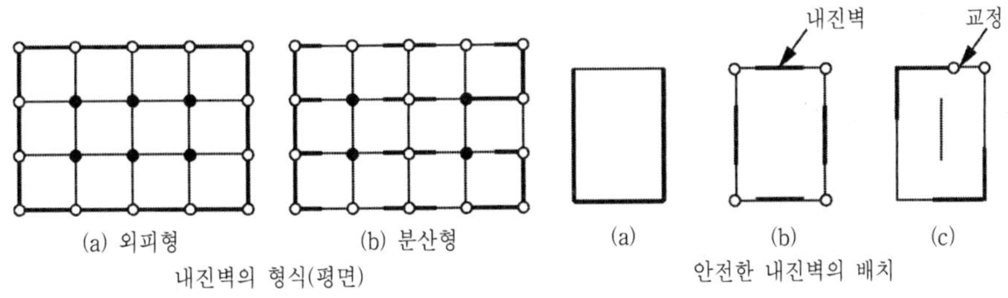

그림 3.22 내진벽 구조

(4) 튜브(Tube) 구조

① 초고층 건물의 발전과 더불어 개발된 유효한 구조체로써, ㅁ자 단면 부재를 건물 외형 전체에 적용한 것

② 단일(Single) 튜브 구조 : 바깥 둘레의 구성면이 튜브 구조재 효과를 발휘하는 것으로, 이것만으로 전 수평력에 저항할 수 있으므로 안기둥은 연직하중만 지지한다.

③ 가새(Braced) 튜브 구조 : 튜브 구성의 한가지 형태로 구면 전체에 가새를 넣어 강성을 높인 것으로, 외부의 가새는 입면에 그대로 나타나므로 의장상의 처리가 선결문제이다.

④ 이중(Double) 튜브 구조 : 외부 튜브 속에 다시 내부 튜브를 두어 이중으로 한 것으로, 내부튜브는 기능상 외부튜브만 못하지만 내부의 내진요소의 한 형태로 유효하다.

⑤ 묶음(Bundle) 튜브 구조 : 평면을 단위 튜브로 구분하여 각각의 연직구면을 튜브 형상으로 계획한 것

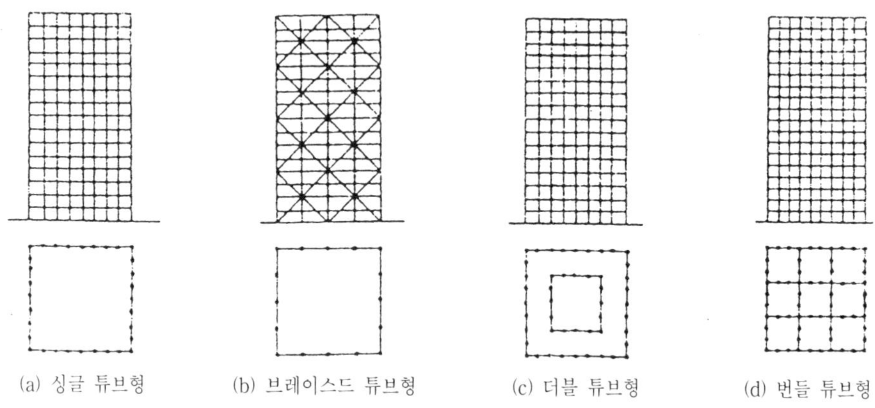

그림 3.23 튜브(Tube) 구조

3.6 각부 구조

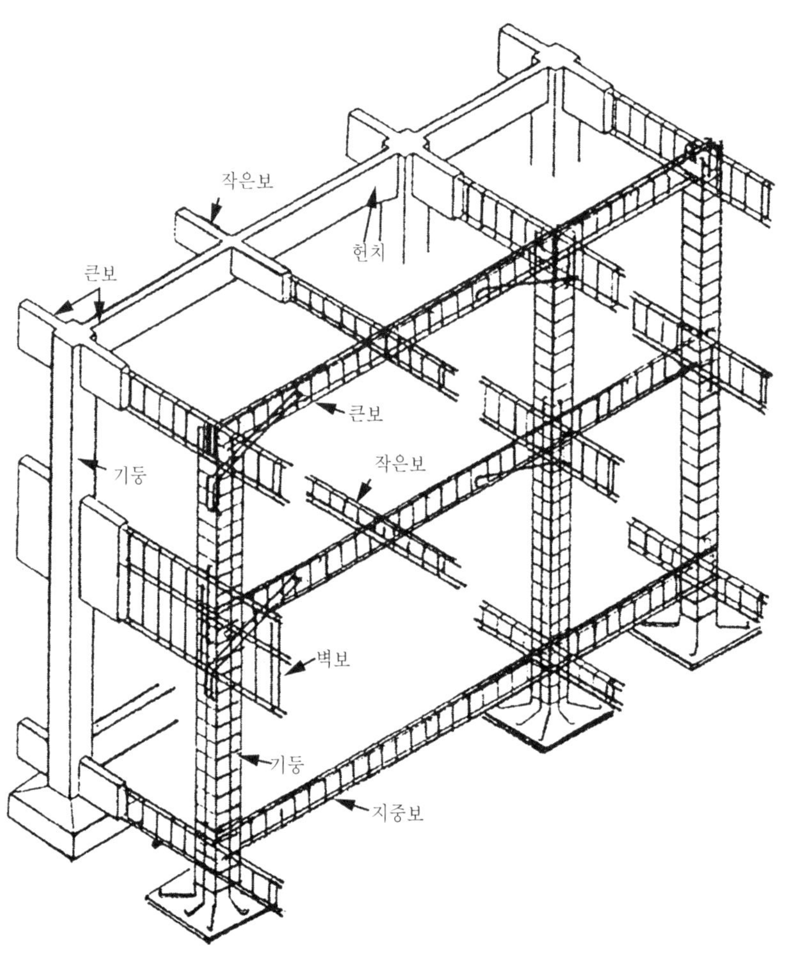

그림 3.24 철근콘크리트 각부 구조

1. 기초(Footing)

(1) 기초

① 상부 구조물의 하중을 넓은 면적에 분포시켜 하중을 안전하게 지반에 전달하기 위하여 설치하는 구조물

② 다른 구조 부재/부위와는 반대로 하중이 기초판 저면에서 상부 방향으로 작용한다.

(2) 기초 철근 배근

① 철근은 이음이 없도록 하되 불가피한 경우에는 인장이음 길이 이상 겹쳐 배근한다.

② 독립기초인 경우, 기둥으로부터 기초 단부까지 거리가 긴 쪽을 하부에 배근한다.

③ 줄기초의 경우, 벽체의 직각방향 철근을 하부에 배근한다.

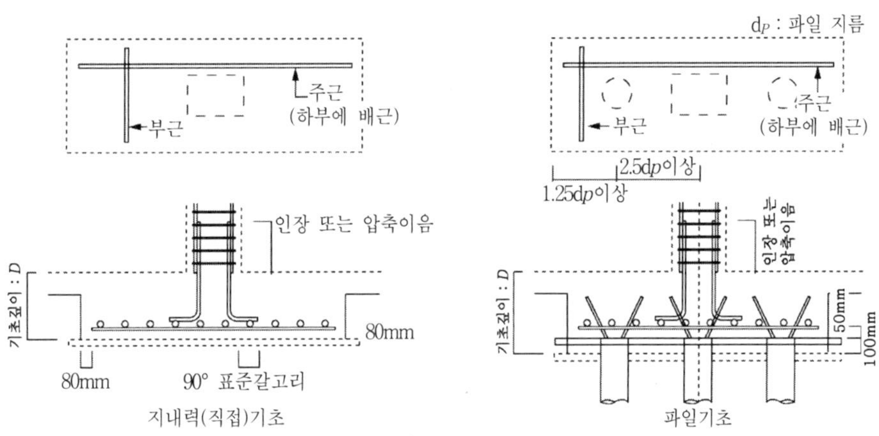

그림 3.25 기초 철근의 배근

(3) 기초 설계의 일반사항

① 말뚝기초에서 말뚝의 반력은 기초판에 작용하는 집중하중으로 보고 휨모멘트와 전단력을 산정한다

② 복합기초에서 기초판의 전단력 및 휨모멘트는 기초판을 주각에서 지지 또는 고정되어 접지압을 받는 보로 보고 산정한다.

③ 연속기초에서 기초판의 휨모멘트 및 전단력은 기초 부분을 상향의 접지압을 받는 보로 산정한다.

④ 온통기초에 있어서 강성이 충분할 때에는 복합기초와 동일하게 취급한다.

⑤ 독립기초에 있어서 기초판의 휨모멘트, 전단력은 기초판을 4개의 사다리꼴 켄틸레버로 보고 산정할 수 있다.

⑥ 기초의 크기는 지반의 허용지내력과 상부 하중의 크기에 따라 결정되며, 사용하중을 적용한다.

⑦ 기초판의 두께

기초판 상단에서부터 하단 철근까지의 깊이는 독립기초의 경우 150mm 이상, 말뚝기초의 경우는 300mm 이상으로 한다. → 말뚝기초일 때는 상부하중을 말뚝이 균등하게 부담할 수 있도록 그 강성을 확보하기 위하여 독립기초보다 더 두껍게 한다.

⑧ 기초 밑에는 전단력이 생기고 얇은 기초단면에서는 일반적으로 전단보강을 하지 않으므로 기초판의 두께는 휨설계가 아니라 전단설계에 의해 좌우된다.

⑨ 일반적으로 기초설계를 위해서 1방향 전단, 2방향 전단, 휨, 지압, 장부(Dowel)철근의 정착 등을 검토해야 한다.

(4) 지중보(기초보 · 연결보, Tie beam)의 역할

① 기초와 기초를 연결하여 주각부의 강성 증대

② 부동침하의 억제

③ 내진에 대한 효과

④ 기초에 중심축하중이 작용하도록 유도

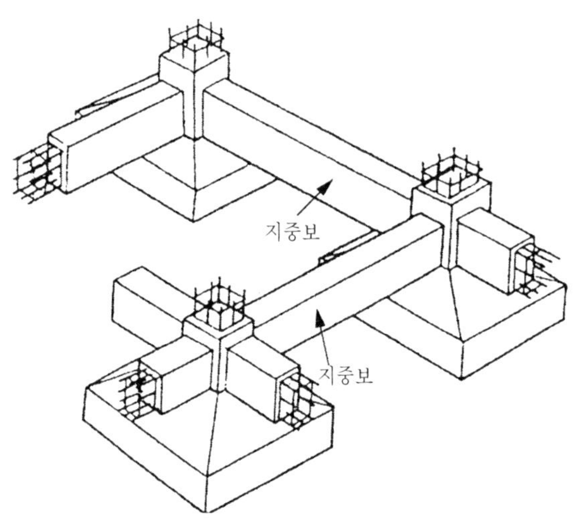

그림 3.26 지중보

2. 기둥(Column)

(1) 기둥의 단면 형태

정사각형, 직사각형, 원형과 같은 대칭형이 주로 사용된다.

(2) 기둥의 종류

① 띠철근 기둥(Tied column)

- 축방향 철근을 적당한 간격의 띠철근으로 감은 기둥
- 사각형 단면에 주로 사용

② 나선철근 기둥(Spiral column)

- 축방향 철근을 연속된 나선철근으로 둘러 감은 기둥
- 나선철근의 구속력으로 변형능력이 뛰어 나지만 철근작업이 복잡하다.

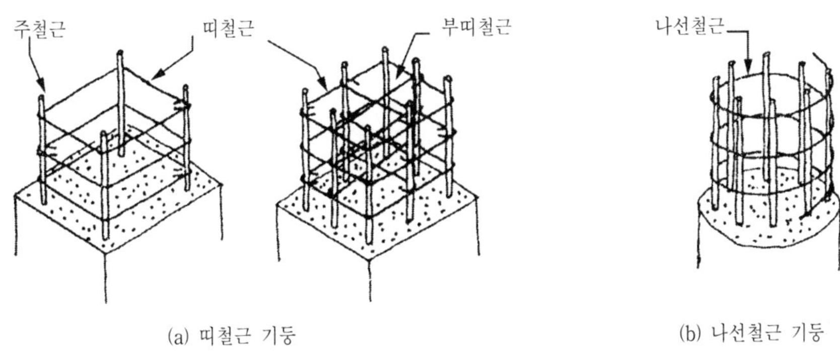

그림 3.27 기둥의 종류

(3) 기둥의 단면 크기

① 띠철근 기둥 : 최소 단면치수는 200mm, 단면적은 60,000mm^2 이상

② 나선철근 기둥 : 단면의 심부 지름은 200mm 이상

(4) 주근

① 기둥은 축방향 압축력 이외에 수평력에 의해 어느 방향이나 같은 휨작용을 받으므로 주근은 바깥 둘레에 따라 대칭으로 배근한다.

② 주근수 : (직사각형, 원형) 띠철근 기둥은 4개 이상, 나선철근 기둥은 6개 이상

③ 주근은 보통 지름을 13mm 이상으로 하고, 가장 많이 쓰는 주근의 지름은 16~25mm 범위이며 부착력에 지장이 없으면 되도록 굵은 것을 사용하여 수를

줄이는 것이 주근이음과 보 주근의 정착을 쉽게 하고 또 콘크리트 시공을 원활하게 한다.

④ 기둥단면이 크면 주근량이 적어도 좋지만, 철근비는 전체 단면적의 1% 이상으로 한다.

⑤ 사용된 철근량이 너무 많으면 콘크리트 타설하는 데 어려움이 생기므로 철근비는 전체 단면적의 8% 이하로 한다.[겹침이음일 때는 4% 이하]

⑥ 상하층 기둥 지름이 다른 경우는 주근을 보의 상하 주근 사이에 완만한 경사로 구부린다.

(5) 띠철근(Hoop)

① D32 이하의 축방향 철근은 D10 이상, D35 이상의 축방향 철근은 D13 이상의 띠철근을 사용한다.

② 띠철근 간격 : 주근지름의 16배 이하, 띠철근 지름의 48배 이하, 기둥의 최소단면 이하

③ 사용 목적 : 주근 좌굴의 방지, 전단보강 작용, 주근 위치의 유지

④ 모든 모서리에 있는 주근과 하나 건너 있는 주근이 135° 이하로 구부린 철근의 모서리에 의해 횡지지되도록 띠철근을 배치하여야 하며, 띠철근 주위에 있는 주근은 횡방향으로 지지된 철근으로부터 그 순간격이 150mm 이상 되어서는 안 된다.

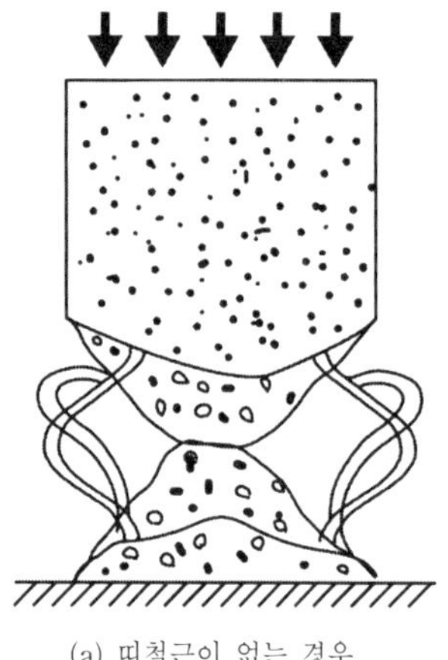

(a) 띠철근이 없는 경우

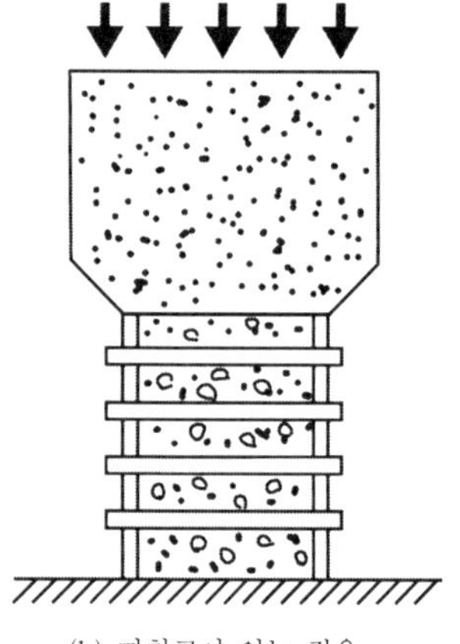

(b) 띠철근이 있는 경우

그림 3.28 띠철근의 효과

(6) 나선철근

① 나선철근의 지름은 10mm 이상으로 한다.

② 순간격 : 25mm 이상, 75mm 이하로 한다.

③ 정착 : 나선철근의 끝에서 추가로 심부 주위를 1.5회전 만큼 더 확보한다.

④ 이음 : 철근 또는 철선지름의 48배 이상, 또한 300mm 이상의 겹침이음 또는 용접이음으로 한다.

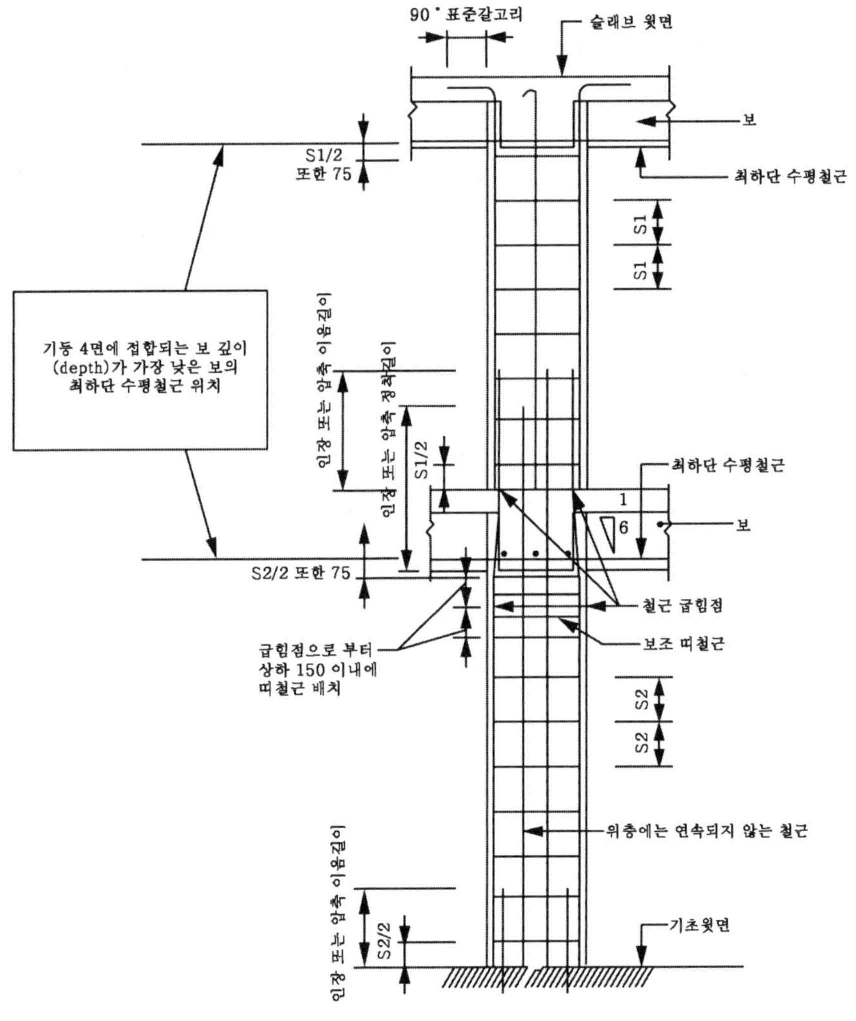

Smax(띠철근 최대간격 S1, S2) ≤ [$16d_b$, $48d_{bh}$, h_{min}]

그림 3.29 기둥의 배근 상세 - 내부 기둥

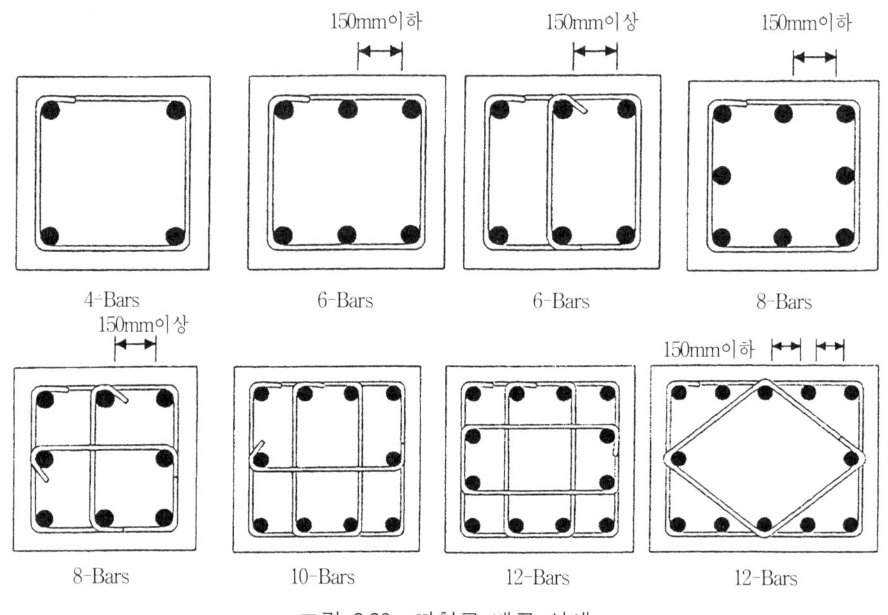

그림 3.30 띠철근 배근 상세

3. 보(Beam & Girder)

(1) 지점의 상태에 따른 보의 종류

① 단순보 : 양단이 벽돌, 블록 등에 단순히 얹혀 있는 상태로 된 보

② 연속보 : 3개 이상의 지점으로 지지된 일체의 보, 단부상태는 단순지지 또는 고정으로 될 때도 있다.

③ 내민보 : 1개의 고정단을 가지고 있는 보, 한쪽으로만 매달린 구조물이다.

(2) 철근의 배근

① 거푸집의 내부에 철근을 배치하는 것을 배근(配筋)이라 한다.

② 건축도면과 구조도면을 근거로 철근을 배근하기 위한 시공상세도면을 작성하고 바 리스트(Bar list)를 정리한다.

③ 보는 연직하중을 받으면 중앙부는 밑으로 휘는 듯한 힘을 받아 단면의 아래쪽에 인장력이 생기고, 양단부는 반대로 위로 휘는 듯한 힘을 받아 위쪽에 인장력이 생기는데, 그 크기는 보통 단부 쪽이 크다.

④ 철근은 인장에 대한 보강이 목적이므로 인장측에 배근한다.

• 단순보 : 부재의 하부

- 내민보 : 부재의 상부
- 고정보 : 중앙부는 하부, 양단부는 상부
- 연속보 : 중앙부는 하부, 지점(중간)은 상부

⑤ 변곡점 : 곡률의 부호가 바뀌는 점으로, 보의 끝에서 순길이의 1/4 정도의 위치에 있는 것으로 본다.

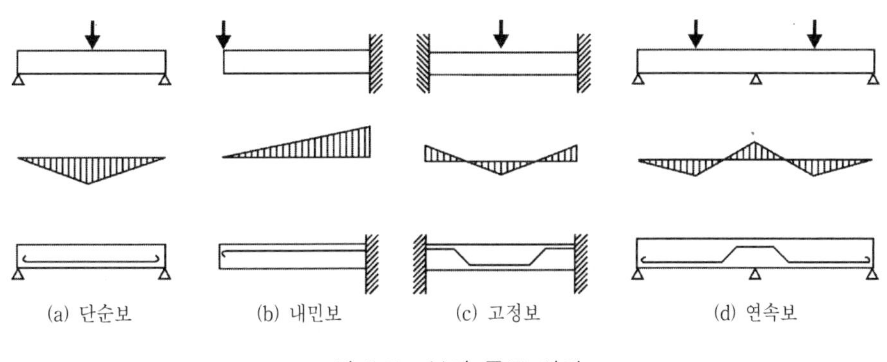

그림 3.31 보의 주근 위치

(3) 주근

① D13 이상의 철근이 쓰이지만, 주로 16~25mm를 사용한다.

② 단근보와 복근보
- 단근보 : 주근을 인장측에만 넣은 보
- 복근보 : 인장측과 함께 압축측에도 철근을 배근한 보

③ 압축철근은 스터럽을 고정시키면서 스페이서 사용시 거푸집과의 일정한 간격을 유지하기 때문에, 구조내력상 압축철근이 필요하지 않은 경우에도 압축측의 모서리에 철근을 넣는 것이 보통이다.

④ 복근 배근의 장점 : 설계강도의 증진, 장기처짐의 감소, 연성의 증진, 철근조립의 편이

⑤ 유효깊이(d) : 콘크리트 압축 연단에서부터 인장철근 도심까지의 거리, 유효깊이의 값이 클수록 부재는 더 큰 외력(휨모멘트와 전단력)에 견딜 수 있다.

⑥ 철근비 : 유효 단면적에 대한 인장철근 단면적의 비
복근비 : 인장철근 단면적에 대한 압축철근 단면적의 비

⑦ T형보 : 보와 슬래브의 콘크리트가 동시에 타설되기 때문에 일체가 되어 보에 인접한 슬래브가 보의 플랜지를 이루어 보의 상부와 함께 압축을 받는 보

b

d

인장측에 철근배근

단근보

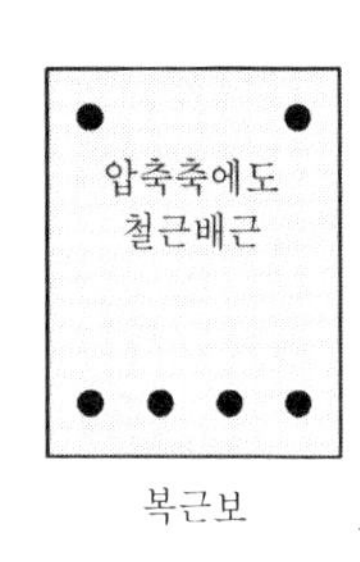

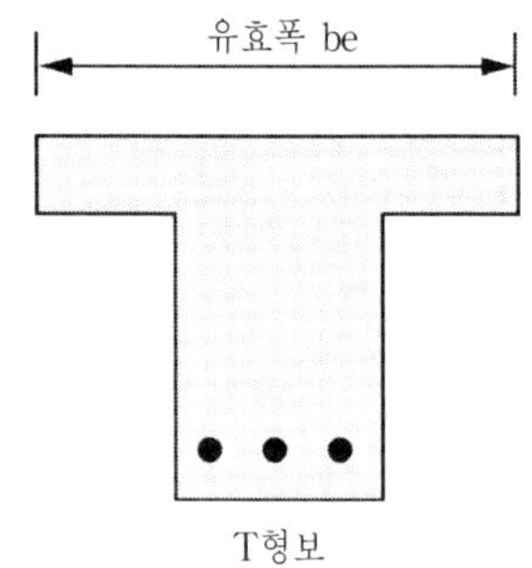

그림 3.32 보의 종류

(4) 스터럽(Stirrup)

① 보의 전단보강을 위해 넣는 철근으로 보통 D10 정도의 철근을 배근한다.

② 스터럽의 역할 : 전단저항의 증진, 균열의 벌어짐 억제, 주근의 위치 유지

③ 전단력은 보의 양단부에서 크고 중앙부에서는 작으므로 양단부에서는 스터럽의 간격을 좁게 하고 중앙부에는 간격을 넓게 배근한다.

④ 수직 스터럽의 간격 : 유효길이(d)의 1/2 이하 또는 600mm 이하

⑤ 스터럽의 배근방법

- 폐쇄형 스터럽 : 전단과 비틀림을 동시에 받는 보나 내진설계 대상인 경우에 사용한다.
- 개방형 스터럽 : 비틀림의 영향이 없고, 전단에 의하여 배근이 되는 보 또는 내진설계 대상이 아닌 경우에 적용한다.
- 덮개 철근(Cap tie) : 각도는 90° 또는 135°, 여장길이는 철근지름의 6배

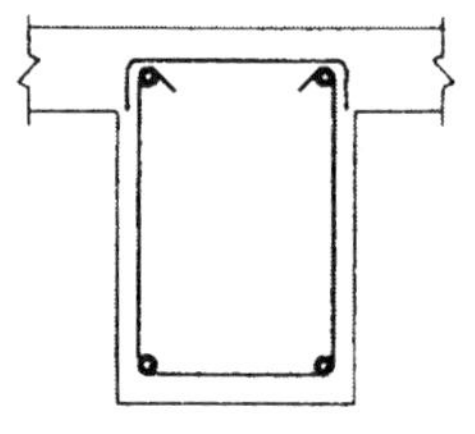

양쪽에 슬래브가 있는 보

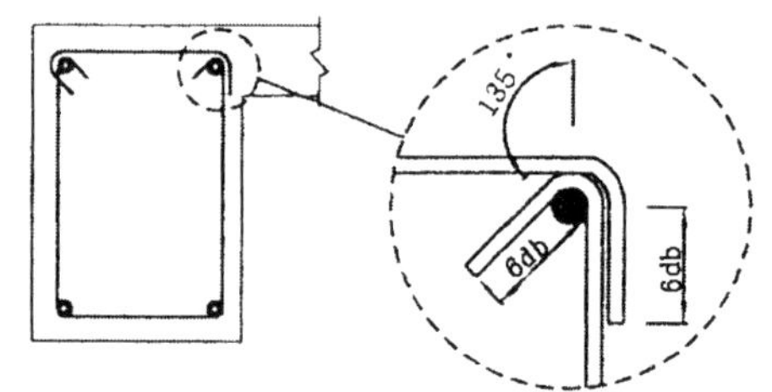

한쪽만 슬래브가 있는 보 폐쇄형 스터럽

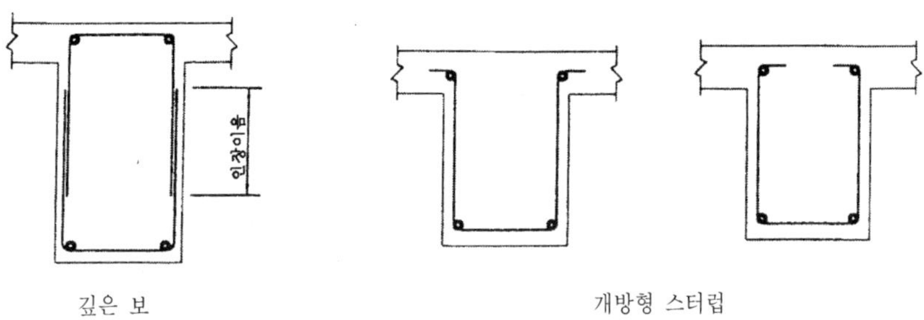

그림 3.33 스터럽의 형태

(5) 표면철근 배근

유효깊이(d)가 900mm를 초과하는 경우 균열방지용으로 인장역 수직면 가까이에 부재길이방향의 표면철근을 배근한다.

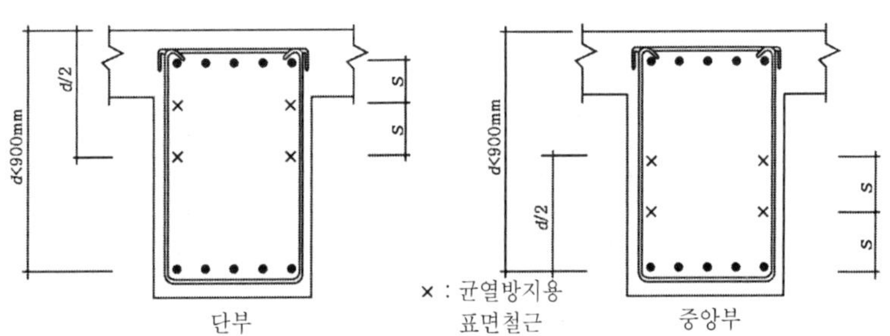

그림 3.34 표면 철근의 배근

(6) 보의 개구부 설치

① 설치 위치 : 전단력이 작은 보의 중앙부분, 보 깊이의 중심부

② 가급적 원형으로 하며, 지름은 깊이의 1/3 이하로 한다.

③ 보강근은 D13 이상의 이형철근을 사용한다.

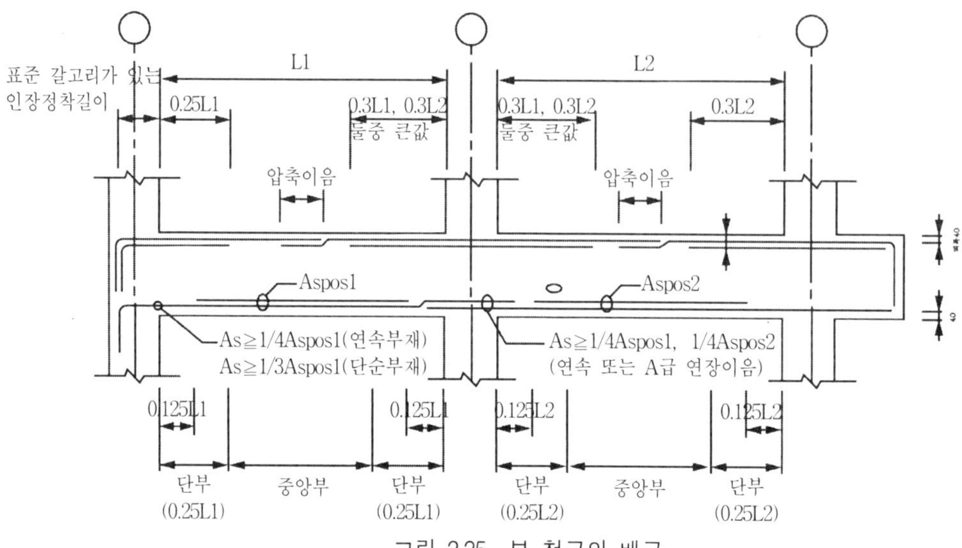

그림 3.35 보 철근의 배근

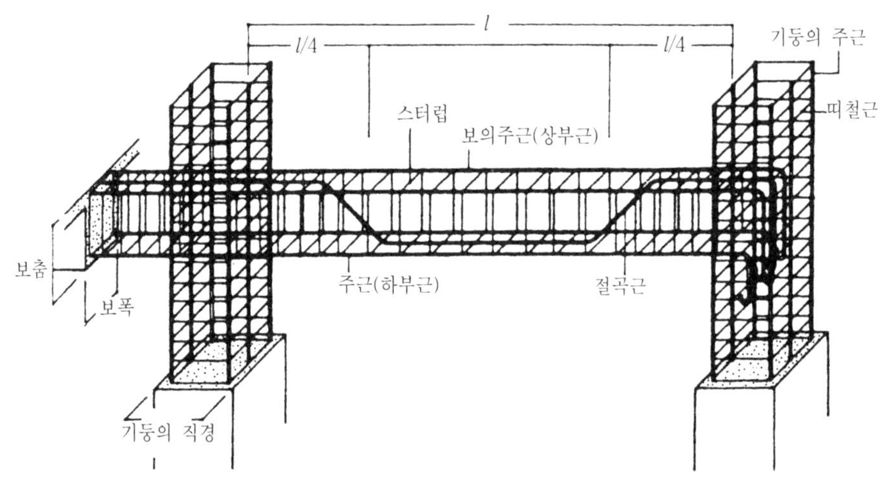

그림 3.36 기둥과 보의 배근

4. 슬래브(Slab)

(1) 일반사항

① 슬래브의 두께

- 보통 사용되는 두께는 120~150mm 정도이나 균열, 진동 등을 고려하여 180mm 정도로 하는 것이 바람직하다.
- 1개 슬래브 면적은 진동, 장해 등을 고려하면 36m² 이하로 하는 것이 좋다.

② 4변이 큰 보 또는 작은 보로 둘러싸여 고정되는 4변지지 슬래브 구조가 많다.

③ 슬래브의 종류

- 1방향 슬래브 : 긴 변이 짧은 변의 2배 이상되는 슬래브, 하중의 90% 이상이 짧은변 방향으로 전달
- 2방향 슬래브 : 긴 변이 짧은 변의 2배 미만인 슬래브, 하중이 양방향으로 전달

④ 각 방향의 휨작용의 크기는 긴 변과 짧은 변의 비에 따라 차이를 나타내며, 슬래브가 좁고 길어지는데 따라 짧은변 방향의 부담이 커진다.

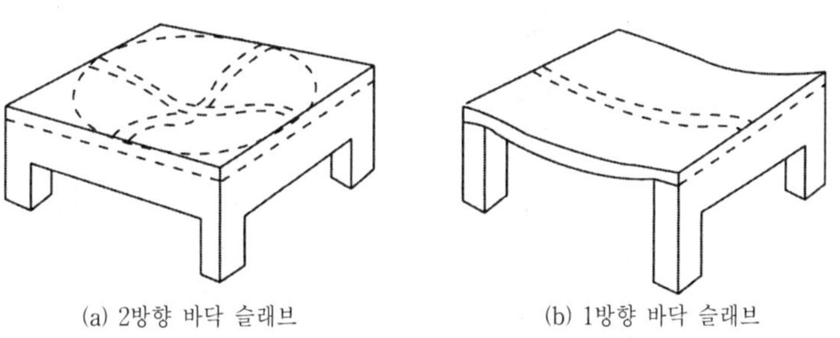

그림 3.37 슬래브의 종류

(2) 슬래브의 배근

① 휨작용은 중앙부는 아래가 인장, 양단부는 위가 인장이 되므로 중앙부는 하부에, 양단부는 상부에 배근하되 중앙부는 단근으로 하고 양단부는 복근으로 한다.

② 큰 힘을 받는 짧은변 방향의 철근을 주근(主筋)이라 하고, 긴변 방향의 철근을 배력근(配力筋) 또는 부근(副筋)이라 한다.

③ 슬래브의 배근은 x, y축의 각 방향에 대하여 깊이가 작은 보로 가정하여 배근한다.

④ 배근은 하부에 굽힘철근과 직선철근을 번갈아 배치하거나 모두 직선철근을 배치한다. 상부는 굽힘철근의 중간 또는 모든 직선철근 위에 톱 바(Top bar)를 배치한다.

⑤ 굽힘철근은 긴변, 짧은변 다같이 짧은변 방향 순길이의 1/4점에서 구부린다.

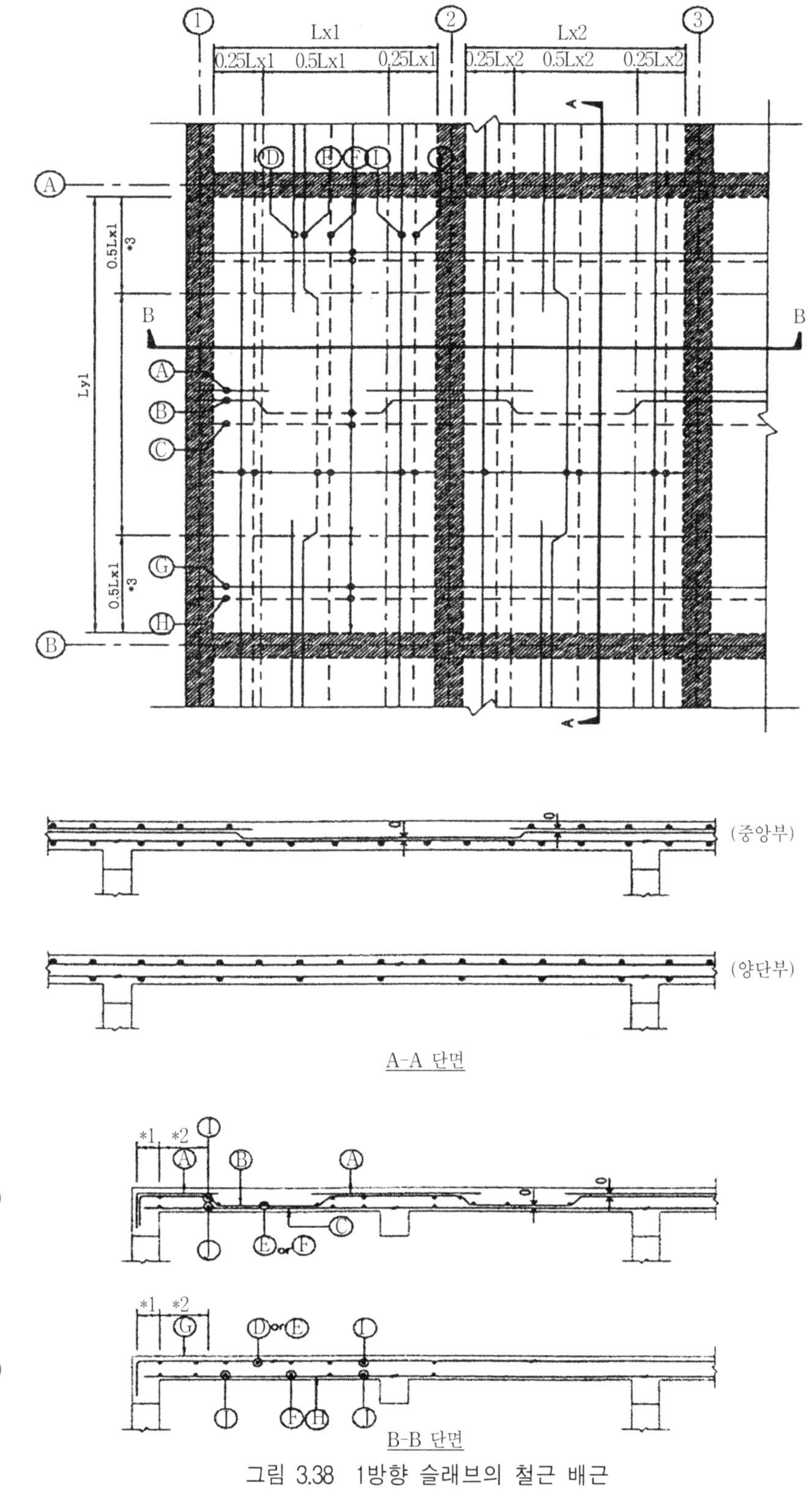

그림 3.38 1방향 슬래브의 철근 배근

(3) 1방향 슬래브

① 두께는 최소 100mm 이상으로 한다. → 슬래브의 두께가 얇으면 과도한 처짐에 의한 균열과 사용성이 문제가 되고, 시공 불완전으로 인한 결함이 슬래브의 강도에 큰 영향을 미친다.

② 정철근 또는 부철근의 중심간격은 최대 휨모멘트가 일어나는 위험단면에서는 슬래브 두께의 2배 이하, 300mm 이하로 하고, 기타 단면에서는 슬래브 두께의 3배 이하, 450mm 이하로 한다. → 주근 간격을 너무 크게 하면 철근과 콘크리트가 일체로 작용하는 강성있는 슬래브가 될 수 없다.

③ 정철근 및 부철근에 직각방향으로 배력철근(수축·온도철근)을 배치한다.

④ 배력철근은 주근의 간격을 유지시키며, 건조수축과 온도변화로 인한 수축을 감소시키며 균열을 최소화한다.

⑤ 배력철근의 간격은 슬래브 두께의 5배 이하, 450mm이하로 한다.

(4) 2방향 슬래브

슬래브의 유효깊이를 크게 하기 위하여 짧은변 방향의 철근을 긴변방향 철근보다 바닥에 가깝게 놓는다. 그 이유는 짧은변 방향의 하중부담이 크기 때문이다.

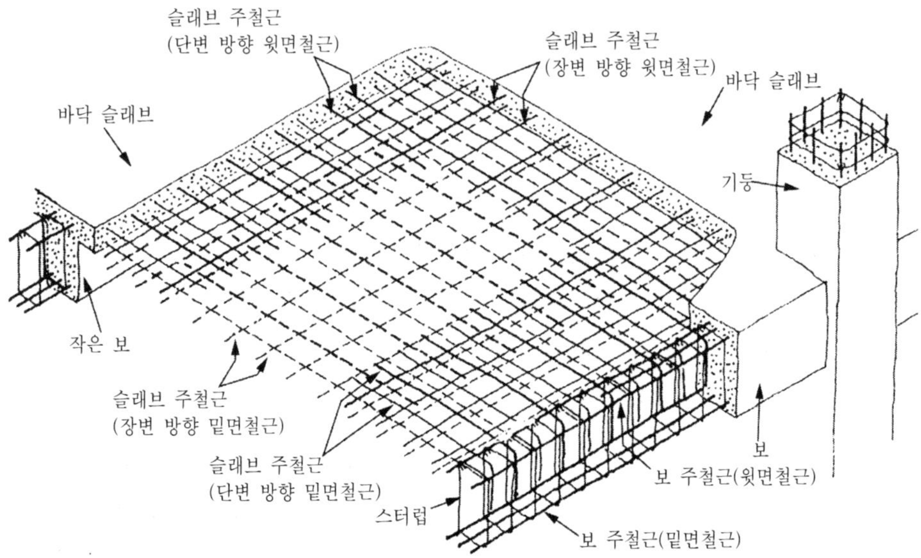

그림 3.39 슬래브 철근의 배근

(5) 슬래브 개구부의 보강

① 150mm 미만인 경우 구조적으로 무시한다.

② 개구부에 의해 감소된 철근량은 양측에 나누어 보강 배근한다. → 최소 1-HD13

③ 슬래브 두께가 250mm 이상일 때는 상하부에 경사 보강근을 배근한다.→ 최소 1-HD13

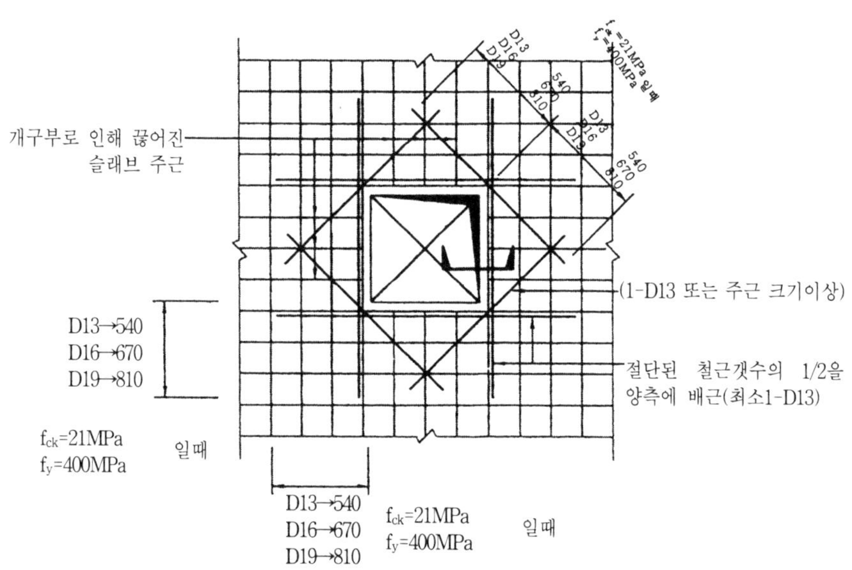

그림 3.40 슬래브 개구부의 보강

(6) 플랫 슬래브(Flat slab, 무량판 구조)

① 보 없이 지판에 의해 하중을 기둥에 직접 전달시키는 구조

② 지판(Drop panel)

- 기둥 주변 일정한 구역까지 슬래브의 두께를 크게 한 부분
- 슬래브 응력을 감소시키고 뚫림 전단(Punching shear)에 대한 안전성을 높인다.

③ 철근배근 방식은 2방향식과 4방향식이 주로 쓰이는데 4방향식은 슬래브 두께가 두꺼워져 고정하중이 증가하는 단점이 있으므로 2방향식이 사용되고 있다.

④ 보를 쓰지 않으므로 실내공간의 이용율이 높고, 설비 배관 등을 설치하기가 좋으며, 층높이를 낮출 수 있다.

⑤ 주두의 철근배근이 복잡하고 슬래브가 무거우며, 뼈대의 강성을 기대하기가 곤란하다.

⑥ 고층건물에는 불리하며 저층학교, 창고, 사무실, 공장 등에 이용되고 있다.

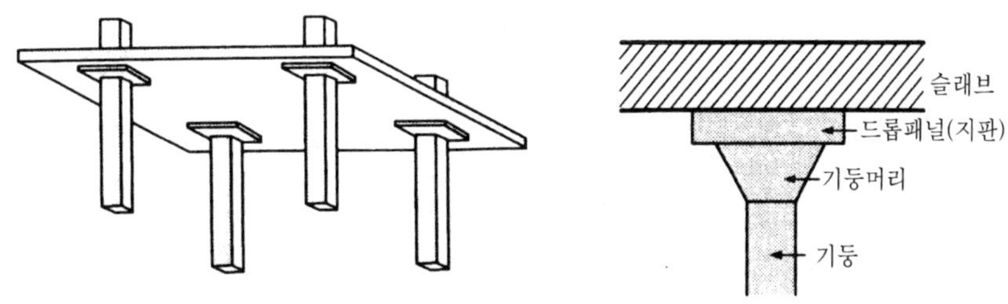

그림 3.41 플랫 슬래브

(7) 플랫 플레이트(Flat plate)

① 보와 주두 및 지판이 없이 슬래브가 직접 기둥에 지지되는 구조

② 최근에 리모델링의 용이성을 증대시키기 위하여 플랫 플레이트 구조에 대한 연구가 많이 진행되고 있다.

(8) 장선 슬래브(Ribbed slab, Joist slab)

① 슬래브 밑에 일정한 간격의 장선이 일체로 되어 슬래브를 지지하는 작은보 구조 시스템

② 양단은 보 또는 벽체에 지지된다.

③ 슬래브는 장선과 장선에 지지되고, 그 두께는 상당히 얇게 할 수 있다.

(9) 와플 슬래브(Waffle slab)

① 장선을 직교하여 우물반자 형태로 구성된 2방향 장선슬래브 구조

② 작은 돔(Dome)형의 거푸집이 사용되고 이 모양이 와플(튀긴 과자의 일종)과 같다 하여 붙인 이름이다.

③ 보통 슬래브구조보다 기둥의 경간을 크게 할 수 있다.

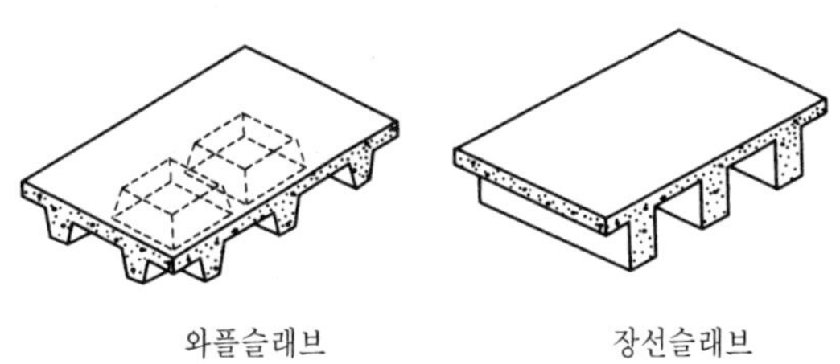

그림 3.42 와플 슬래브와 장선 슬래브

5. 벽체

(1) 벽의 종류

① 비내력벽 : 하중지지 능력이 없는 벽, 장막벽(Curtain wall) · 간막이벽(Partition wall)

② 내력벽 : 연직하중이나 수평하중을 지지하는 벽, 특히 수평하중에만 저항하는 벽을 지진에 저항한다는 의미로 내진벽(耐震壁)이라 한다.

(2) 벽체 두께

① 내력벽 : 수직 또는 수평지점 간의 거리 중 작은 값의 1/25 또는 100mm 이상 [지하실 외벽이나 기초 벽체 두께 : 200mm 이상]

② 비내력벽 : 수평으로 지지하고 있는 부재 최소거리의 1/30 또는 100mm 이상

③ 보통 일반벽 두께는 150mm 이상으로 하고 지하층에서 지하 1층벽은 200mm, 지하 2층벽은 250~300mm로 하고, 내진벽은 150~210mm 정도로 한다.

④ 일반벽은 상층에서 한 층씩 내려갈 때마다 10~15mm 두껍게 한다.

(3) 철근 배근

① 수직 및 수평철근의 배근간격 : 벽두께의 3배 이하 또는 450mm 이하

② 두께 250mm 이상의 벽체는 양면 배근으로 하여야 한다.

③ 철근은 D10, D13을 주로 사용하고, 철근의 간격은 150~250mm로 한다.

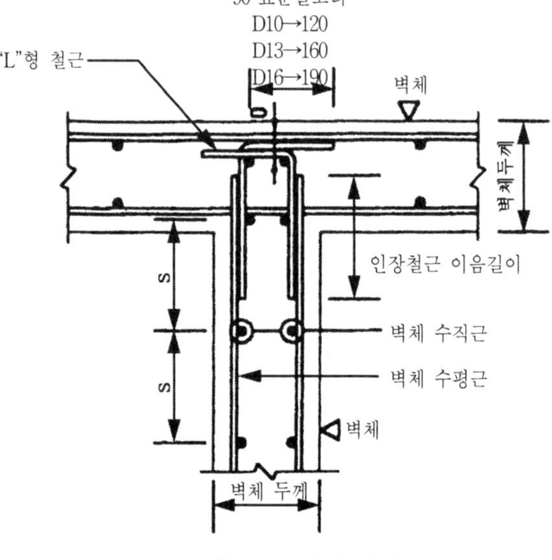

그림 3.43 벽체 상세도

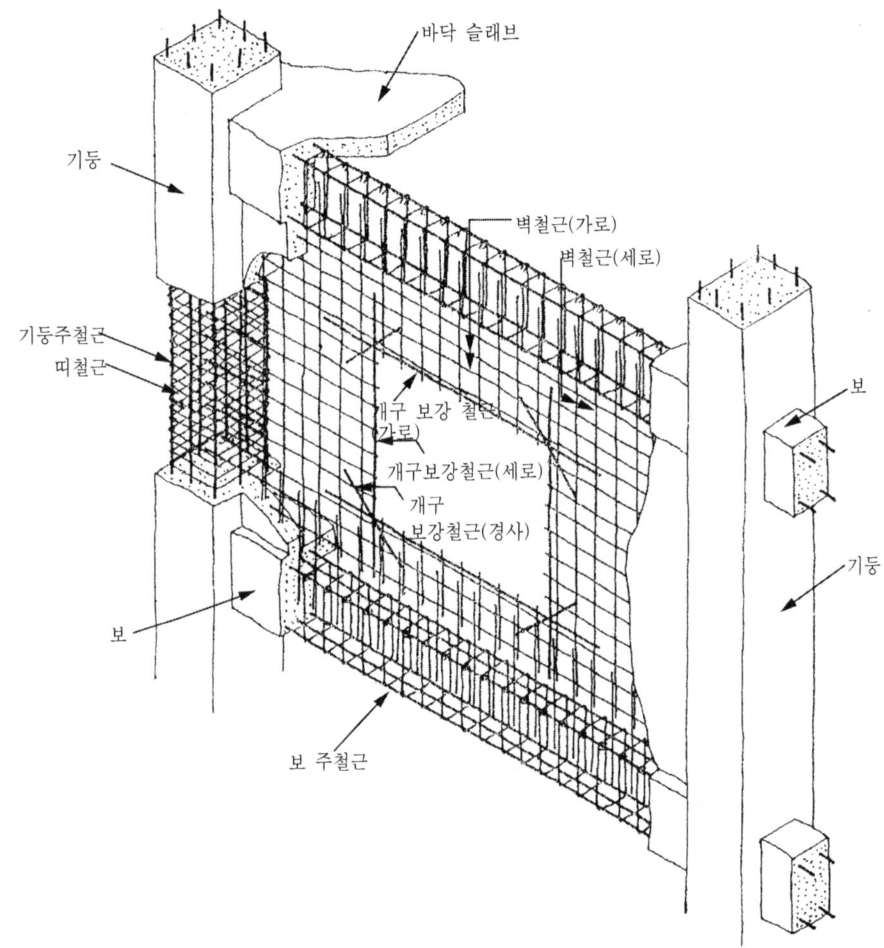

그림 3.44 벽체 철근의 배근

(4) 벽 개구부의 보강

① 개구부는 부재가 부분적으로 없는 상태이므로 기존 부재의 효과적인 보강이 필수적이다.

② 절단된 철근 개수만큼 양쪽에 나누어 보강 배근한다. → 최소 2-HD16

③ 벽 두께가 250mm 이상일 때는 개구부 각 모서리에 45° 경사로 정착길이의 2배 길이로 보강한다.

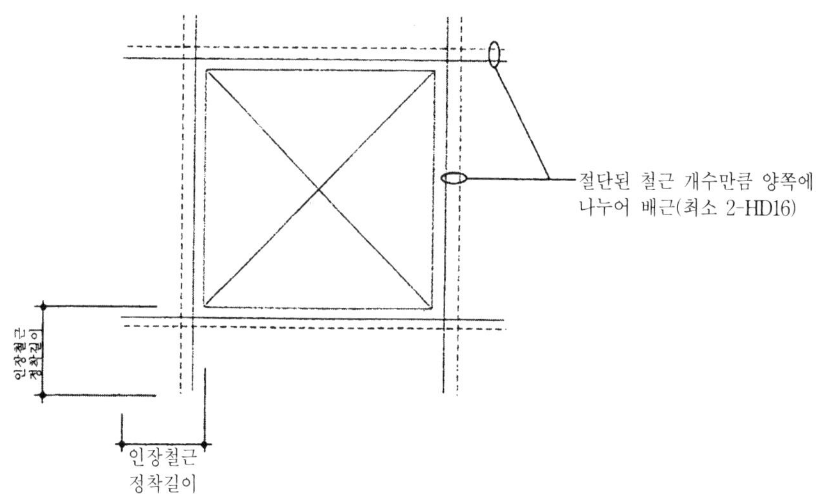

그림 3.45 벽 개구부의 보강

(5) 옹벽

① 토압에 저항하여 흙의 붕괴를 방지하도록 축조하는 구조물

② 전도, 활동 및 지반 지지력에 대하여 안정해야 한다.

③ 옹벽의 종류 : 중력식 옹벽, 켄틸레버식 옹벽, 부벽식 옹벽

6. 계단

(1) 계단은 상하층의 교통 역할 외에 의장적 역할도 하는 것으로, 구조적으로는 경사면에 수평단을 만든 형식이다.

(2) 구조형식에 의한 계단의 종류

① 경사 슬래브식 : 계단을 경사진 슬래브로 보고 해석하는 것

② 켄틸레버식 : 측벽에 의해 지지되는 켄틸레버판으로 계단 슬래브를 해석하는 것

③ 계단보식 : 양측 또는 중앙에 보를 배치한 다음 슬래브 및 구조체와 일체화한 것

(3) 계단은 구조물 중 매우 까다로운 부위이므로 계단의 치수조정, 연결부위의 정착철근 및 이음부위의 타설을 철저히 한다.

(4) 경사 지붕, 경사 램프의 경우 붕괴의 위험성이 있으므로 반드시 구조검토를 받고, 동바리가 바르게 설치되었는지 확인한다.

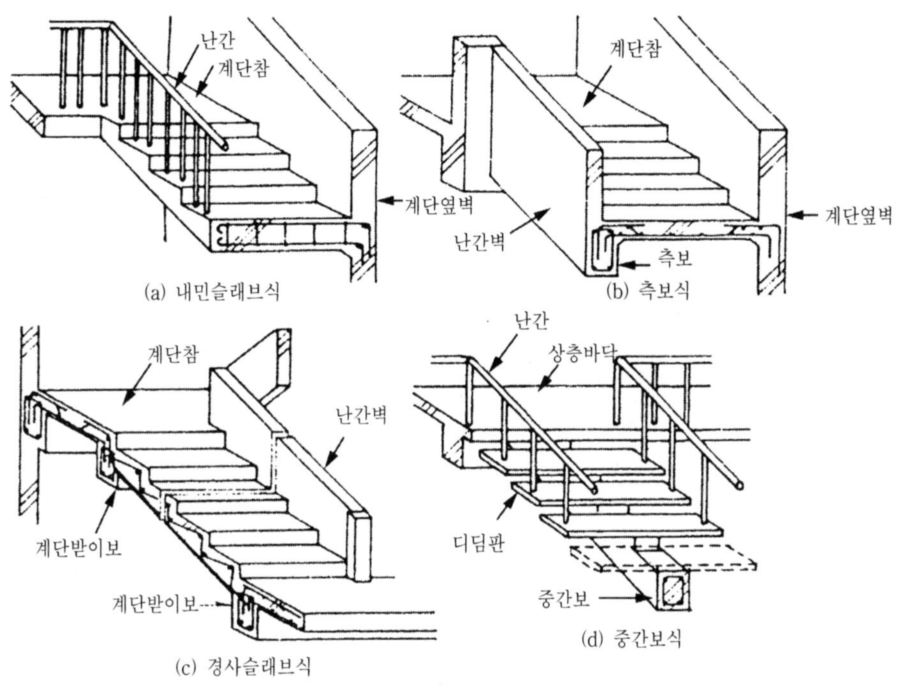

그림 3.46 계단의 종류

7. 콘크리트 줄눈(Joint)

• 계획된 줄눈 : 시공줄눈, 신축줄눈, 조절줄눈
• 계획되지 않은 줄눈 : 콜드 조인트

(1) 시공 줄눈(Construction joint)

① 시공상 콘크리트를 한번에 계속하여 부어 나가지 못할 곳에 생기는 줄눈
② 기 타설 콘크리트가 굳은 뒤 콘크리트를 이어칠 경우, 구속에 의한 인장력으로 균열 발생
③ 이음 부위는 전단응력 전달이 불량하므로 이음부 처리, 이음부 위치선정이 중요하다.
④ 전단력이 작은 위치에 설치해야 하지만, 콘크리트 타설량, 철근배근 상황 등을 고려하여 끊어치기가 용이한 곳에 설치한다.
⑤ 부위별 이음
  • 슬래브나 보의 시공이음은 경간(Span)의 중앙부에서 수직으로 처리
  • 기둥, 벽은 슬래브 위에서 시공이음

- 보가 고정되는 부분(기둥과의 교차부)은 이어치기 금물
- 켄틸레버 보나 슬래브는 어떤 경우에도 지지부와 일체로 타설
- 아치는 축선에 직교하도록 시공이음을 설치

(2) 신축 줄눈(Expansion joint)

① 온도변화에 따른 구조체의 팽창·수축을 흡수하고, 부동침하·진동 등에 의한 균열 발생을 방지하기 위한 줄눈

② 설치 위치

- 구조물의 수평단면이 급변하는 곳 또는 보강된 곳
- 증축 부위, 고층부와 저층부의 접합부
- 건물길이가 긴 경우(60m 이상)
- ㄴ자, ㄷ자, T자형 건물의 교차부

③ 설치 간격

- 얇은 벽일 때 6~9m, 두꺼운 벽일 때에는 15~18m 간격으로 설치한다.
- 무근콘크리트의 벽은 8m, 철근콘크리트의 벽에는 13m 내외로 설치하는 것이 좋다.
- 무근 콘크리트 슬래브에서는 간격을 3~4.5m로 하는 것이 표준이다.

(3) 조절 줄눈(Control joint)[균열 유도줄눈]

① 바닥판의 수축에 의한 표면균열 방지를 목적으로 설치하는 줄눈

② 설치 위치 : 미관이 고려되는 부위에 단면의 변화 등으로 균열이 예상되는 곳

③ 구조물에 균열이 발생하면 균열 사이에는 구속이 완화되어 다른 곳의 균열발생 억제

(4) 콜드 조인트(Cold joint)

① 시공과정 중 휴식시간 등으로 응결하기 시작한 콘크리트에 새로운 콘크리트를 이어칠 때 일체화가 저해되어 생기게 되는 줄눈

② 피해 : 강도저하 우려, 누수에 의한 철근부식, 균열 발생, 부착력 저하 우려

(5) 지연 줄눈(Delay joint, Shrinkage joint)

① 건조수축 응력을 배제하기 위해 일정 기간 콘크리트를 타설하지 않고 방치한

후 최종 콘크리트를 타설 완료하는 부위

② 구조물의 일부분을 일정 폭으로 남겨 두고 인접 부위의 콘크리트를 먼저 타설하여 초기 건조수축을 어느 정도 진행시킨 후 해당 수축대 부분을 마지막으로 타설하여 일체화시킨다.

③ 지연줄눈 부분의 콘크리트 타설은 인접 콘크리트를 타설하고 4주 후에 실시한다.

④ 지연줄눈의 폭은 600~900mm 정도이며, 간격은 30~45m 정도로 한다.

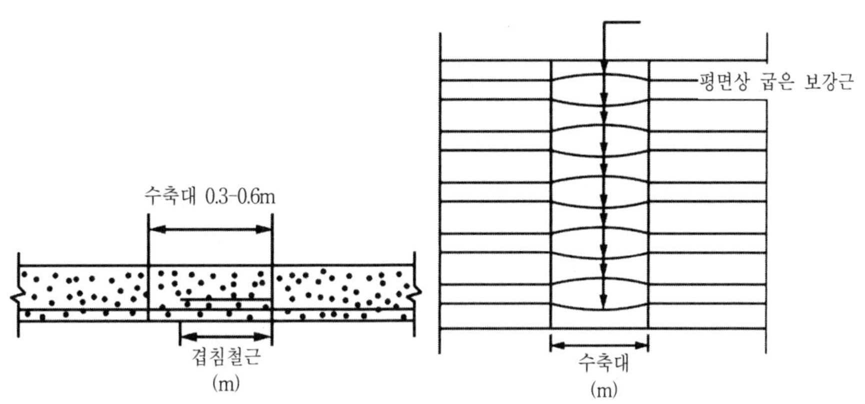

그림 3.47 지연 줄눈(Delay joint)

(6) 슬라이딩 조인트(Sliding joint)

슬래브나 보를 단순지지로 작용시키기 위해 설치하는 줄눈

(7) 슬립 조인트(Slip joint)

철근콘크리트 슬래브와 조적벽체 상부에 설치하는 줄눈

제4장 철골구조

제4장 철골구조

4.1 개요

1. 철골구조(강구조)

형강, 강판, 평강 등을 리벳이나 볼트, 용접 등으로 접합하여 조립한 것을 주요 뼈대로 한 건축

2. 철골구조의 장단점

(1) 장점

- 강도가 커서 구조체의 무게를 가볍게 할 수 있다.
- 인성이 커서 변위에 대하여 잘 견디어 낸다.
- 균질도가 높아 신뢰할 수 있다.
- 장스팬 구조나 고층구조에 적합하다.
- 공사기간이 빠르다.

(2) 단점

- 열에 약하며 고온에서 강도저하나 변형하기 쉽다.
- 압축력에 대하여 부재가 좌굴하기 쉽다.
- 강재는 녹슬기 쉽다.
- 처짐 및 진동을 고려해야 한다.

4.2 강재

1. 강재의 제법

(1) 제선(製銑) : 강재의 원료가 되는 철광석(적철광, 자철광 및 갈철광의 화합물형태로 존재)에서 선철을 뽑아내는 과정

(2) 제강(製鋼) : 고로에서 선철의 성질을 변화시켜 강재를 만들거나 또는 고철을 전기로에서 용융시켜서 강재를 만드는 것

① 킬드강(Killed steel) : 탈산제(Si, Al, Mn)를 충분히 사용하여 기포발생을 방지한 강재

② 림드강(Rimmed steel) : 탈산이 충분하지 못하여 생긴 기포에 의해 강재의 질이 떨어지는 강

(3) 성형(成形) : 제강과정을 통해서 얻은 강재를 일정한 형태와 단면성능을 갖는 부재로 만드는 과정

2. 강재의 분류

(1) 화학적 조성에 따른 강재의 분류

① 탄소강(Carbon steel, Mild steel)

- 주성분이 철, 탄소, 망간으로 이루어져 가격대비 성능이 우수해 가장 널리 이용하는 강재
- 탄소량에 따라서 강도와 인성이 결정된다.
- 일반적으로 사용되는 구조용 강재는 연탄소강(탄소함유 0.15~0.29%)을 사용한다.

② 구조용 합금강(High-strenght low alloy steel)

- 탄소강의 단점을 보완하기 위해서 합금원소를 포함시킨 강재
- 탄소(C), 망간(Mn) 대신 합금원소(Cr, Mo, V)를 사용하여 고강도이면서 인성의 감소를 억제

③ 열처리강(High-strength quenched and tempered alloy steel)

- 담금질과 뜨임의 열처리를 통하여 얻어낸 고강도강
- 담금질(Quenching) : 강을 가열 후 급랭하여 조직을 변화시켜 강도와 경도를 향상시키는 작업
- 뜨임(Tempering) : 담금질에 의해 만들어진 부서지기 쉬운 조직에 인성을 증가시키기 위해 적당한 온도로 가열, 냉각시키는 작업

④ TMCP(Thermo Mechanichal Control Process steel, 제어 열처리강)

- Nb, V 및 Ti 등을 미량 첨가한 저탄소의 고장력강의 열간압연과 냉각과정을 정밀하게 제어하여 압연 상태에서 높은 강도와 인성을 갖는 강재

• 적은 탄소량을 갖기 때문에 용접성이 우수하다.

(2) 구조용 강재의 화학적 조성

① 철(Fe) : 강재의 대부분을 차지하는 구성 요소

② 탄소(C)

• 탄소량이 증가하면 강도는 증가하나 연성이나 용접성은 저하된다.

• 강재에서 탄소량은 강재의 성질에 결정적인 영향을 끼친다.

③ 망간(Mn) : 탄소와 비슷한 성질을 가지며 산소, 황과 함께 열간압연에서도 필요한 원소

④ 크롬(Cr) : 니켈, 구리와 함께 부식을 방지하기 위해 쓰이는 화학성분, 스테인리스강에서의 주요 구성성분

⑤ 니켈(Ni) : 강재의 부식방지를 위해 사용, 저온에서 취성파괴에 대한 인성을 증가시키는 역할

⑥ 인(P), 황(S)

• 강재의 기계 가공성을 증가시키는 역할

• 취성을 증가시키므로 강재에 일정량 이상 사용되지 못하도록 규제

⑦ 규소(Si) : 강재에 주로 사용되는 탈산제

⑧ 구리(Cu) : 강재의 부식방지제 중 하나

3. 강재의 표시

(1) 강재의 재질 표시

① SS : Steel Structure → 일반구조용 압연강재

[SS 400] SS : 일반구조용, 400 : 인장강도 400MPa

② SM : Steel Marine → 용접구조용 압연강재

[SM 490 A] SM : 용접구조용, 490 : 인장강도 490MPa, A : 충격흡수 에너지 등급(A · B · C 순, A보다 C가 용접성 양호)

* 건축에서 일반적으로 사용하는 강재는 SS 400과 SM 490 A 이다.

③ SMA : 용접구조용 내후성 열간압연 강재

④ SSC : 일반구조용 경량형강

⑤ STK : 일반구조용 탄소강관

⑥ SPSR : 일반구조용 각형 강관
⑦ SDP : 강제 강판(데크 플레이트)
⑧ SN : 건축구조용 압연강재
⑨ FR : 건축구조용 내화강재

(2) 강재의 표기 방법

명 칭	단면 형태	표기법 및 특징
ㄱ형강 (Angle)	A, B, t	L-$A\times B\times t$ · 등변 및 부등변 ㄱ형강 · 트러스 부재, 중도리, 가새 등에 사용
ㄷ형강 (Channel)	t_2, H, t_1, B	ㄷ-$H\times B\times t_1\times t_2$ · 트러스, 가새, 경미한 휨재 등에 사용
I형강 (I-beam)	t_2, H, t_1, B	I-$H\times B\times t_1\times t_2$ · 폭에 비해 높이가 높은 형강 · 가로, 세로보 용로 사용
H형강 (Wide flange shape)	t_2, H, t_1, B	H-$H\times B\times t_1\times t_2$ · 기둥 또는 중요한 보에 사용
강판 (Plate)	t	PL-t · 가셋플레이트, 보의 소재로 사용
경량형강	H, t, C, A	C-$H\times A\times C\times t$ · 국부좌굴 발생
강관 (Pipe)	D, t	Φ-$D\times t$ · 좌굴성능 우수
각형 강관	A, t, B	□-$A\times B\times t$ · 기둥, 보, 난간두겁대 등에 사용

4. 강재의 성질

(1) 탄소강의 응력-변형률 곡선

① 탄성영역 : 응력(Stress)과 변형률(Strain)이 비례 관계를 가지는 영역

② 소성영역 : 응력의 증가 없이 변형률만 증가하는 영역

③ 항복점 : 응력의 증가없이 변형도가 크게 증가하는 점의 응력

④ 변형도 경화영역 : 소성영역 이후 변형률이 증가하면서 응력이 비선형적으로 증가되는 영역

⑤ 파단영역 : 변형률은 증가하지만 응력은 오히려 감소하는 영역

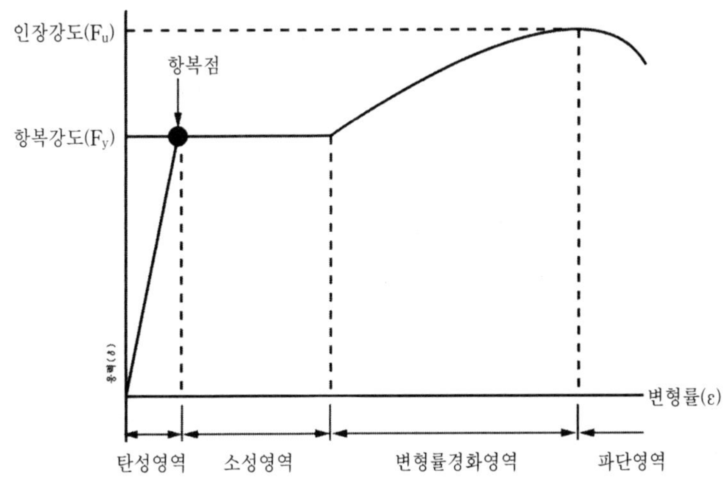

그림 4.1 강재의 응력-변형률 곡선

(2) 역학적 성질

① 연성(Ductility) : 하중을 받아 파괴에 이르기까지 큰 소성변형을 할 수 있는 능력

② 인성(Toughness) : 큰 변형에너지를 흡수할 수 있는 재료의 능력

③ 취성(Brittleness) : 충격하중에 의하여 부재가 갑자기 파괴되는 현상

④ 연신율 : 파단점에 이를 때까지의 변형량 [연성의 척도]

⑤ 피로강도 : 하중의 반복작용에 의하여 부재의 파괴가 일어날 때의 응력

⑥ 탄성계수(영계수) : 응력과 변형도의 비로써, 강성(剛性)과 관계있다.

⑦ 프와송 비 : 하중 작용방향의 변형도에 대한 가로방향 변형도의 절대값

⑧ 강재의 정수

탄성계수(N/mm²)	전단 탄성계수(N/mm²)	프와송비	선팽창계수(1/℃)
206,000	79,500	0.3	0.000012

(3) 온도에 대한 특성

① 고온에서의 거동 : 강도가 감소 → 600℃에서 상온 강도의 1/2

② 저온에서의 거동

- 온도가 낮아짐에 따라 강성은 증가하나 연성과 인성은 감소한다.
- 변형능력이 줄어 취성파괴 가능성이 증대된다.

(4) 용접성에 대한 특성

① 강재의 원소 중 탄소가 용접성에 가장 큰 영향을 미친다.

→ 탄소 함유량이 많을수록 강도는 증가하나, 용접성은 나빠진다.

② 강재의 용접조건

- SS 400 : 판두께 25mm 이하는 특별히 염려할 필요가 없다.
- SS 490 : 용접성이 나쁜 경우가 많으므로 용접하지 않는 것이 좋다.
- SM 490 : 판두께 30mm를 넘을 경우에는 예열할 필요가 있다.

4.3 철골 접합

- 긴결재에 의한 접합 : 리벳접합, 볼트접합, 고력볼트접합
- 용접 접합

※현재 많이 사용하는 접합방법은 고력볼트접합과 용접접합이다.

1. 리벳(Rivet) 접합

(1) 가열한 리벳을 미리 뚫어 놓은 구멍에 넣어 끼운 다음 리벳머리의 반대편을 두드려 고정시키는 것이며, 가열된 리벳이 수축하면서 접합을 견고하게 하는 방법

(2) 최소 3인이상의 숙련공이 필요하고 타설시 소음과 화재 위험 등으로 현재는 잘 사용하지 않으며, 고력볼트(HTB)와 용접으로 대체되었다.

(3) 리벳접합에 사용되는 용어

① 피치(Pitch) : 리벳구멍 중심간 거리

- 최소간격 : 리벳지름의 2.5배(2.5d) 이상

- 표준간격 : 리벳지름의 4배(4d) 이상

② 게이지 라인(Gauge line) : 리벳의 중심을 연결한 선

③ 게이지(Gauge) : 게이지 라인과 게이지 라인과의 거리

④ 연단거리 : 리벳구멍 중심에서 부재 끝단까지의 거리

- 최소간격 : 리벳지름의 2.5배(2.5d) 이상
- 최대간격 : 부재두께의 12배(12t) 또는 150mm 이하

⑤ 클리어런스(Clearance) : 리벳과 수직재면과의 거리[작업의 여유폭]

⑥ 그립(Grip) : 접합되는 판의 총두께, 리벳지름의 5배(5d) 이하

⑦ 리벳 구멍의 크기

- 리벳지름 20mm 미만 : 리벳지름(d)+1.0mm
- 리벳지름 20mm 이상 : 리벳지름(d)+1.5mm

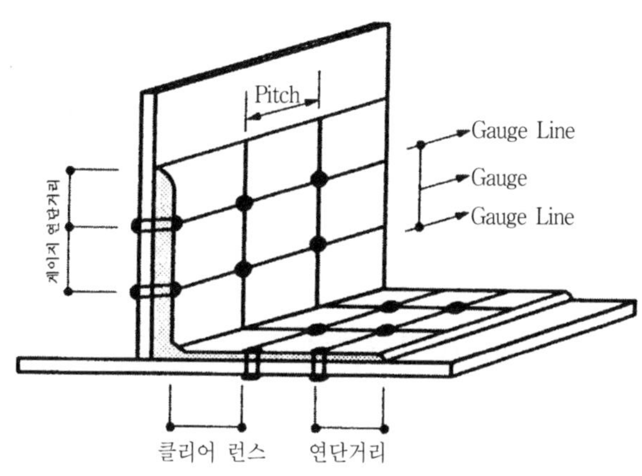

그림 4.2 리벳접합에 사용되는 용어

2. 볼트(Bolt) 접합

(1) 경미한 구조재나 가설건물 또는 가접합용으로 주로 쓰이며, 주요 구조재의 접합에는 거의 사용하지 않는다. → 접합부 강성이 낮으며, 진동이나 반복하중에 너트가 쉬 풀리기 때문

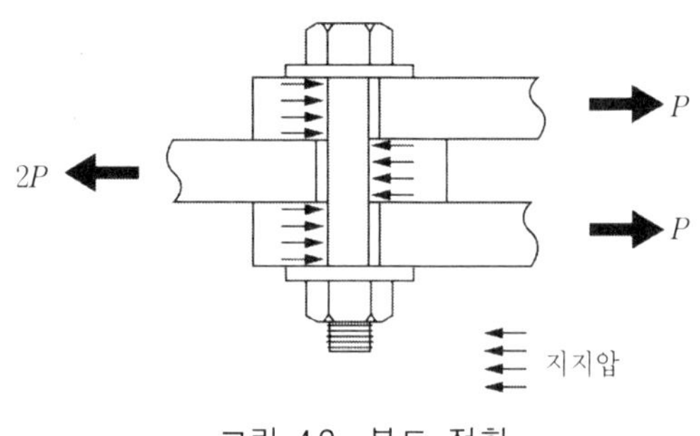

그림 4.3 볼트 접합

(2) 볼트의 종류

① 흑볼트 : 가조립 볼트용

② 중볼트 : 진동, 충격없는 내력용

③ 상볼트 : 주로 핀접합용

(3) 구성 : 볼트와 너트, 와셔

① 너트(Nut) : 나사를 낸 구멍이 뚫려 있어 볼트를 죄는데 쓰이는 것

② 와셔(Washer) : 볼트 조임에 의한 힘을 균등히 배분하고, 볼트 나사부분의 지압을 방지하는 것

(4) 너트의 풀림 방지법

너트의 사용, 스프링 와셔의 사용, 너트 죔부분의 용접, 콘크리트에 매립

(5) 볼트의 구멍 크기

종 류	지 름	구멍 크기
볼 트	각종 지름	d+0.5mm 이하
고력볼트	27mm 미만	d+2.0mm 이하
	27mm 이상	d+3.0mm 이하
앵커볼트	각종 지름	d+5.0mm 이하

3. 고력볼트(High Tension Bolt) 접합

(1) 보통 볼트와 같으나 재료의 재질이 고강도강으로 만들어져 있으며 접합시에는 볼트에 강한 인장력을 가한 후에 너트를 끼우므로 체결한 후에는 접합재간의 마찰력에 의하여 하중을 지지하는 것

→ 진동이나 반복하중에 대해 저항력이 강하여 가장 많이 사용되는 접합방법

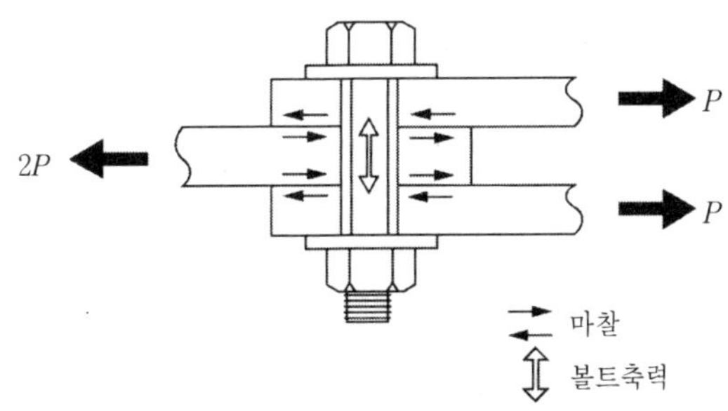

그림 4.4 고력볼트 접합

(2) 장점

① 접합부 강성이 높아 접합부의 변형이 거의 없다.

② 접합재 유효단면에서 하중이 적게 전달된다.

③ 볼트에는 전단 또는 지압응력이 생기지 않는다.

④ 피로 강도가 높다.

⑤ 강한 조임으로 너트가 풀리지 않는다.

⑥ 응력집중이 적으므로 반복응력에 강하다.

⑦ 응력방향이 바뀌어도 혼란이 일어나지 않는다.

⑧ 조임이 정확하며, 불량부분의 수정이 쉽다.

(3) 고력볼트의 종류

① 재질에 따른 종류

- F8T, F10T, F11T
- [F 10 T] F : Friction grip joint, 10 : 인장강도 10tf/cm^2, T : Tensile strength

② 크기에 따른 종류

- M16, M20, M22, M24
- [M 20] M : Meter 단위, 20 : 볼트지름 20mm

③ 특수 고력볼트

- T/S(Torque Shear) 볼트 : 토크 컨트롤 볼트로서 일정한 조임 토크치에서 볼트축이 절단되는 것

- PI 너트식 볼트 : 2겹의 특수 너트를 이용한 것으로 일정한 조임토크치에서 너트가 절단되는 것
- 그립(Grip)형 볼트 : 일반 고장력 볼트를 개량한 것으로 조임이 확실하다.
- 지압형 볼트 : 직경보다 약간 적은 볼트 구멍에 끼워 너트를 강하게 조이는 방식

(4) 접합방법의 종류

① 마찰접합 : 부재의 마찰력으로 볼트축과 직각방향의 응력을 전달하는 전단형 접합방식

② 인장접합 : 볼트의 인장내력으로 볼트 축방향의 응력을 전달하는 인장형 접합방식

③ 지압접합 : 볼트의 전단력과 볼트 구멍의 지압내력에 의해 응력을 전달하는 접합방식

(5) 고력볼트의 길이

나사부의 길이가 부족하면 조임불량이 생길 수 있다.

→ 조임 후 나사산이 3개 이상 보이는지 확인

(6) 마찰면

부재의 마찰면에 필요한 마찰계수(0.45 이상)가 확보되도록 한다.

(7) 고력볼트의 조임 검사

토크 관리법, 너트 회전법(금매김법)

(8) 접합 병용시의 응력 분담

① 고력볼트+볼트 : 고력볼트가 전 응력 부담

② 고력볼트+리벳 : 각각 응력부담

③ 볼트(리벳)+용접 : 용접이 전 응력 부담

④ 고력볼트+용접

- 용접 전에 고력볼트 체결 : 고력볼트 마찰접합에서 미끄럼이 생길 때까지의 강성은 용접과 비슷하므로 허용내력을 둘이 부담
- 용접 후에 고력볼트 체결 : 용접열에 의한 접합부의 변형 때문에 접합면이

밀착되지 않아 고력볼트에 내력을 부담시키기에는 무리가 있으므로 용접이 모두 부담

4. 용접(Welding) 접합

접합하고자 하는 모재를 녹여 거기에 용접봉을 녹인 융착 금속을 융합하여 용접부를 일체화하는 방법

(1) 장단점

① 장점

- 접합부에서 연속성이 확보되고 응력 전달이 확실하다.
- 구멍을 뚫어 생기는 단면결손이 없으므로 이음 효율이 높다.
- 건물 중량이 감소되고 구조가 간단하다.
- 무소음 및 무진동으로 공해가 없다.

② 단점

- 용접공의 개인능력에 따라 품질이 좌우된다.
- 온도, 바람 등의 기후 조건의 영향을 받기 쉽다.
- 용접열에 의한 변형이 발생하기 쉽다.
- 내부결함 확인 및 용접부 검사가 어렵다.

(2) 용접접합의 종류

- 용접 방법에 의한 종류 : 피복 아크용접, 탄산가스 아크용접, 서브머지드 아크 용접, 일렉트로 슬래그 용접, 스터드 용접, 가스용접, 전기저항 용접
- 용접 이음형식에 의한 종류 : 맞댐 용접, 모살 용접, 플러그 용접, 슬롯 용접
- 용접 자세에 의한 종류 : 하향 용접, 상향 용접, 수평 용접, 수직 용접

① 피복 아크(Arc) 용접

- 용접봉(심선과 플럭스라 불리는 피복재로 구성)과 모재 사이에 전류를 통하여 발생되는 열을 이용하여 용접을 하며, 현재 가장 널리 이용되는 용접법
- 이용 범위 : 연강을 비롯하여 고장력강, 스테인레스강, 비철금속, 주철 및 표면경화된 것까지 용접
- 운봉방식에 의한 분류 : 수동용접, 반자동용접, 자동용접

② 탄산가스(CO_2) 아크 용접

- 플럭스를 사용하는 대신에 탄산가스를 뿌려 줌으로써 용접금속의 변질을 방지하는 방법으로, 일종의 반자동 아크용접이다.
- 현재 철강의 용접, 연강과 저합금의 용접에는 종래의 피복아크용접에 필적할 정도로 효과적이다.

③ 서브머지드 아크(Submerged Arc) 용접

- 모재 표면 위에 용제를 살포하여, 이 용제 속에 용접봉을 꽂아 넣는 자동 아크 용접
- 고품질의 와이어나 플럭스를 사용하여 우수한 용접금속을 얻을 수 있다.
- 용접속도가 빠르며, 아크광선이 없으므로 인체에 무해하다.

④ 일렉트로 슬래그(Electro Slag) 용접

- 전기용융법의 일종으로 아크열이 아닌 와이어와 용융 슬래그 사이에 흐르는 전류의 저항열을 이용하여 용접을 하는 특수용접
- 두꺼운 강판을 용접하는데 쓰이는 수직 용접법

⑤ 스터드 용접 : 스터드 볼트를 부재에 용접하는 방식으로, 일종의 자동식 아크 용접

⑥ 가스용접 : 산소와 아세틸렌을 고열 및 압력으로 금속을 녹여 용접하는 것

⑦ 전기저항용접 : 부재의 접합부 접촉면에 생기는 전기저항에 의하여 접합하는 것

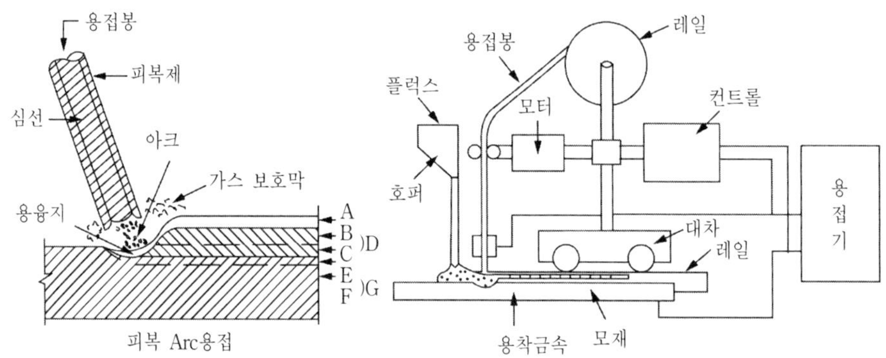

A : 슬래그 E : 열 영향부
B : 여성(余盛) F : 열영향을 받지 않는모재
C : 용입 D : 용접금속
G : 모재

그림 4.5 피복 아크 용접

그림 4.6 서브머지드 아크 용접

(3) 맞댐 용접(Butt Welding)

① 접합재를 동일평면으로 유지하며 그 끝을 적당한 모양 또는 각도로 가공하여 용접살을 개선부에 채워 넣는 용접 방식

② 용접살이 응력을 전달하는 역할을 하므로 용접살의 형상, 모재의 관리가 중요하다.

③ 모재끼리 직접 연결한다든지 또는 기둥 플랜지에 보 플랜지를 접합하는 경우에 사용된다.

④ 단면 전부를 녹여 용접하는 완전용입 용접과 일부분만 용접하는 부분용입 용접이 있다.

⑤ 개선부(Groove)의 형태 : I형, V형, L형, U형, J형, H형, K형, X형, 양면 J형

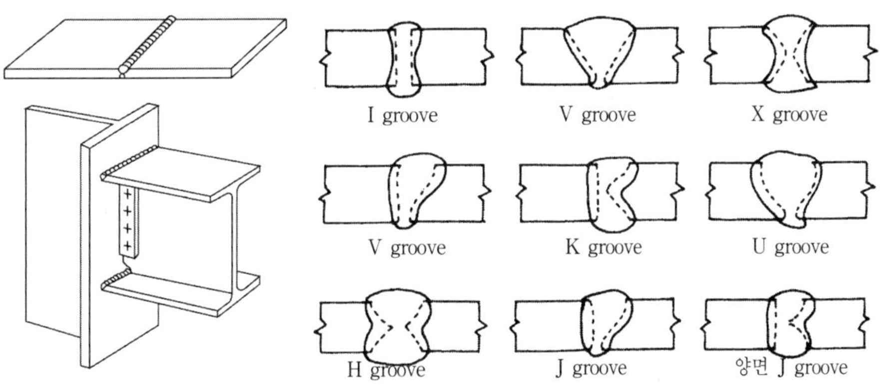

그림 4.7 맞댐 용접

그림 4.8 개선부(Groove)의 형태

(4) 모살 용접(Fillet Welding)

① 밀착된 모재로 인해 구성되는 각진 부분에 삼각형 단면으로 된 용착금속을 붙게 하여 응력을 전달하는 용접방식

② 모재에 홈파기 등의 가공을 하지 않고 그냥 용접이 가능하다.

③ 응력의 전달이 용착금속에 의해 이루어지므로 용접살의 목두께의 관리가 중요하다.

④ 형강 또는 판 등의 겹침이음, T자이음, 각이음 등에 쓰인다.

⑤ 유효 목두께(a) : 모살치수(S)의 0.7배이고 부등변 모살용접이면 모살치수가 작은쪽을 기준으로 한다. → a=0.7S

⑥ 유효 용접길이 : 용접의 전체길이에서 모살치수의 2배를 뺀 값으로 한다.
→ 용접이 시작되는 부분(시단)과 용접이 끝나는 부분(종단)에서 규정된 모살

치수를 내기가 어려운 것을 고려한 것

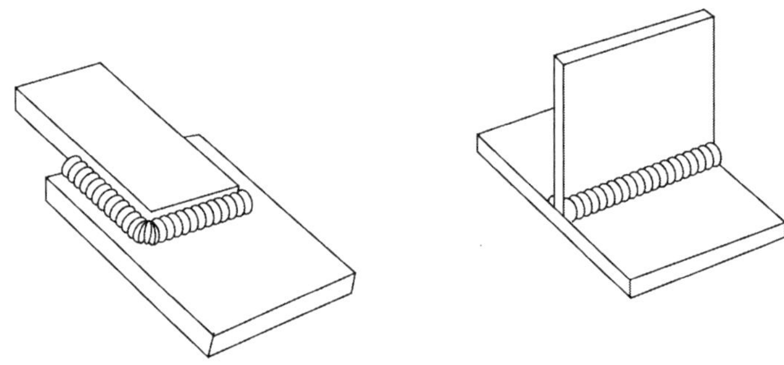

그림 4.9 모살 용접(Fillet Welding)

(5) 용접자세에 의한 종류

① 하향 용접 : 용접 결과가 좋고 용접속도가 빠른 것으로, 가장 바람직하다.

② 상향 용접 : 용접 결과가 나쁘고 용접속도도 느린 것으로, 가급적 피한다.

③ 수평 용접 : 공장용접에서 하향과 함께 수평용접이 유리하다.

④ 수직 용접 : 현장에서는 수직 혹은 상향용접의 경우도 생긴다.

(6) 용접의 기호

① 기선(基線)을 수평으로 긋고 지시선은 기선에서 60° 정도 빗선으로 하여 그 끝이 용접 접합선에 위치하도록 하여 화살표시를 한다.

② 용접형태와 치수 및 길이는 기선의 위나 아래에 표시한다.

③ 용접기호를 기선의 아래에 표시하면 용접위치가 화살표 쪽에 있는 것을 의미한다.

→ 기선의 위에 표시 : 용접위치가 화살표의 맞은편에 있는 것을 의미

④ 맞댄용접 : 홈의 형태와 각도 및 루트간격, 마무리방법 등을 기선에 표시한다.

⑤ 모살용접 : 직각 삼각형의 수직선은 언제나 왼편에 위치하도록 하며, 용접치수는 수직선 옆에 표시하고 용접길이는 삼각형의 빗선에 표시한다.

⑥ 용접의 표시 예

실제 모양	도면 표시	용 접 부
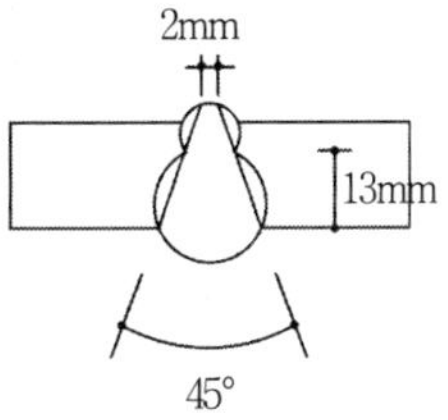 2mm 13mm 45°	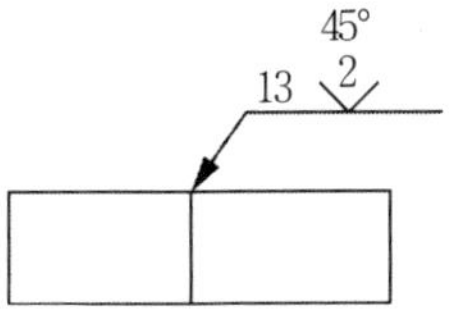 45° 13 2	[V형 맞댐용접] · 목두께 : 13mm · 루트 간격 : 2mm · 앞벌림각 : 45° · 기선의 윗쪽에 표시되어 있으므로 화살표 반대쪽에 홈파기하고 용접
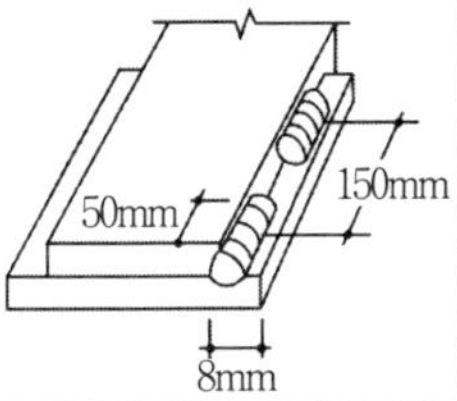 50mm 150mm 8mm	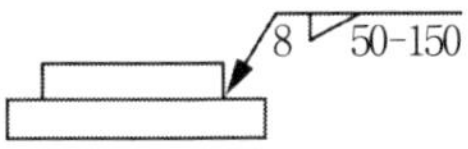 8 50-150	[모살용접] · 모살치수 : 8mm · 용접길이 : 50mm · 피치 : 150mm · 기선의 아랫쪽에 표시되어 있으므로 화살표쪽에 용접

(7) 용접부의 결함

① 균열(Crack) : 용접 후 냉각시에 생기는 갈라짐

② 블로우 홀(Blow hole) : 용접부분 안에 생기는 기포

③ 슬래그(Slag) 섞임 : 용접금속 속에 슬래그(Slag)가 섞여 있는 것

④ 언더 컷(Under cut) : 용접금속이 홈에 차지 않고 홈 가장자리가 남아 있는 것

⑤ 오버 랩(Over lap) : 용접금속과 부재가 융합되지 않고 겹쳐지는 것

⑥ 용입 부족 : 용입깊이가 부족하거나 부재와의 융합이 불량한 것

⑦ 크레이터(Crater) : 용접부분의 끝부분에 우묵하게 파진 부분

⑧ 피트(Pit) : 용접부 표면에 생기는 미세한 홈

⑨ 위핑 홀(Weeping hole) : 용접부 표면에 생기는 미세한 구멍으로, 피트가 깊게 뚫린 것

⑩ 피시 아이(Fish eye) : 용접부분에 생기는 은색반점

⑪ 라멜레이트(Lamellate) : 용접금속의 국부적인 수축으로 압연강판의 층(라멜레이션) 사이에 균열이 생기는 현상으로, T형 용접과 구석 이음에 많이 발생한다.

⑫ 목두께 불량 : 용접의 최소두께가 부족한 현상

⑬ 다리길이 부족 : 모살용접에서 한쪽 용착면의 다리길이가 부족한 현상

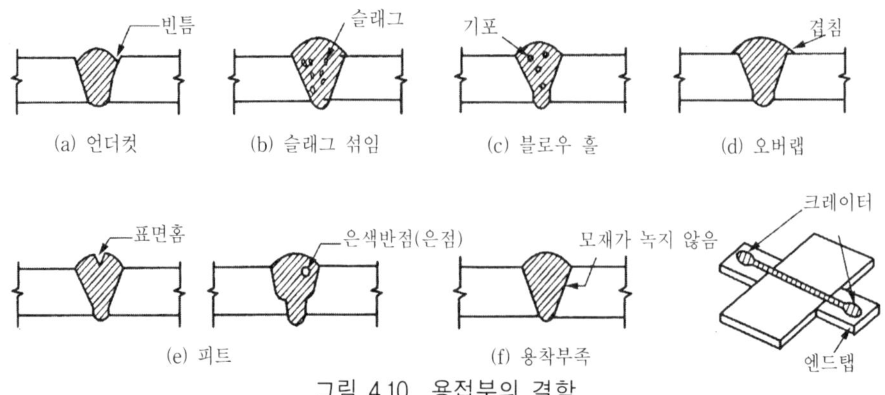

그림 4.10 용접부의 결함

(8) 용접부의 검사

① 외관 검사(육안검사) : 용접 결함과 변형 등을 검사한다.

② 비파괴 검사(N.D.T, Non Destructive Test)

- 방사선 투과법 : 가장 널리 사용되는 검사방법으로, X선, γ선을 용접부에 투과하고 그 상태를 필름에 담아 내부결함을 검출하는 방법
- 초음파 탐상법 : 초음파를 투사하여 초음파 속도와 반사시간을 측정하여 내부 결함을 검출하는 방법
- 자기분말 탐상법 : 용접부에 자력선을 통과시켜 결함을 발견하는 방법
- 침투 탐상법 : 용접부에 침투액을 도포한 후 검사액을 뿌려 결함을 검출하는 방법

(9) 용접의 용어 설명

① 루트(Root) : 맞댄용접에 있어 트임새 끝의 최소 간격

② 개선(앞벌림 · 홈, Groove) : 접합 부재간의 사이를 트이게 한 것

③ 뒷댐재(Back strip) : 루트 간격 아래에 판을 대는 것으로, 용착금속이 녹아 떨어지는 것을 방지한다.

④ 엔드 탭(End tab) : 용접결함의 발생을 막기 위해 용접 개시점과 종료점의 양단에 대는 보조강판

⑤ 플럭스(Flux) : 용접봉의 피복재에 들어있는 것으로 산화물이나 유해물을 분리, 제거한다.

⑥ 스캘럽(Scallop) : 용접선의 교차를 피하기 위하여 부채꼴 모양으로 오목 들어가게 파 놓은 것

⑦ 가우징(Gouging) : 홈을 파기 위한 목적으로 재의 밑면을 따내는 것

⑧ 비드(Bead) : 용접진행에 따라 용착금속이 모재 위에 열상을 이루어 이어진 용접층

⑨ 위빙(Weaving) : 용접봉을 용접방향에 대해 가로로 왔다갔다 움직여 용착금속을 녹여 붙이는 운봉법

⑩ 스패터(Spatter) : 용접 중 튀어 나오는 슬래그 및 금속입자가 경화된 것

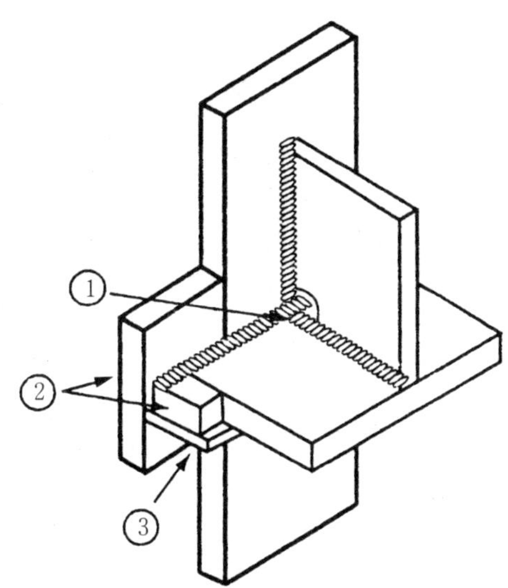

① 스캘럽(scallop, 곡선모따기)
② 엔드탭(End tab, 보조강판)
③ 뒷댐재(back strip, 받침쇠)

그림 4.11 용접의 용어

4.4 각부 구조

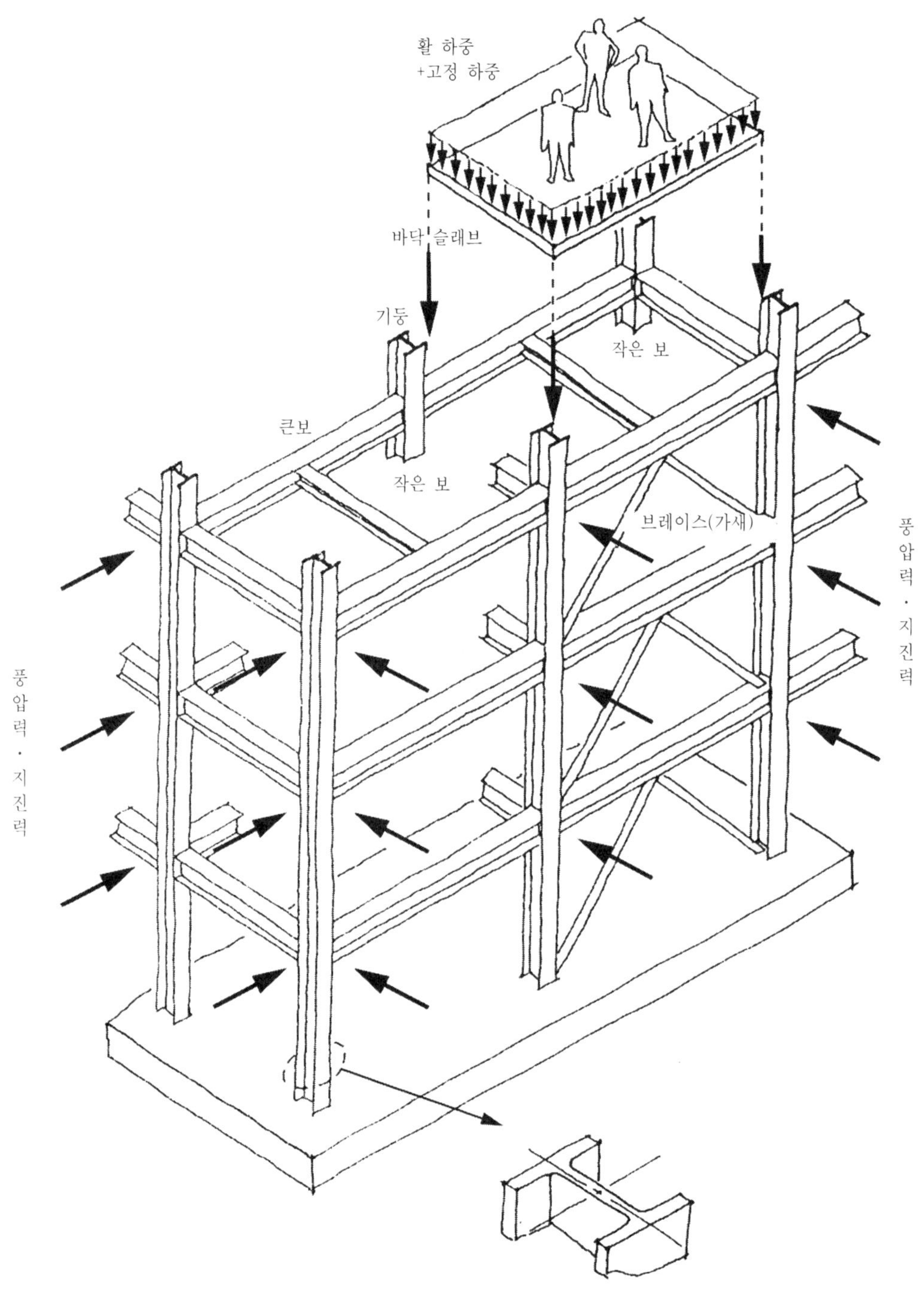

그림 4.12 철골 각부 구조

1. 기둥(Column)

기둥은 길이가 길면 압축력만으로도 좌굴현상을 일으키고 또 수평력에 의해 휨모멘트를 받는 경우도 있으므로 휨작용에 대한 저항력이 큰 단면형을 선택한다.

(1) 단일 형강 기둥

① H형강 기둥

- 접합부의 가공이 용이하기 때문에 가장 널리 사용된다.
- 단면상 높이 300mm 내외가 되는 것이 고층사무소 건축에 많이 쓰인다.
- 길이 10m가 표준규격이므로 2~3층을 하나의 단위로 제작한다.
- 힘의 작용방향에 따라 단면성능이 달라진다.

② 강관(pipe) 기둥

- 종류 : 원형 강관, 각형 강관
- 접합부의 가공은 어렵지만 힘의 작용방향에 따른 단면성능이 일정하다.

(2) 조립 기둥(Built-up column)

① 철판, 앵글, 채널, I형강 등을 리벳, 볼트, 용접 등으로 조립한 것
② 리벳볼트조립 기둥 : 리벳 또는 고력볼트 등으로 조립한 기둥
③ 용접조립 기둥 : H형강, I형강, 채널, 앵글 등을 주로 용접조립한 기둥
④ 박스형 용접조립 기둥 : 초고층 구조물에 주로 사용되는 기둥

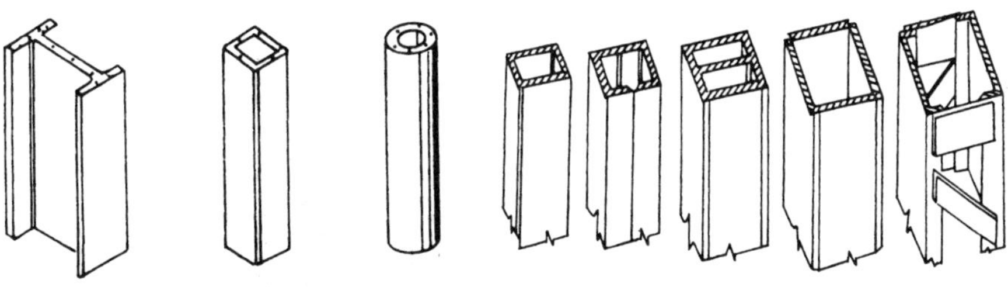

그림 4.13 단일 형강 기둥　　그림 4.14 용접 조립 기둥

(3) 국부좌굴과 폭두께비

① 압축재를 구성하는 판이 폭에 비해서 두께가 지나치게 얇으면 전체 좌굴이 일어나기 전에 일부분이 부분적으로 찌그러지는 국부좌굴이 생길 수 있다.
② 조기에 발생하는 국부 좌굴을 방지하기 위해서 판의 폭두께비를 어느 한도

이내로 제한할 필요가 있다.

⑷ 압축재의 용어 설명

① 좌굴(Buckling) : 압축시 어떤 하중에 이르러 갑자기 가로 방향으로 휘어지며 이후 그 휨이 급격히 증대하는 현상

② 국부좌굴 : 압축재 전체의 좌굴이 일어나기 전에 플랜지와 웨브에 국부적으로 주름이 생기는 현상

③ 세장비(細長比) : 기둥이 하중에 견디는 정도를 나타내는 값으로, 적을수록 큰 하중에 잘 견딘다.

④ 한계 세장비 : 장주와 단주의 분기점을 이루는 세장비

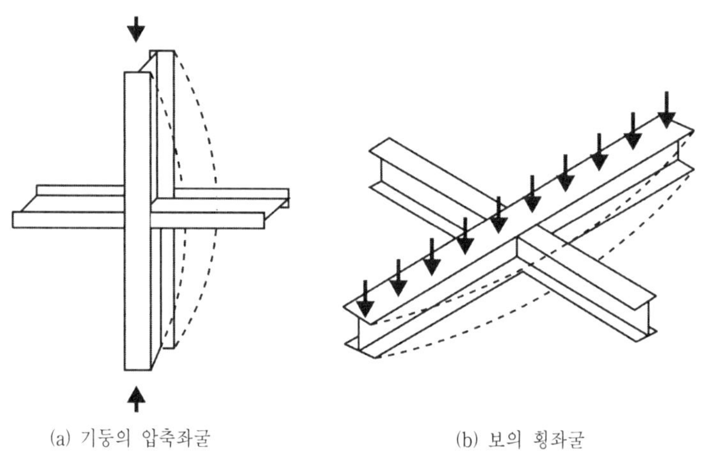

(a) 기둥의 압축좌굴　　(b) 보의 횡좌굴

그림 4.15 좌굴 현상

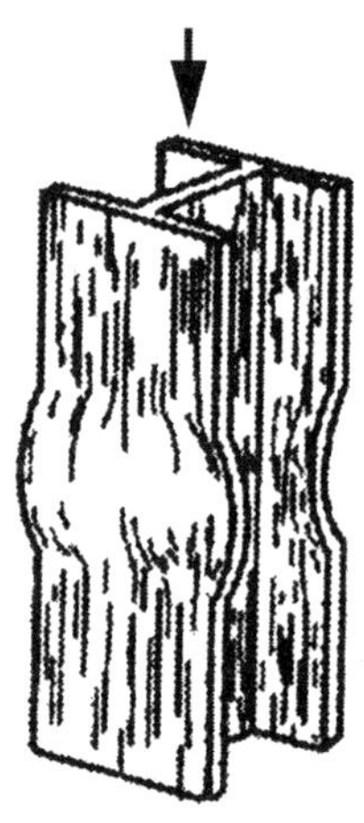

그림 4.16 국부 좌굴

2. 보(Beam, Girder)

보는 휨응력, 전단응력, 집중하중에 의한 국부응력 및 처짐에 안전해야 한다.

(1) 형강 보

① 형강의 단면을 그대로 사용하므로 부재의 가공절차가 간단하고 기둥과의 접합도 단순하여 가장 널리 사용된다.

② 주로 H형강, I형강이 많이 쓰인다.

(2) 하니컴 보(Honey comb beam)

① H형강의 웨브를 잘라서 웨브에 6각형 구멍이 여러 개 생기도록 다시 웨브를 용접하여 만든 보

② 보 춤이 높아지므로 휨성능이 커져서 힘을 더 받을 수 있다.

③ 에어콘 덕트(Duct) 등을 구멍을 통하여 설치하므로 천정 높이를 줄일 수 있다.

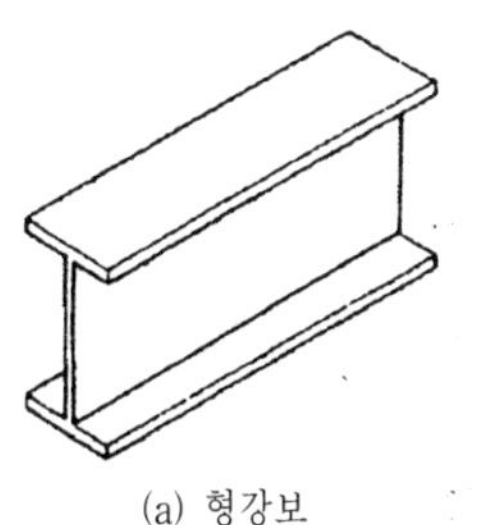
(a) 형강보

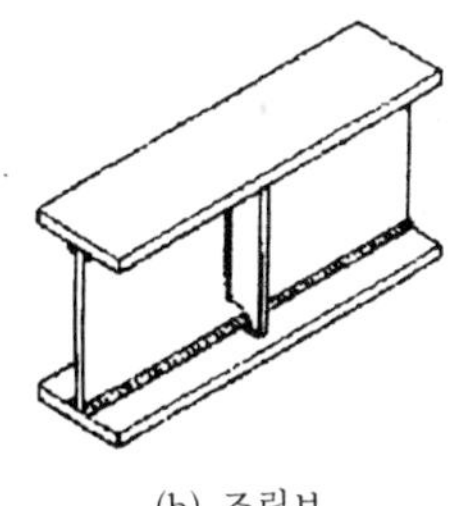
(b) 조립보

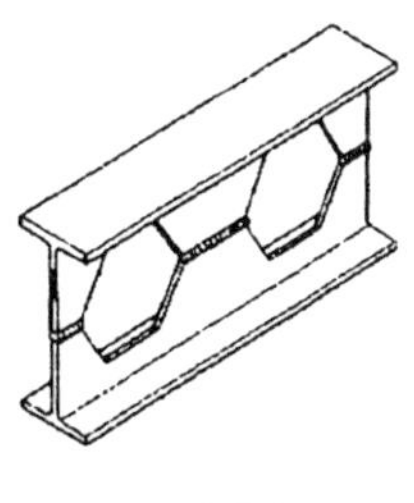
(c) 하니컴보

그림 4.17 형강보, 조립보, 하니컴보

(3) 판보(Plate girder)

① 철판을 잘라서 플랜지 · 웨브를 제작하고, 이음부분은 용접 또는 앵글을 대고 접합한 것

② 플랜지(Flange) : 상하의 날개처럼 내민 부분, 휨응력에 저항한다.

③ 웨브(Web) : 중앙 복부부분, 전단응력에 저항한다.

④ 단일재로 내력이 부족하거나 처짐이 심한 경우에는 판보를 사용한다.

⑤ 커버 플레이트(Cover plate)

- 플랜지에 덧붙이는 강판
- 휨모멘트(: 플랜지의 휨 내력)의 부족을 보강하기 위함이다.

⑥ 스티프너(Stiffener)

- 웨브 부분의 전단보강과 좌굴방지를 위해 사용하는 보강재
- 보의 춤이 웨브판 두께의 60배 이상일 때 사용하고, 그 간격은 보 춤의 1.5배 이하로 한다.
- 하중점 스티프너, 중간 스티프너, 수평 스티프너

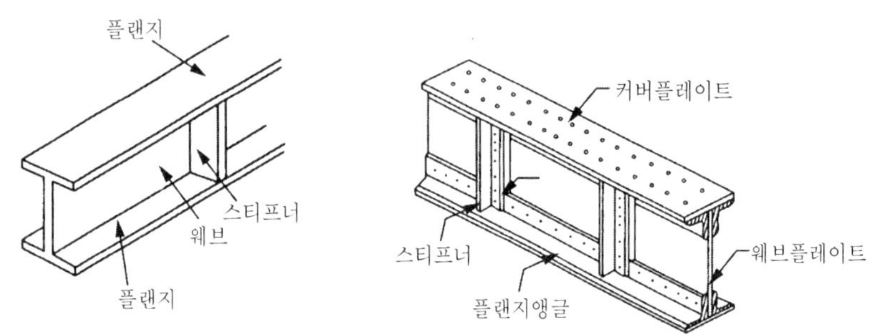

그림 4.18 판보의 구성 부재

(4) 트러스 보(Truss girder)

① 휨모멘트가 크게 일어나는 경간(Span)이 큰 구조물에 쓰인다.

② 상하 플랜지는 축방향력으로 휨모멘트에 저항한다.

③ 웨브재는 축방향력으로 전단력에 저항하며 형강을 가셋 플레이트(Gusset plate)로 조립한다.

(5) 래티스 보(Lattice girder)

① 웨브판으로 평강을 사용하여 상하 플랜지와 조립한 보

② 전단력에 약하므로 경미한 철골조나 철골 철근콘크리트조에 피복하여 쓰인다.

③ 휨저항은 현재가, 전단저항은 래티스재가 한다.

(6) 격자보(Open web girder)

① 래티스보의 일종으로 웨브를 상하 플랜지에 90°로 조립한 보

② 순수한 철골보로는 전단력에 약하므로 철골 철근콘크리트조에 피복하여 쓰인다.

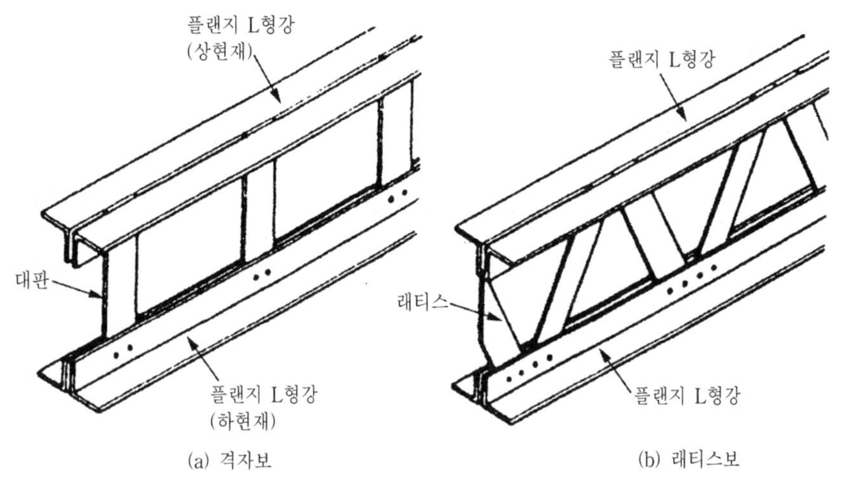

그림 4.19 격자보와 래티스보

(7) 보의 용어 설명

① 횡좌굴 : 강축에 대하여 휨을 받는 형강보의 상단이 처지면서 가로로 이동하는 것

② 전단중심(Shear center) : 하중이 어떤 방향으로 작용해도 어떤 점을 지나는 한 단면의 비틀림이 없는 점

③ 하이브리드 보(Hybrid beam) : 휨을 부담하는 플랜지에 고강도강을 사용하여 휨성능을 높인 보

④ 프리플렉스 보(Preflex beam) : 하부 플랜지에 콘크리트를 타설하여 프리스트레스를 도입하는 것

3. 바닥판

(1) 합성보(Composite beam)

① 콘크리트 슬래브와 철골보를 전단연결재로 연결하여 외력에 대한 구조체의 거동을 일체화시킨 구조

② 데크 플레이트(골함석 모양의 큰 홈을 가진 철판 바닥판)를 깔고 콘크리트 타설하거나, PC판, ALC판 등을 철골보 위에 설치한다.

③ 데크 플레이트 사용시 거푸집이 필요없을 뿐만 아니라 공사를 신속 용이하게 할 수 있고 바닥수평면 강성을 높일 수 있다.

④ 데크 플레이트를 시공한 슬래브는 균열이 발생하기 쉬우므로 균열억제 대책을 시행한다.

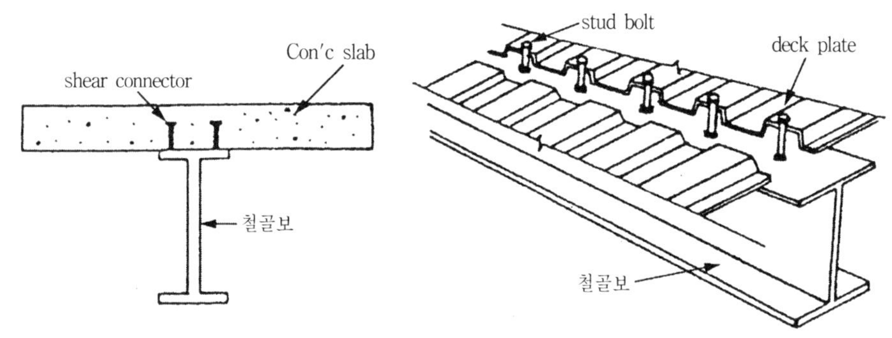

그림 4.20 합성보

(2) 전단 연결재(Shear connector)

① 콘크리트 슬래브와 철골보의 플랜지를 일체화하는데 사용되는 철제 보강물

② 콘크리트의 수평 전단력을 철골보에 전달하고 처질 때 콘크리트와 철골보의 격리됨을 방지할 목적으로 사용한다.

③ 종류 : 스터드 볼트(Stud bolt)형, 하트형, 이형철근 구부리기 등

(3) 데크 플레이트(Deck plate)

① 거푸집 데크 플레이트

- 거푸집재의 용도로만 사용
- 모든 하중은 콘크리트가 전담한다.

② 합성 데크 플레이트

- 데크 프레이트와 콘크리트가 적절히 결합하여 일체로 되어 구조체 형성
- 데크 프레이트는 인장력, 콘크리트는 압축력을 부담하는 구조
- 국내 생산제품 : 에이스 데크, 파워 데크, 하이 데크 등

③ 철근배근 거푸집(철근 트러스형) 데크 플레이트

- 철근배근과 거푸집용 데크 플레이트를 공장에서 일체화시킨 제품
- 국내 생산제품 : 페로 데크, 슈퍼 데크, 하우징 데크 등

④ 셀룰러(Cellular) 데크 플레이트 : 배관, 배선 시스템을 포함시킨 제품

⑤ 데크플레이트 합성보의 구조제한

- 데크플레이트 리브의 춤은 7.5cm 이하로 한다.
- 데크플레이트의 리브 또는 헌치의 평균폭은 5cm 이상으로 한다.
- 전단 연결재의 지름은 22mm 이하로 한다.
- 스터드의 길이는 데크플레이트 리브의 춤에 3cm를 더한 것 이상으로 한다.
- 데크플레이트 위의 콘크리트 슬래브 두께는 5cm 이상으로 한다.

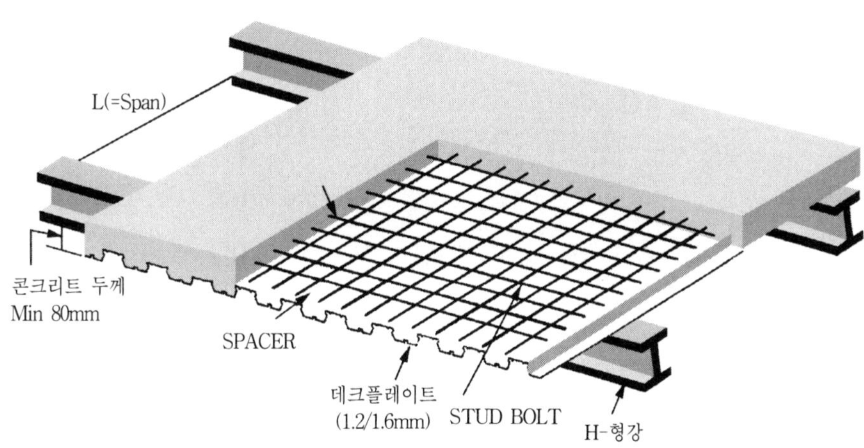

그림 4.21 합성 데크 플레이트

4. 기둥과 보의 이음

(1) 기둥의 이음

① 이음 위치는 바닥에서 1m 높이에서 하는 것이 휨응력도 적고 작업하기도 쉽다.

② 이음 방법은 고력볼트를 사용하는 경우가 가장 많으며 간혹 용접도 한다.

③ 상하 기둥이 같을 경우 기둥 마구리는 기계가공을 하여 완전 밀착되어 힘을 전달할 수 있게 한다.

④ 상하 기둥이 다른 경우 끼움판(Filler plate)을 설치하지만 크기의 차가 심할 때는 내력판(Bearing plate)을 마구리에 깔고 웨브에도 앵글을 붙인다.

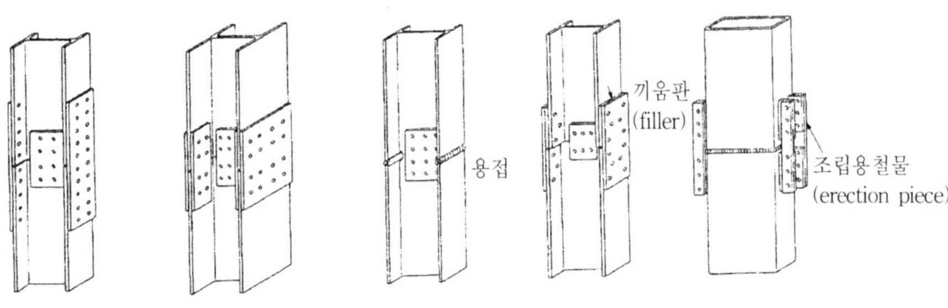

그림 4.22 기둥의 이음

⑤ 이음판은 플랜지, 웨브 모두 양면에 설치하고 면적분포는 기둥 단면과 가능한 일치시킨다.

⑥ 기둥 접합부에 인장응력이 생기지 않고 단면을 서로 밀착(Metal touch)시키는 경우에는 압축력과 휨모멘트의 1/4(25%)이 접착면에서 직접 전달하는 것으로 본다. 즉, 이음부의 설계응력을 저감시킬 수 있다.

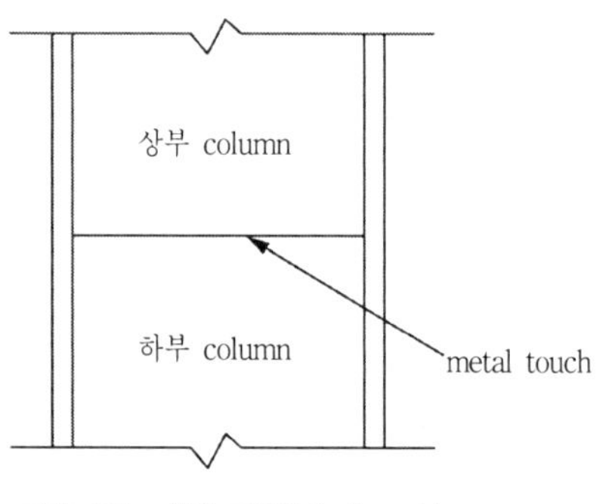

그림 4.23 메탈 터치(Metal touch)

(2) 보의 이음

① 경간이 큰 보는 이음을 하지 않을 수 없지만 이음 위치는 되도록 응력이 작은 곳을 선택한다.

② H형강 보의 연결은 덧판을 붙여서 고력볼트로 잇는 경우가 많다.

③ 덧판과 모재 사이는 1mm 이상의 간격이 생기지 않도록 밀착시키며, 두 모재는 조립을 용이하게 하기 위하여 5~10mm의 간격을 둔다.

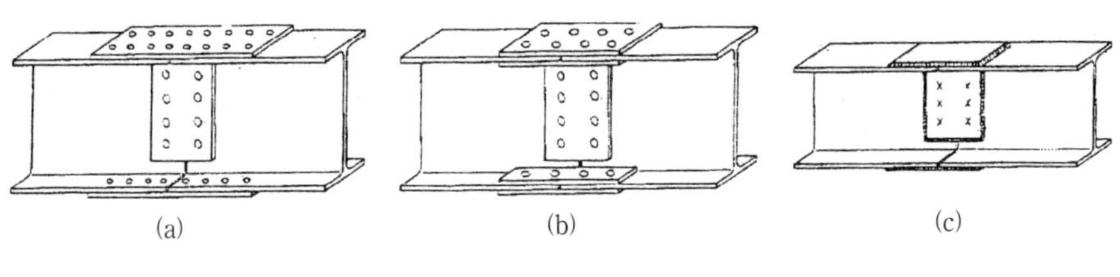

그림 4.24 보의 이음

④ 큰 보와 작은 보의 접합

- 단순 지지의 경우가 많으므로 이때의 접합부는 플랜지는 연결하지 않고 클립앵글 등을 사용하여 웨브만 접합한다.
- 작은 보가 연속보일 때는 큰 보의 위 플랜지와 웨브에 판을 미리 용접한 후 작은 보의 웨브 끝을 그 판에 맞추어 덧판을 대고 고력볼트로 접합한다.

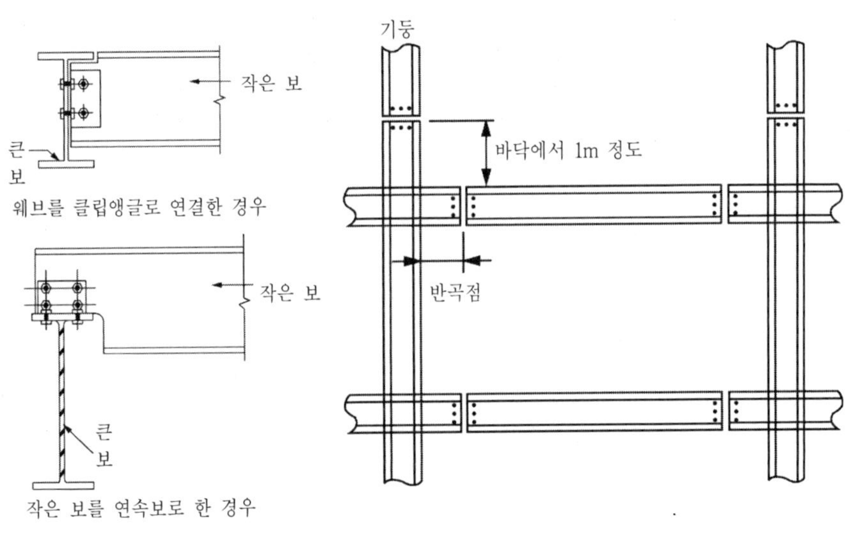

그림 4.25 큰 보와 작은 보의 접합

그림 4.26 기둥과 보의 이음 위치

5. 기둥과 보의 접합

(1) 브래킷(Bracket) 접합

① 변곡점 근처의 휨모멘트가 적은 곳에서 좌우 두 곳을 고력볼트로 현장접합하고, 기둥에 보가 접합된 브래킷 부분은 공장 용접한다.

② 플랜지와 기둥은 맞댄 용접, 웨브는 모살 용접으로 한다.

(2) 현장 용접 접합

보가 접합되는 기둥의 웨브 부분(패널 존, Panel zone)은 전단력이 크게 작용하는 부분이므로 수평 스티프너와 보강판으로 용접하여 보강한다.

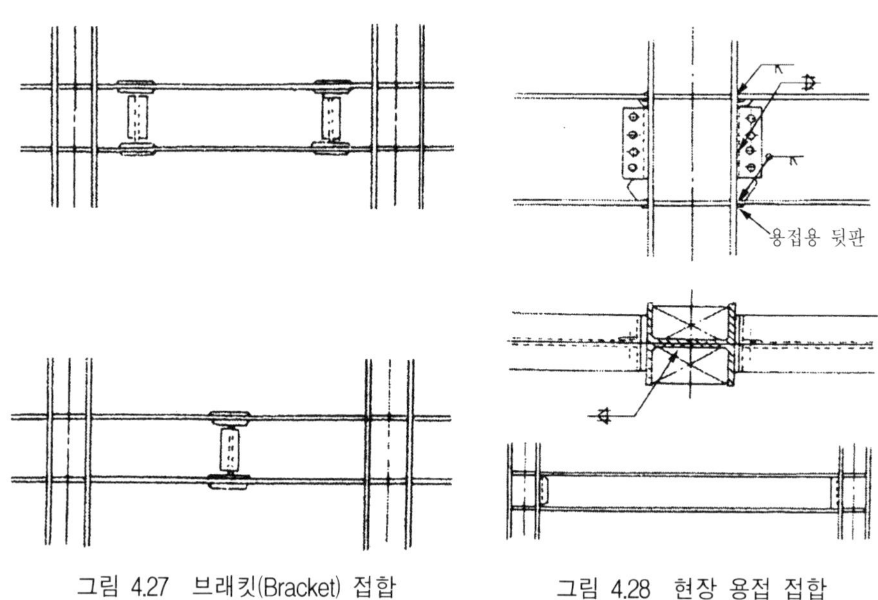

그림 4.27 브래킷(Bracket) 접합

그림 4.28 현장 용접 접합

(3) 현장 볼트 접합

보의 플랜지는 T형강(스플릿 T, Split tee)이나 스티프너로 보강한 ㄱ형강(톱 앵글, Top angle)을 사용하여 기둥에 고력볼트로 연결하고, 보의 웨브는 단순접합과 같이 강판 또는 T형강을 대어 고력볼트로 접합하는 것

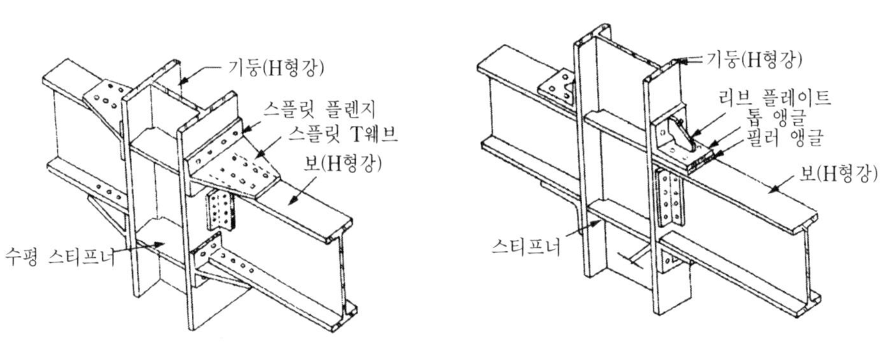

그림 4.29 현장 볼트 접합

(4) 접합부 형식

① 단순접합(핀접합 · 전단접합)

- 보의 회전에 대한 저항력을 가지지 않는 것
- 기둥에는 전단력만 전달하고 휨모멘트를 전달하지 못한다.

② 강접합(모멘트 접합)

- 접합부에서 회전이 생기지 않도록 한 것
- 휨모멘트 저항능력이 있어 보의 모멘트를 기둥에 또는 기둥의 모멘트를 보에 분배시키는 일을 한다.
- 수평하중이 작용하는 경우 기둥의 휨모멘트를 보가 일부 부담하므로 고층골조에 유리하다.
- 수직하중에 의한 보부재의 휨모멘트를 기둥이 일부 부담하므로 보의 단면을 줄일 수 있다.

③ 반강접 : 강접합과 단순접합의 중간형태

6. 주각(Column base)

(1) 기둥의 축방향력, 전단력, 휨모멘트를 기초에 안전하게 전달할 수 있도록 설계한다.

(2) 기둥의 압축력을 기초에 전달하도록 베이스 플레이트를 기둥 밑에 댄다.

(3) 기둥의 휨모멘트에 의한 인장력은 앵커볼트를 사용하여 기초콘크리트에 전달시킨다.

(4) 베이스 플레이트는 휨응력에 저항할 수 있는 두께로 하며, 베이스 플레이트의 휨응력이 클 때에는 윙 플레이트, 사이드 앵글, 리브 등을 대어 보강한다.

(5) 주각은 일반적으로 고정 또는 핀(Pin) 지지로 가정하여 응력을 산정한다.

① 고정으로 가정할 때 윙 플레이트에 리브를 사용하며 베이스 플레이트의 변형을 저지함과 동시에 기둥재와의 접합을 완전하게 하거나 철근콘크리트로 피복하여 기초와 일체가 되도록 한다.

② 핀으로 가정할 때 주각에 인장력이 작용하면 주각의 전단력을 앵커볼트에 부담시키고 인장력과 전단력의 응력 조합을 고려해야 한다.

(6) 주각의 구성부재

① 베이스 플레이트(Base plate) : 기둥 하부에 붙여서 기둥을 기초에 고정시키는 것

② 앵커 볼트(Anchor bolt)

- 기초 콘크리트에 매입되어 주각부의 이동을 방지하는 역할을 하는 것
- 기둥의 휨모멘트에 의한 인장력을 기초 콘크리트에 전달시키는 것
- 그 길이의 대부분을 기초 속에 묻어 넣고 일부분을 기초면 위로 나오게 하여 그것에 상부 구조체를 꽂아 너트로 얽어맨다.

③ 사이드 앵글(Side angle) : 윙 플레이트와 베이스 플레이트를 접합하여 기둥의 응력을 베이스 플레이트 또는 앵커 볼트에 전달하는 ㄱ형강

④ 클립 앵글(Clip angle) : 철골 접합부를 보강하거나 또는 접합을 목적으로 사용하는 ㄱ형강

⑤ 윙 플레이트(Wing plate) : 주각부를 보강하여 응력의 분산을 도모하기 위해 설치하는 강판

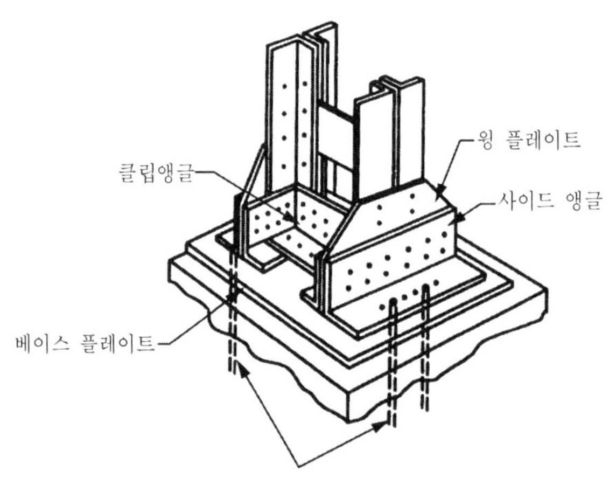

그림 4.30 주각의 구성 부재

7. 트러스(Truss)

(1) 비교적 가늘고 긴 부재를 연결하여 핀(Pin)절점 형태가 되도록 배열한 구조물

(2) 트러스 부재는 축방향력만 지지하므로 휨을 받는 보에 비하여 경간이 넓은 큰 공장, 체육관 등에 사용하면 경제적이다.

(3) 연직하중이 작용하면 상현재는 압축재, 하현재는 인장재로 되며, 복재는 배치방법에 따라 압축재 또는 인장재가 된다.

(4) 압축재는 짧게, 인장재는 길게 설계한다.

(5) 트러스의 절점에는 트러스의 기준선과 중심을 일치하게 하여 부재의 중심선이

한 곳에서 만나게 한다.

(6) 중도리(Purlin)는 하중을 휨작용에 의하여 트러스 상현재에 전달하는 일종의 보 부재이다.

(7) ㄱ형강(Angle), 강관(Pipe), ㄷ형강(Channel) 등이 단일재 또는 조립재로 쓰이며, 경량형강으로는 Lip channel(C형강)이 많이 쓰인다.

(8) 가셋 플레이트(Gusset plate)

① 보통 6~12mm 두께의 강판을 사용하며, 응력이 전달되는 범위가 가셋 플레이트 내부에 오도록 설계한다.

② 크기는 볼트의 개수에 의한 간격 및 연단거리에 따라 정해진다.

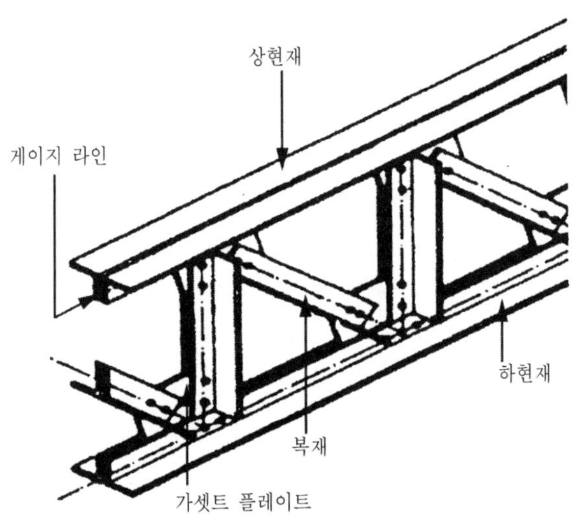

그림 4.31 트러스(Truss)

8. 내화 피복

(1) 내화 피복은 화재에 의해 보나 기둥의 강재 온도가 상승하고, 탄성계수나 항복점 강도가 저하하여 건축물이 붕괴되지 않도록 강재의 주위를 내화재료로 피복 보호하는 것이다.

(2) 건물의 하부에서 상부로 향해 3시간, 2시간, 1시간 등 내화성능이 요구되며 층수 및 구조부위에 따른 내화시간이 정해져 있다.

(3) 습식 공법

① 타설공법

• 강재 주위에 거푸집을 설치하고 경량콘크리트나 기포모르타르 등을 타설하는 것
• 임의의 치수나 형상이 가능하고 강재와 내화피복재의 일체화로 신뢰성이 높다.
• 내화피복 두께의 확보 및 균열 발생에 주의를 요한다.

② 뿜칠 공법

• 강재 표면에 접착제를 도포한 후 석면, 질석, 암면 등의 내화재를 뿜칠하는 것
• 가격이 싸고, 복잡하거나 부정형한 형태에 적용할 수 있다.
• 피복두께 및 밀도의 관리가 어려우며, 뿜칠재의 비산은 공해의 원인이 된다.

③ 미장 공법

• 철골에 메탈라스나 용접철망 등을 부착하여 단열성의 몰탈이나 플라스터를 바르는 것
• 비교적 신뢰성이 높지만 작업시간이 길고 넓은 면적의 시공이 곤란하다.

④ 조적 공법

• 콘크리트 블록, 벽돌, 석재 등으로 조적하는 것
• 충격에 비교적 강하고 박리의 우려가 없지만 시공 기간이 길다.

(4) 건식 공법(성형판 붙임공법)

• PC판, ALC판, 규산 칼슘판, 석면 성형판 등 내화 단열성능이 우수한 성형판을 붙이는 것
• 작업능률이 좋고 품질관리도 용이하나, 재료의 파손이나 손실이 크다.

(5) 합성 공법

① 이종재료 적층공법 : 바탕에 규산 칼슘판을 부착하고 상부에 질석 플라스터로 마무리하는 것

② 이질재료 접합공법 : 공업화 제품을 사용하여 내부 마감제품과 이질재료를 접합하는 것

(6) 복합공법

① 하나의 복합제품으로 2개의 기능을 충족시키는 것으로, 마감재(커튼월과 천장공사)와 내화피복 기능을 모두 충족할 수 있다.

② 외벽 ALC 패널 : 외벽 마감과 내화피복 성능

③ 천장 멤브레인 공법 : 흡음성과 내화피복 성능

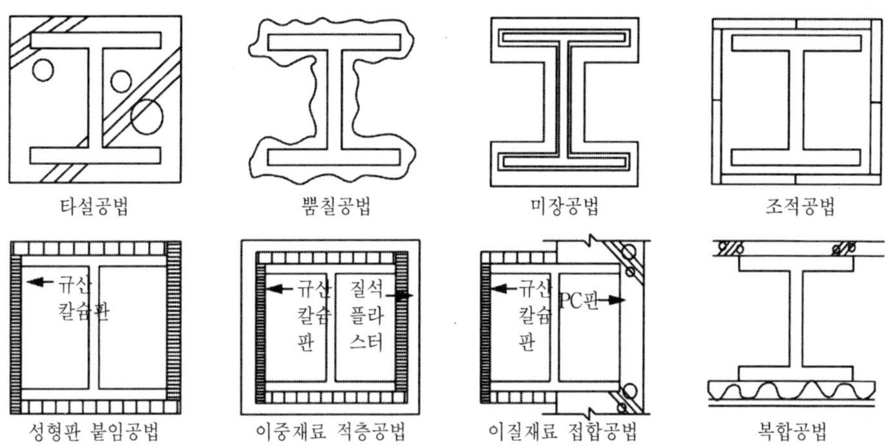

그림 4.32 내화 피복

9. 기타 및 용어 설명

(1) 철골 가새(Brace)

① 기둥과 기둥 사이 또는 트러스의 절점과 절점 사이를 대각선 방향으로 설치하여 풍하중과 같은 수평력에 저항하여 구조체의 변형을 방지하는 부재

② 가새의 길이가 길면 압축력에 대하여 효과적으로 저항하지 못하므로 인장가새를 위주로 설계한다.

③ 고층건물의 하층부 등 수평 전단력이 큰 곳에서는 T형강이나 H형강 등이, 트러스 구 조에서는 ㄱ형강과 ㄷ형강 등이 사용된다.

④ 트러스의 하현재면(평보면)에는 수평가새, 벽면 또는 지붕트러스의 수직 복부재면에는 수직가새를 설치한다.

(2) 콘크리트 충전 강관(CFT, Concrete Filled Tube)

① 원형 또는 각형강관 내부에 고강도의 콘크리트를 충전함으로써 강관이 콘크리트를 구속하는 특성에 의해 강성, 내력, 변형, 내화, 시공 등의 여러면에서 뛰어난 특성을 발휘하는 공법

② 세장비가 크고 단면적이 작은 기둥의 시공이 가능하다.

③ 연성과 에너지흡수능력이 뛰어나 초고층 구조물의 내진성에 유리하다.

④ 콘크리트 충전이 밀실하게 되어야 하며 이를 위해 유동성과 재료분리 저항성이 좋아야 한다.

(3) 경량 형강

① 판두께가 보통 4mm 이하로 얇다.

② 단면적에 비하여 단면효율이 우수하다.

③ 휨강도와 좌굴강도가 크다.

④ 보통 철골조에 비하여 내화적이지 못하다.

⑤ 국부적 변형과 비틀림이 생기기 쉽다.

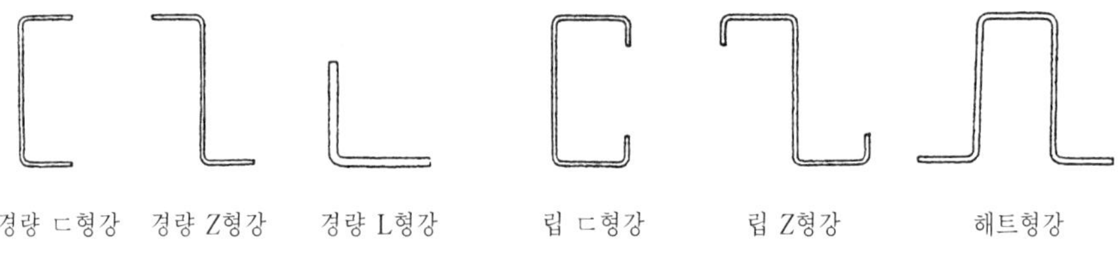

그림 4.33 경량 형강

제5장 조적구조

제5장 조적구조

5.1 벽돌 구조

1. 일반사항

벽돌구조는 건물의 벽체, 기초 등을 벽돌과 모르타르로 쌓아 만든 것으로서 블록구조, 돌구조 등과 같이 조적 구조(組積 構造)의 기본이 된다.

(1) 벽돌구조의 특징

① 색감, 질감, 조화성, 반복적인 패턴에 의해 의장적 효과가 뛰어나고 공간의 연출성을 기할 수 있다.

② 구조, 시공법이 간단하다.

③ 풍압력, 지진력, 기타 수평력에 매우 약하다.

④ 층수가 증가하게 되면 벽두께가 두꺼워져 실내 유효면적이 감소하여 고층 건축물에는 적합하지 않다.

2. 벽돌(Brick)

(1) 벽돌의 치수와 품질

① 치수(mm) : 길이×두께×높이=190×90×57

② 벽돌은 압축강도가 크고 흡수율이 적으며, 모양이 바르고 갈라지는 등의 결함이 없어야 한다.

③ 압축강도와 흡수율[KS F 4004]

등 급	압 축 강 도	흡 수 율	
C종 1급	$16N/mm^2$ 이상	7% 이하(24시간 수중침지법)	내력용
C종 2급	$8N/mm^2$ 이상	10% 이하(24시간 수중침지법)	비내력용

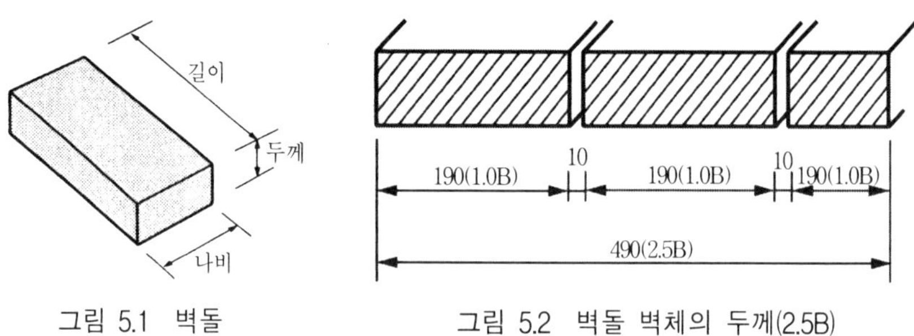

그림 5.1 벽돌　　그림 5.2 벽돌 벽체의 두께(2.5B)

(2) 벽돌의 종류

① 진흙을 빚어 구운 붉은벽돌과 시멘트와 모래를 혼합하여 만든 시멘트 벽돌이 있다.

② 유공 벽돌(경량벽돌), 이형 벽돌(특수용도), 내화 벽돌 등

(3) 벽돌 마름질

온장 벽돌을 깨뜨려서 토막 벽돌로 만드는 것

3. 모르타르 및 줄눈

(1) 모르타르(Mortar)

① 배합비(시멘트 : 모래)－일반 쌓기용 1 : 3, 아치 쌓기용 1 : 2, 치장 줄눈용 1 : 1

② 조적조의 벽체 강도는 벽돌 강도와 모르타르 강도 중 낮은 쪽의 강도로 한다.

③ 모서리(마구리면)에 모르타르 충전이 부실하면 균열 및 소음 전달의 원인이 된다.

(2) 줄눈(Joint)

① 벽돌과 벽돌 사이의 모르타르 부분으로, 줄눈 나비는 10mm가 표준이다.

② 막힌줄눈과 통줄눈

- 막힌줄눈 : 세로줄눈의 상하가 막힌 줄눈, 상부 응력을 하부에 고르게 분포
- 통줄눈 : 세로줄눈의 상하가 통한 줄눈, 상부응력을 하부에 일부분에만 전달
  → 응력을 골고루 분산시켜 벽의 응력을 극대화하기 위하여 통줄눈을 피한다.

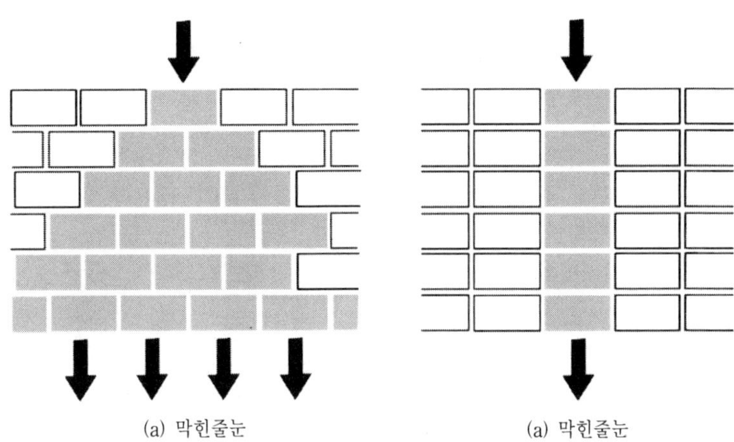

그림 5.3 막힌줄눈과 통줄눈

③ 치장줄눈 : 벽돌 쌓기가 끝난 후 벽면에서 10mm 정도 모르타르를 파내고 다시 1 : 1 모르타르를 눌러 발라 치장하는 것

- 평줄눈 : 가장 많이 사용
- 빗줄눈 : 구조상 및 방습상 가장 유리
- 엇빗줄눈 : 줄눈홈을 통한 빗물 침투 우려
- 둥근줄눈 : 시공상의 문제 및 빗물에의 노출

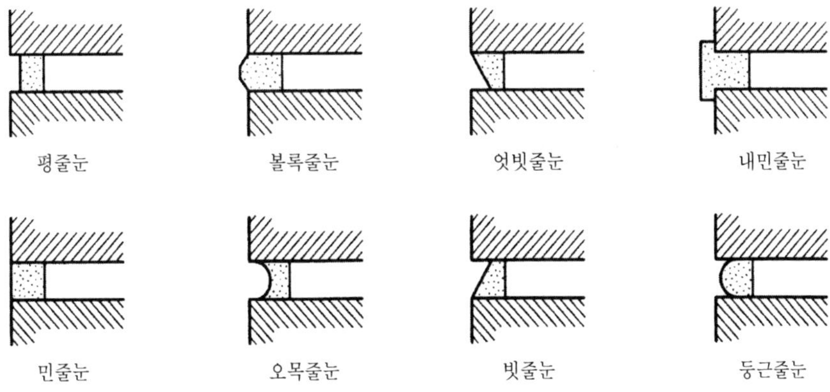

그림 5.4 치장줄눈

4. 벽돌쌓기 방법

(1) 기본 쌓기

① 길이 쌓기 : 벽면에 벽돌의 길이가 보이도록 쌓는 것으로, 0.5B 두께의 벽이 된다.

② 마구리 쌓기 : 벽면에 마구리가 보이게 쌓는 것으로, 1.0B 이상 두께의 쌓기에 쓰인다.

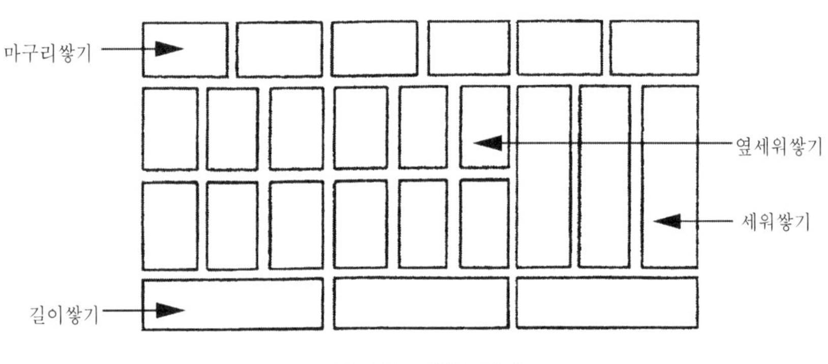

그림 5.5 기본 쌓기

(2) 내력벽 쌓기

① 영식 쌓기(English bond)

- 한 켜는 길이쌓기, 한 켜는 마구리 쌓기만으로 된 것
- 모서리벽 끝에는 반절이나 이오토막을 써서 통줄눈이 생기는 곳이 없게 된다.
- 구조적으로 가장 튼튼한 쌓기 방법

② 화란식 쌓기(Dutch bond)

- 한 켜는 길이쌓기, 한 켜는 마구리 쌓기만으로 된 것
- 모서리 벽돌은 칠오토막을 사용
- 작업하기가 쉬어 많이 쓰인다.

③ 불식 쌓기(French bond)

- 같은 켜에 길이쌓기와 마구리 쌓기를 교대로 사용한 것
- 외관이 좋아 강도를 필요로 하지 않는 벽에 사용한다.

④ 미식 쌓기(American bond)

- 뒷면은 영식쌓기, 앞면은 치장벽돌을 사용하여 앞면 5켜까지는 길이쌓기로

하고 그 위 한켜는 마구리 쌓기로 하여 뒷 벽돌에 물려서 쌓는 것

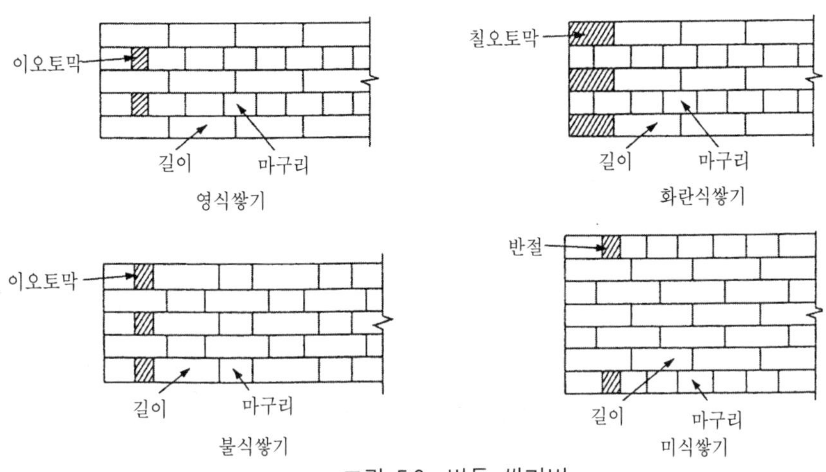

그림 5.6 벽돌 쌓기법

(3) 세워 쌓기

① 옆세워쌓기 : 마구리를 내보이게 수직으로 세워 쌓는 것

② 길이세워쌓기 : 길이가 내보이게 수직으로 세워 쌓는 것

(4) 들여쌓기 및 떼어쌓기

① 들여쌓기 : 한 벽면을 먼저 쌓고 직교되는 벽을 나중에 쌓을 때에는 벽돌 물림자리를 한 켜 걸름으로 1/4B를 들여쌓는다.

② 떼어쌓기 : 연속되는 벽면의 일부를 동시에 쌓지 못할 경우에는 층단떼어쌓기로 한다.

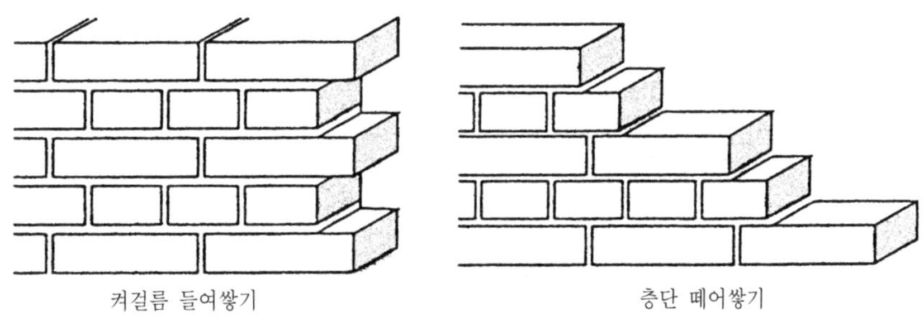

그림 5.7 들여쌓기 및 떼어쌓기

(5) 장식 쌓기

① 영롱쌓기 : 벽돌벽에 여러 모양으로 구멍을 내어 장식적으로 쌓는 방법

② 엇모쌓기 : 45°로 벽돌 모서리가 면에 나오도록 쌓아 벽면에 변화를 주고 음영 효과를 내는 방법

③ 무늬쌓기 : 벽면으로부터 벽돌을 내밀거나 들어가게 하여 벽면에 음영이 생기도록 쌓는 방법

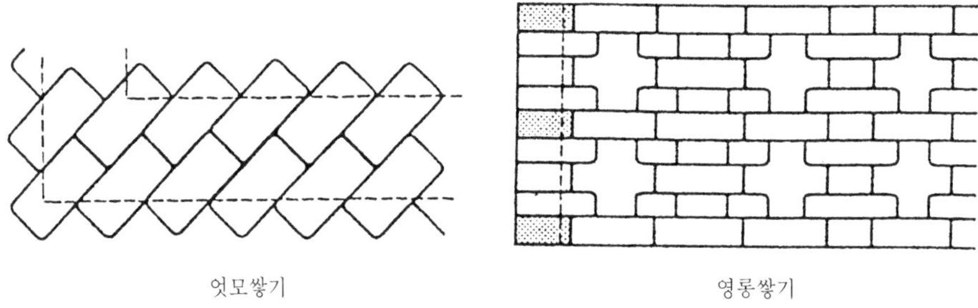

그림 5.8 장식 쌓기

5. 부위별 벽돌쌓기

(1) 내쌓기(Corbel)

① 내미는 길이 : 한 켜일 때 1/8B, 두 켜일 때 1/4B

② 내미는 최대 한도 : 2.0B

③ 벽면에서 부분적으로 길게 돌림띠를 만들 때와 벽체 윗 부분의 머리를 만들어 줄 때 및 박공벽을 내쌓아 처마 부분을 보이지 않게 할 때 사용한다.

④ 마구리 쌓기로 하는 것이 강도·시공상 좋다.

(2) 공간 쌓기

① 벽돌벽의 단열 및 방습 등을 목적으로 벽돌벽 중간에 공간을 두고 쌓는 것

② 공간에는 스티로폴과 같은 단열재를 넣는다.

③ 공간의 간격은 단열재 두께+10mm 정도로 한다.

④ 바깥벽을 주벽체로 하고 규정된 두께로 시공한다.

⑤ 안벽은 0.5B 벽돌쌓기로 하고 바깥벽과 연결한다.

⑥ 연결재의 간격은 수직거리 400mm 이하, 수평거리 900mm 이하로 한다.

⑦ 공간쌓기용 연결철물
- 철선(#8, 지름 4.2mm)을 구부린 것
- 철선(#8)을 용접하여 井구자형으로 용접철망한 것
- 철선(지름 6~9mm)을 꺾쇠형으로 구부린 것
- 두께 2mm, 나비 12mm 이상의 띠쇠

(3) 창대 쌓기

① 창대벽돌의 앞 끝의 밑은 벽돌 벽면에서 30~50mm(1/8~1/4B) 내밀어 쌓는다.

② 창대벽돌의 위 끝은 창대 밑에 15mm 정도 들어가 물리게 한다.

③ 창대 벽돌은 윗면을 15° 정도의 경사로 옆세워 쌓는다.

④ 창대벽돌의 좌우 끝은 옆벽에 2장 정도 물린다.

⑤ 창틀과 창대의 접합부는 우수가 스며드는 경우가 많으므로 사춤몰탈 또는 실(seal)재를 충분히 시공한다.

⑥ 방수 수밀성 확보가 중요하다.

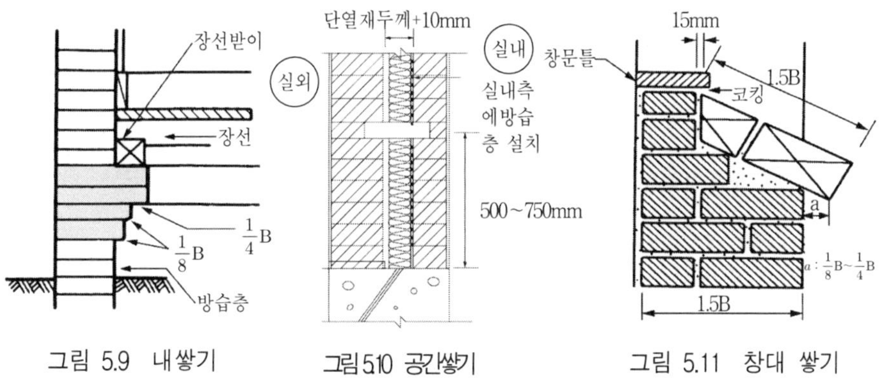

그림 5.9 내쌓기 그림 5.10 공간쌓기 그림 5.11 창대 쌓기

(4) 아치(Arch) 쌓기

① 상부에서 오는 수직압력이 아치 축선을 따라 직압력만으로 전달하게 한 것으로, 부재하부에 인장력이 생기지 않게 한 구조

② 창문의 나비가 1m 정도일 때는 수평으로 아치를 틀은 평아치로 할 수 있으며, 문꼴 나비가 2.0m 이상으로 집중하중이 올 때에는 인방보 등을 써서 보강해야 한다.

③ 환기구멍 등의 작은 문꼴이라도 아치를 트는 것을 원칙으로 한다.

④ 줄눈의 방향은 1개의 중심에 모이도록 한다.

⑤ 아치의 종류
- 본 아치 : 특별히 주문 제작한 벽돌을 사용하는 것
- 막만든 아치 : 보통 벽돌을 다듬어 사용하는 것
- 거친 아치 : 줄눈을 쐐기 모양으로 한 것
- 층두리 아치 : 나비가 넓을 때 반장별로 층지어 겹쳐 쌓는 것

⑥ 아치의 형태 : 평 아치, 반원 아치, 결원 아치, 말굽 아치, 상심 아치, 드롭 아치, 랜셋 아치, 뾰족 아치, 파총 아치, 코벨 아치 등

6. 벽체의 규정

(1) 벽체의 형식

① 내력벽(耐力壁) : 상부에서 오는 하중을 하부로 전달하는 벽

② 비내력벽 : 상부 하중은 받지 않고 자체 하중만 지지하는 벽

③ 대린벽(對隣壁) : 교차하는 내력벽 또는 붙임 기둥, 부축벽

④ 벽의 길이 : 교차하는 벽 또는 붙임 기둥, 부축벽의 중심간 거리

(2) 내력벽의 높이

2, 3층 건물에서 최상층의 내력벽 높이는 4m 이하로 한다.

(3) 내력벽의 길이

① 10m 이하로 하며, 10m 이상일 때에는 중간에 부축벽을 만들어 보강하거나 벽 두께를 증가한다.

② 내력벽으로 둘러싸인 부분의 바닥면적은 $80m^2$을 초과할 수 없다.

(4) 내력벽의 두께

① 바로 위층 벽두께 이상으로 하며, 마감재의 두께를 포함하지 않는다.

② 다음 값 중 큰 값으로 한다.
- 건축물의 층수, 높이 및 벽 길이에 의한 값[H : 건물높이, L : 벽길이]

구분 \ H / L	5m 미만		5m이상 11m미만		11m 이상	
	8m 미만	8m 이상	8m 미만	8m 이상	8m 미만	8m 이상
1층	150mm	190mm	190mm	290mm	290mm	390mm
2층			190mm	190mm	190mm	290mm
3층			190mm	190mm	190mm	190mm

• 구조에 의한 값[H : 벽높이]
벽돌벽 : H/20 이상, 블록벽 : H/16 이상, 돌과 다른 조적재 병용 : H/15 이상

(5) 간막이벽의 두께

90mm 이상

(6) 개구부

① 개구부 폭의 합계 : 벽길이의 1/2 이하[$w_1+w_2+w_3 \leq l/2$]

② 개구부 상호간의 수직거리 : 600mm 이상[S≧600mm]

③ 개구부 상호 또는 개구부와 대린벽 중심과의 수평거리 : 벽두께의 2배 이상[b ≧2t]

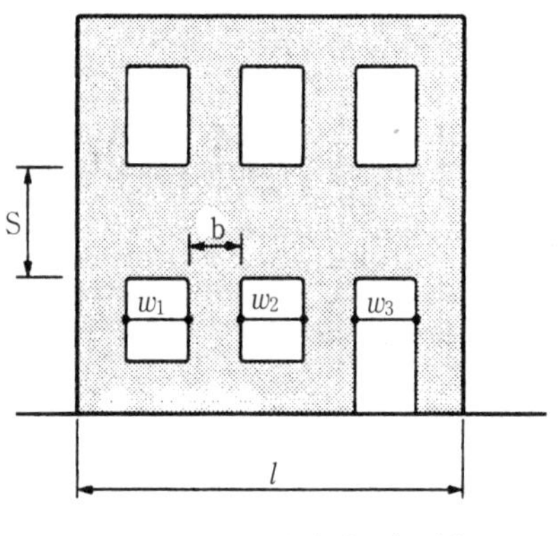

그림 5.12 벽체의 개구부

(7) 벽체 홈파기

① 목적 : 배관 및 배선, 의장적 측면의 효과

② 깊이 : 벽두께의 1/3 이하

(8) 인방보(Lintel)

① 개구부의 상부 구조를 지지, 상부에서 오는 하중을 좌우벽으로 전달시키기 위

하여 대는 보

② 좌우 지지벽에 200mm 이상(보통 400mm) 물린다.

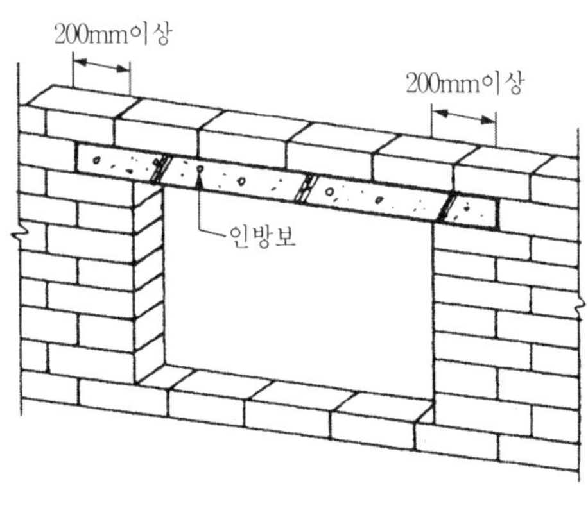

그림 5.13 인방보

7. 벽돌벽의 균열, 백화

(1) 벽돌벽의 균열 원인

① 계획 설계상의 미비

- 기초의 부동 침하
- 건물 평면과 입면의 불균형 및 벽의 불합리 배치
- 불균형 또는 큰 집중 하중, 횡력 및 충격
- 벽의 길이, 높이, 두께에 대한 벽체 강도의 부족
- 개구부 크기의 불균형, 불합리 배치

② 시공상의 결함

- 벽돌 및 모르타르의 강도 부족과 재료의 신축성
- 벽돌벽의 부분적 시공 결함
- 이질재와의 접합부
- 콘크리트 보 밑(장막벽의 상부) 모르타르 다져넣기 부족
- 모르타르 바름의 들뜨기

(2) 벽돌벽의 균열방지 대책

① 연약층, 비탈면 등의 조사를 면밀히 하고 부동침하에 대한 고려를 한다.

② 건물의 중량을 줄인다.

③ ㄱ자, ㄷ자형의 복잡한 평면구성을 피한다.

④ 하중의 집중을 피하고 건물의 중량 배분을 균일하게 한다.

⑤ 기초는 동일 형식, 동일 구조로 하고 강성을 높인다.

⑥ 문꼴을 넓게 하거나 불균형 배치를 피하고, 상하층의 창문위치 나비를 일치시킨다.

⑦ 이질재와의 접합부, 벽의 상부 등은 신축줄눈, 조절줄눈을 설치한다.

(3) 벽체에 빗물이 스며드는 원인

① 줄눈의 균열 및 틈

② 사춤몰탈의 불충분

③ 치장줄눈의 불완전한 처리

④ 조적법의 불완전

⑤ 물흘림, 물끊기 등의 설계불량

⑥ 이질재와의 접촉부

⑦ 벽돌을 쌓을 때 내어둔 비계장선 구멍의 메우기 불충분

(4) 백화(白花) 현상

① 벽돌벽의 표면에 하얀 가루가 돋아나는 현상

② 벽 표면에서 침투하는 빗물에 의해 몰탈 내의 석회분이 유출되어 공기 중의 탄산가스와 결합하여 백색의 미세한 물질이 생기는 것

$$Ca(OH)_2 + CO_2 \rightarrow CaCO_3 + H_2O$$

③ 방지 대책

- 흡수율이 적은 소성이 잘된 벽돌을 사용한다.
- 줄눈 몰탈에 방수제를 혼합하고 밀실하게 사춤시킨다.
- 파라핀 도료나 실리콘 뿜칠 등의 방수를 한다.
- 차양, 루버, 돌림띠 등으로 벽면에 빗물이 닿지 않게 비막이를 설치한다.
- 물시멘트비를 감소시키고 조립율이 큰 모래를 사용한다.
- 분말도가 큰 시멘트를 사용하는 것이 수밀성이 커져서 효과가 있다.
- 풍화되지 않은 시멘트를 사용한다.

5.2 블록 구조

1. 일반사항

(1) 블록구조의 특징

① 시공이 간편하여 공기단축이 가능하다.

② 공사비가 덜 들고 짧은 시간에 건조가 가능하다.

③ 풍하중이나 지진하중 등의 수평력에 대하여 취약하다.

④ 담장, 간단한 구조물에 사용되며, 라멘 구조체의 비내력벽인 간막이벽과 장막벽으로 사용된다.

(2) 블록구조의 종류

① 조적식 블록
- 단순히 모르타르로 접착하여 쌓는 구조
- 2층 정도를 한도로 큰 건물에는 부적당하다.

② 블록 장막벽 : 철근콘크리트조 등의 라멘 구조체 내에 블록을 쌓는 구조

③ 보강 블록조
- 블록의 빈 공간을 철근과 콘크리트를 부어 넣어 보강한 내력벽
- 3층은 물론 4~5층 정도의 건물에도 가능하다.
- 철근의 배근 및 조립이 용이하고, 벽체의 상하를 일체성으로 축조하기 위해 통줄눈으로 한다.

④ 거푸집 블록조 : ㄱ,ㅁ,ㄷ,T 자형 등의 속이 없는 블록을 거푸집으로 사용한 것

(3) 블록(Block)

① 치수(mm) : 길이×높이×두께=390×190×(210 · 190 · 150 · 100)

② 압축강도 : 8N/mm^2 이상, 흡수율 : 10% 이하(24시간 수중침지법)

③ 종류 : 기본 블록, 반블록, 가로근용 블록, 마구리형 블록, 인방 블록, 창대 블록 등

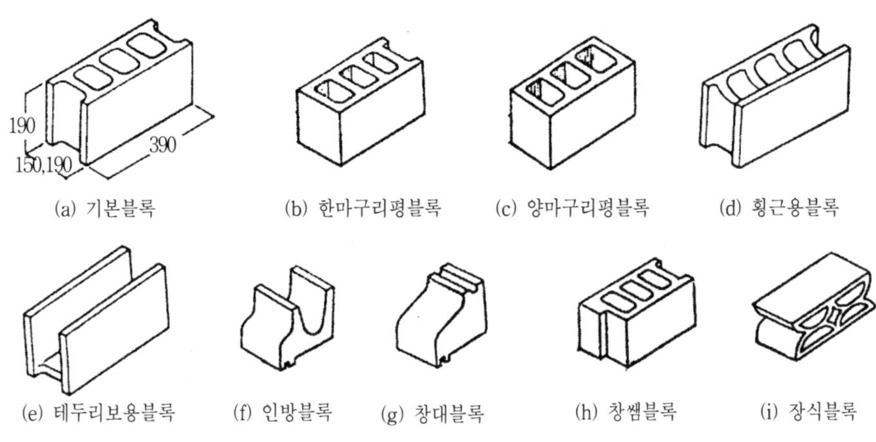

그림 5.14 블록의 종류

2. 보강 블록 구조

(1) 벽체의 두께

① 내력벽 : 150mm 이상, 지지점 거리의 1/50 이상, 벽높이의 1/16 이상

② 간막이벽 : 90mm 이상

(2) 벽량(壁量)

① 내력벽의 길이(55cm 이상되는 벽)의 합계를 그 층의 바닥면적으로 나눈 값

② 큰 건물일수록 벽량을 증가시켜 횡력에 저항하는 힘을 크게 한다.

③ 벽량의 기준 : 각 방향의 150mm/m^2 이상

(3) 보강블록의 철근배근

① 보강 철근 : D10 이상(내력벽 끝부분 · 벽 모서리 · 개구부 주위는 D13 이상)

② 원칙적으로 기초 및 테두리보에서 위층의 테두리보까지 잇지 않고 배근하며, 그 정착길이는 철근지름의 40배 이상으로 한다.

③ 최상단이 200mm 이하일 경우 이형블록을 사용한다.

④ 블록보강용 철망은 외벽 2단, 내벽 3단마다 설치한다.

(4) 본드 빔(Bond beam)

① 보강블록조에서 가로근을 배근한 중간층으로, 테두리보의 역할을 겸한다.

② 벽높이가 6m 이상인 경우 설치한다.

3. 테두리보와 기초보

(1) 테두리보(Wall girder)

① 보의 나비 : 그 밑의 내력벽 두께보다 커야 한다.

② 보의 춤 : 내력벽 두께의 1.5배 이상 또는 300mm 이상

③ 철근 배근

- 주근 : D10, D13으로 배근하고 중요한 보는 복근으로 한다.
- 늑근 : D6 이상으로 300mm 이하로 배근한다.

④ 테두리보의 설치 목적

- 분산된 벽체를 일체화하여 벽체의 강성을 증대시킨다.
- 하중을 균등히 분포시켜 벽체에 전달한다.
- 수평력을 견디기 위함이다.
- 수평력에 의한 수직균열의 방지
- 지붕・바닥틀 등의 집중하중을 받는 부분을 보강
- 세로철근의 정착

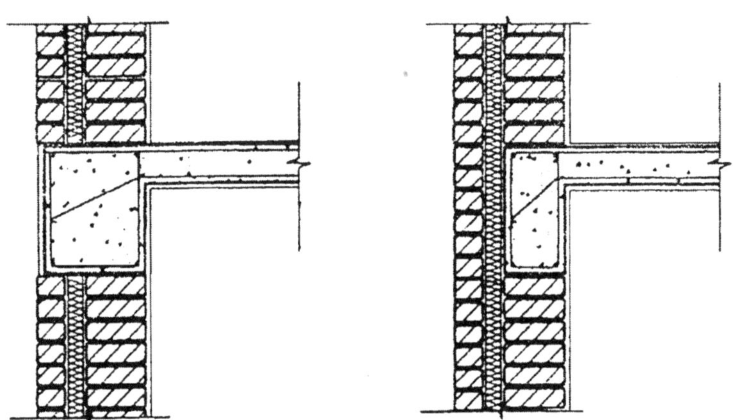

그림 5.15 테두리보

(2) 기초보

① 벽체 하부를 연결하고 하중을 균등히 지반에 분포하고 기초의 부동침하를 막는 것

② 두께 : 벽체의 두께 이상으로 한다.

③ 기초보의 춤 : 건물높이의 1/12 이상

4. A.L.C(Autoclaved Lightweight Concrete)

(1) 오토 클레이브(Auto clave)에 고온고압 증기양생한 경량기포 콘크리트

(2) 시멘트, 석회 등의 석회 원료 및 규석, 규사 슬러그, 플라이애시 등의 규산질 원료를 분쇄한 것에 물을 섞어 반죽하고 여기에 발포제인 알루미늄 분말을 첨가한다.

(3) 장단점

① 경량성 : 기건비중은 보통콘크리트의 1/4 정도

② 단열성 : 열전도율은 보통콘크리트의 1/10 정도

③ 내화성 : 불연재인 동시에 내화구조 재료이다.

④ 흡음성 : 흡음율은 10~20% 정도이고 차음성이 우수하다.

⑤ 현장관리가 용이하고 공기단축이 가능하다.

⑥ 강도가 적어 내마모성이 크다.

⑦ 흡수성, 투수성이 크다.

(4) 기본적으로 흡수율이 높으므로 물을 사용하거나 외부에 사용시는 주의가 필요하다.

→ 수분 흡수가 증대할수록 강도의 저하, 저온시의 동해, 단열성의 저하, 보강철물의 부식 등 많은 문제를 발생하게 된다.

(5) 쌓기용 모르타르 및 미장용 모르타르, 보수용 등은 ALC 전용모르타르를 사용한다.

(6) 비내력 벽체의 크기 제한

① 높이 : 6m 이하, 길이 : 12m 이하

② 외벽두께 : 200mm 이상, 내벽두께 : 125mm 이상

5.3 돌 구조

1. 일반사항

근래에는 마감재료로써 석재를 쌓아 건축물을 세우거나 콘크리트 구조물에 연결철물 등으로 설치 고정하는 돌붙임 공사를 말한다.

(1) 돌구조의 특징

① 압축강도가 크고 내구적이며 내마모성이 우수하다.

② 외관이 장중하고 치밀하며 광택이 우수하다.

③ 인장강도는 압축강도의 1/10~1/40 정도로 매우 적다.

④ 횡력에 약하고 시공이 까다롭고 공사기간이 길어 공사비가 많이 든다.

(2) 석재의 종류

① 화강암 : 장석과 석영이 주성분이며, 강도 · 내구성 · 광택이 좋다.

② 안산암 : 강도와 내구성은 비교적 크며 조직과 색조가 균일하지 않으나, 가공은 용이하다.

③ 석회암 : 색조는 백색, 회색, 흑색 등이며, 내수성이 우수하다.

④ 점판암 : 석질은 치밀하고 견고하며 흡수성이 적다. 천연슬레이트에 사용

⑤ 대리석 : 광택이 좋으나 내구성이 적다. 실내 장식재로 사용

2. 석재의 가공

(1) 돌쪼개기

① 부리쪼갬 : 돌눈에 따라 쐐기를 박아 쪼개는 것

② 톱켜기 : 화강암, 대리석 등을 톱으로 켜는 것

(2) 두들김 마감

① 혹두기 : 돌의 표면을 쇠메로 대강 다듬는 것

② 정다듬 : 혹두기면을 정으로 쪼아 평탄하게 다듬는 것

③ 도드락다듬 : 네모 망치면에 네모뿔 날이 돋친 도드락망치로 다듬어 요철을 없애 평탄하게 하는 것

④ 잔다듬 : 날망치로 일정한 방향으로 나란히 찍어 평탄하게 마무리하는 것

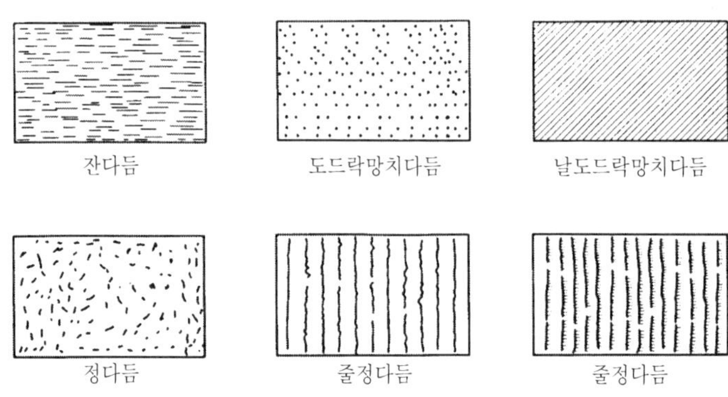

그림 5.16 석재의 가공

(3) 갈기 마감

① 숫돌로 손갈기 또는 기계갈기하여 마무리하는 것

② 철사・금강사와 물을 뿌리며 거친갈기・물갈기를 하고 숫돌로 본갈기를 2~3회 한 뒤, 정갈기로 마무리한다.

③ 정갈기는 버퍼 회전갈기 또는 헝겊・펠트 등으로 광택을 나게하는 것으로 광내기라고도 한다.

(4) 특수 마무리

① 분사법 : 고압의 공기로 모래를 석재면에 분출시켜 표면을 곱게 하거나 때나 녹을 벗겨내는데 사용하는 방법

② 버너마감(화염방사법) : 버너 등으로 석재면을 달군 후 찬물로 급냉시키면 박리층이 형성되어 떨어지면서 거친면 마무리하는 방법

③ 착색돌 마감법 : 석재의 흡수성을 이용하여 염료, 색소안료 등으로 석재의 내부를 착색시키는 방법

3. 돌쌓기

(1) 조적재에 따른 종류

① 거친돌 쌓기 : 맞댐면은 거친다듬하여 불규칙하게 막 쌓는 것

② 다듬돌 쌓기 : 돌의 모서리 맞댐면은 일정하게 다듬어 쌓는 것

(2) 쌓기 방법에 따른 종류

① 허튼층 쌓기 : 면이 네모진 돌을 수평줄눈이 부분적으로만 연속되게 쌓으며, 일부 상하 세로줄눈이 통하게 쌓는 것

② 바른층 쌓기 : 돌쌓기의 1켜 높이를 모두 동일하게 하여 쌓는 것

③ 층지어쌓기 : 허튼층 쌓기로 하되 돌 서너켜마다 수평줄눈을 일직선으로 통하게 한 것

(a) 거친돌 막쌓기

(b) 거친돌 층지어쌓기

(c) 거친돌 바른층쌓기

그림 5.17 거친돌 쌓기

(3) 견치석 쌓기

① 몰탈사춤쌓기 : 돌의 맞댐면에 몰탈 또는 콘크리트를 깔고 뒤에는 잡석 다짐하는 것

② 건쌓기 : 몰탈이나 콘크리트를 쓰지 않고 잘 물려서 그냥 쌓는 것

③ 찰쌓기 : 몰탈이나 콘크리트를 써서 쌓는 것

④ 귀갑쌓기 : 거북등의 모양이나 기타 다각형의 모양으로 돌쌓기를 한 것

4. 석재 붙임 공법

(1) 습식 공법

① 구조체와 석재 사이를 긴결철물과 모르타르 채움에 의해 일체화시키는 공법

② 공사비가 비교적 저렴하나 안전상 결함이 발생할 우려가 있어 잘 쓰이지 않으며, 주택이나 소규모 건축물에 적합하다.

③ 온통 사춤공법

- 석재를 긴결철물로 고정하고, 벽면과 돌붙임 사이의 전 공간에 모르타르를 채워서 부착시키는 것
- 백화, 모르타르 부착성, 층간변위 추종한계, 시공능률 등의 면에서 불리하다.
- 적용 가능 벽높이 : 4m 이하

④ 부분 사춤공법(반건식)

- 석재를 긴결철물로 고정하고, 가로줄눈에 줄띠 모양으로 사춤 모르타르를 채워서 고정하는 것
- 내부벽에 석재를 실줄눈으로 시공하는 경우에 적용한다.
- 석재의 하중이 밑으로 전달되므로 3m 이상 높이의 경우 중간에 하중받침 철물을 설치한다.

(2) 건식 공법

① 모르타르를 사용하지 않고 구조체와 석재판을 긴결철물을 써서 고정하는 공법

② 동결 및 백화현상이 없고, 공장제작 및 설치공법의 기계화로 작업능률을 높일 수 있으며 고층건물에 유리하다.

③ 앵커 긴결 공법

- 앵커와 긴결철물(파스너) 등을 사용하여 단위재를 벽체에 부착하는 공법

- 1차 긴결철물(주로 앵글형)은 지지용으로, 2차 긴결철물(주로 평판형)은 고정용으로 사용한다.
- 긴결철물은 석재의 중량을 하부로 전달되지 않도록 하기 위해 지지강도가 필요하다.

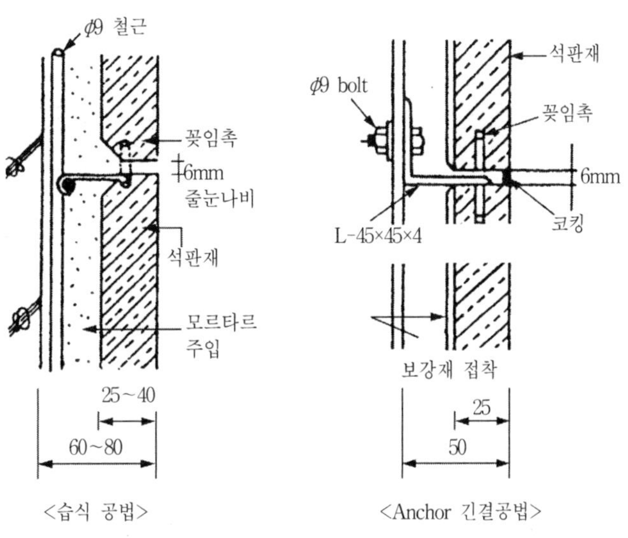

그림 5.18 석재 붙임 공법

④ 강재 트러스 지지 공법(Steel back frame system)

- 미리 조립된 강재 트러스에 여러 장의 석재를 지상에서 짜 맞춘 후 이를 조립식으로 설치해 나가는 공법
- 방청 페인트 또는 아연도금한 각 파이프를 구조체에 긴결시킨 후 여기에 석재를 파스너로 긴결시키는 것
- 구조적으로 그 안정성이 충분히 검토되어야 하며, 특히 방청성능에 대해 유의한다.

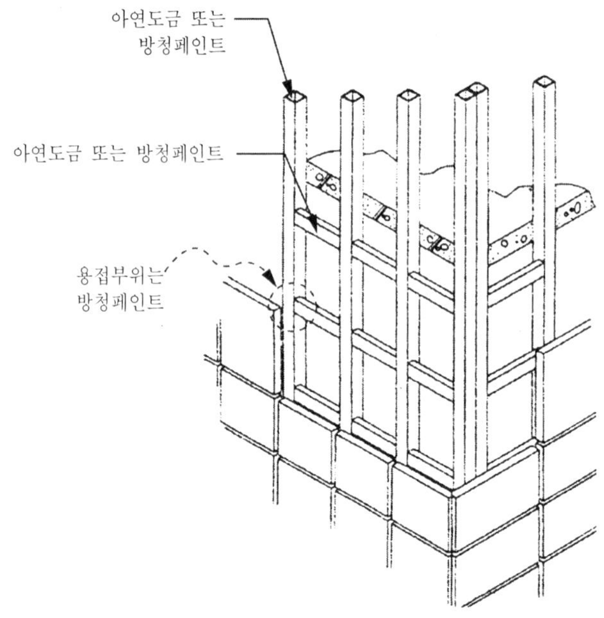

그림 5.19 강재 트러스 지지 공법

⑤ 화강석 선부착 PC판공법(GPC, Granite veneer Precast Concrete)

- 화강석을 외장재로 사용하는 방법의 하나로 화강석 뒷면에 쉬어 커넥터(Shear connector)를 설치한 후 거푸집에 석재 판재를 배열하고 콘크리트를 타설하여 일체화시킨 것
- 석재와 콘크리트의 신축이 상이하므로 쉬어 커넥터만으로 석재를 고정하는 것으로 계산한다.
- 공장생산으로 공기 단축되고, 석재의 두께가 얇게 되어 원가 절감된다.

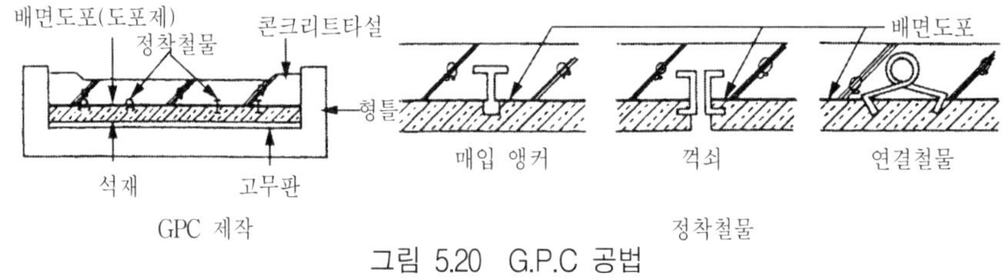

그림 5.20 G.P.C 공법

5. 기타 돌쌓기

(1) 인방돌

개구부 상부에 수평으로 걸쳐대어 하중을 받게 한 돌

(2) 창대돌

창틀을 받는 돌, 빗물처리를 하는 치장재

(3) 문지방돌

출입구 밑에 대는 돌

(4) 쌤돌(Jamb stone)

① 개구부 양 옆에 쌓은 것

② 창문틀과의 아물림과 장식의 목적을 겸하므로 모서리를 모접기 또는 쇠시리(Moulding)한다.

(5) 돌림띠(Cornice)

① 벽면에 가로로 길게 내민 장식재

② 물끊기 겸 장식의 역할을 한다.

(6) 두겁석(Capping stone)

① 담, 박공벽, 난간벽 등을 보호하기 위하여 벽체 상부에 씌우는 돌

② 벽 상부로부터 하부로 물이 스며드는 것을 방지하기 위한 것

③ 윗면은 물흘림을, 밑면은 물끊기홈을 둔다.

(7) 난간벽(Parapet wall)

① 난간과 장식의 목적으로 처마 위 옥상에 벽으로 된 것

② 일반 벽체와 같이 쌓고 두겁석을 덮는다.

(8) 부란(Balustarde)

① 처마 위 또는 옥상에 난간 동자를 세워 댄 것

② 밑의 받침돌과 두겁석 사이에 난간동자를 세워 촉맞춤을 한다.

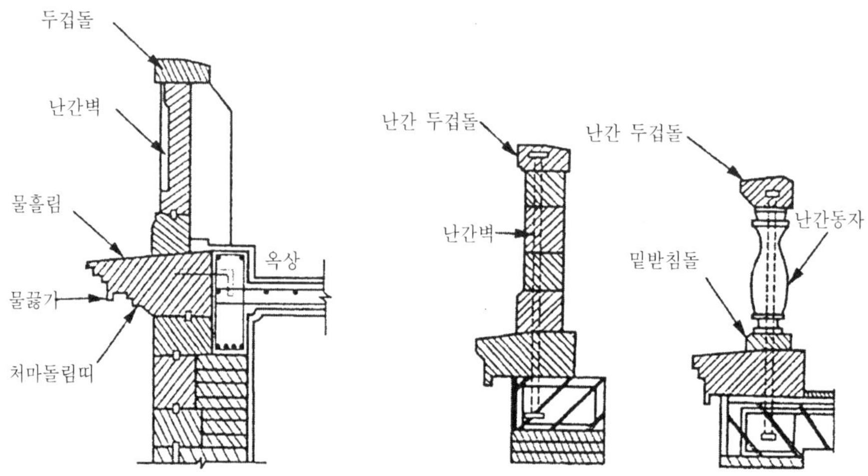

그림 5.21 기타 돌쌓기

제6장 목구조

제6장 목구조

6.1 개요

1. 목구조의 장단점

(1) 장점

① 구조방법이 간단하고 공사기간이 짧다.

② 가볍고 강도가 비교적 크다.

③ 열전도율이 적고 가공성이 풍부하다.

④ 외관이 아름답다.

(2) 단점

① 내화성과 내구성이 부족하다.

② 함수율에 따른 변형이 크다.

③ 접합부의 구성이 다소 곤란하다.

④ 고층이나 큰 경간의 건축은 곤란하다.

2. 목재

(1) 수종에 따른 분류

① 침엽수(Soft) : 건축 · 구조재, 소나무 · 노송나무 · 측백나무 · 잣나무 · 전나무 · 낙엽송

② 활엽수(Hard) : 치장 · 가구재, 밤나무 · 느티나무 · 오동나무 · 떡갈나무 · 벗나무 · 단풍나무

(2) 함수율

① 목재의 함수율 : 구조재 20% 이하, 수장재 15% 이하, 마감재 13% 이하

② 수장재의 함수율 : A종 15% 이하, B종 20% 이하, C종 24% 이하

(3) 강도

① 함수율 : 섬유 포화점(30%) 이하로 낮아질수록 증가한다.

② 섬유에 평행방향 강도가 직각방향 강도보다 크다.

③ 크기 : 인장강도>휨강도>압축강도>전단강도

(4) 수축 변형

① 변재는 심재보다 수분이 많은 부분이므로 신축이 더 크다.

② 안쪽과 거죽 : 거죽(변재부)이 수축이 크므로 거죽쪽으로 휜다.

③ 활엽수가 침엽수보다 신축이 더 크다.

④ 수축과 팽창을 줄이는 방법

- 가능한 한 곧은결 목재를 사용한다.
- 기건상태로 건조된 목재를 사용한다.
- 고온처리 과정을 거친 목재를 사용한다.
- 외력에 저항할 수 있는 한 가능한 가벼운 목재를 쓴다.
- 표면을 도장 또는 기름 등을 주입하여 흡습을 지연, 경감시킨다.
- 저장 중에 공기습도를 일정하게 유지한다.
- 합판은 결을 서로 교차하여 만든다.
- 사용하는 재의 뒤편에 미리 홈을 낸다.

(5) 허용응력도

① 목재의 최대강도를 안전율로 나눈 값

② 목재 강도는 불균일하여 안전율을 크게 취하고 있는 바 그 값은 1/7~1/8 정도이다.

(6) 구조용 목재의 조건

① 강도가 크며, 곧고 긴 재를 얻을 수 있을 것

② 건조수축으로 인한 수축 및 변형이 작을 것

③ 잘 썩지 않고, 충해에 저항이 클 것

④ 질이 좋고 공작이 용이해야 한다.

⑤ 흠이 없고 내구성이 우수할 것

⑥ 산출량이 많고 구득이 용이할 것

6.2 목재의 접합

1. 접합

(1) 목재의 접합방법

① 이음 : 길이를 늘이기 위하여 길이방향으로 접합하는 것

② 맞춤 : 경사지거나 직각으로 만나는 부재 사이에서 양 부재를 가공하여 끼워 맞추는 접합

③ 쪽매 : 부재를 섬유방향과 평행으로 옆대어 붙이는 것

(2) 목재의 접합부

① 재는 될 수 있는 한 적게 깍아 낼 것

② 이음, 맞춤은 응력이 가장 적은 곳에서 할 것

③ 공작이 간단한 것을 쓰고 모양에 치중하지 말 것

④ 이음, 맞춤의 끝부분은 응력이 균등히 전달되도록 할 것

⑤ 이음, 맞춤의 단면은 응력의 방향에 직각으로 할 것

⑥ 맞춤면은 정확하게 가공하여 빈틈이 없게 할 것

2. 이음

(1) 맞댐 이음

① 두 부재를 맞대어 잇는 것으로, 보통 덧판을 사용하며, 큰 못이나 볼트 조임한다.

② 산지나 듀벨을 쓰면 큰 압력이나 인장을 받는 재에도 쓰인다.

(2) 겹친 이음

① 두 부재를 단순히 겹쳐 대고 산지, 큰못, 볼트 등으로 보강한 것

② 듀벨과 볼트를 쓰면 큰 경간이나 트러스에도 쓰인다.

(3) 따낸 이음

두 부재가 서로 물려지도록 따내어 맞추는 이음

① 주먹장이음

- 한 재의 끝을 주먹 모양으로 만들어 딴 재에 파들어가게 한 것

• 토대, 멍에, 중도리 등의 이음에 쓰인다.

② 메뚜기장이음 : 주먹장 이음보다 약간 튼튼한 이음

③ 엇걸이이음

• 산지(비녀) 등을 박아 더욱 튼튼한 이음으로 할 수 있다.

• 중요 가로재의 내이음에 주로 쓰이고 휨(구부림)에 효과가 있다

• 이음 길이는 부재 춤의 3.0~3.5배로 한다.

④ 빗걸이이음 : 기둥, 보, 도리 등의 받침이 있는 보를 잇는데 사용한다.

⑤ 기타 이음 : 빗이음, 엇빗이음, 턱솔이음 등

(4) 이음의 위치

① 심이음 : 부재의 중심에서 이음하는 것

② 내이음 : 중심에서 벗어난 위치에서 이음하는 것

③ 배게이음 : 가로받침을 대고 잇는 것

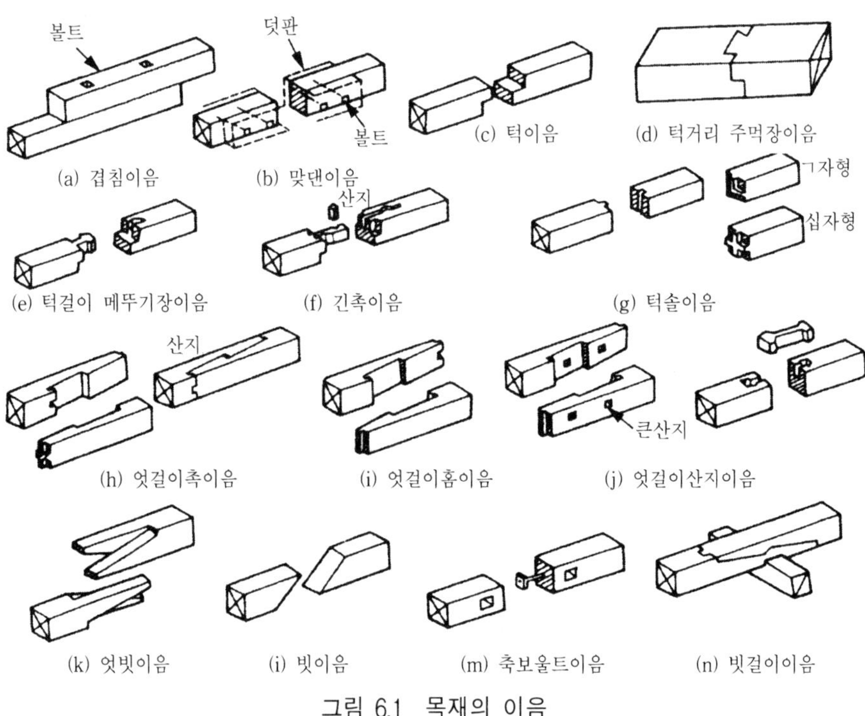

그림 6.1 목재의 이음

3. 맞춤

(1) 간단한 맞춤

① 턱 맞춤, 턱솔 맞춤, 반턱 맞춤, 빗턱 맞춤, 숭어턱 맞춤, 통 맞춤, 가름장 맞춤, 걸팀턱 맞춤, 허리 맞춤, 안장 맞춤 등

② 위에 걸쳐 대는 부재는 걸침턱 맞춤으로 하는 것이 좋다.

(2) 주먹장 맞춤

① 간단하고 철물 등을 쓰지 않아도 튼튼하므로 가장 널리 사용한다.

② 주먹장 맞춤, 두겁 주먹장 맞춤, 턱솔 주먹장 맞춤, 내림 주먹장 맞춤, 턱걸이 주먹장 맞춤 등

(3) 장부 맞춤

① 어디에나 사용되고 가장 굳게 맞출 수 있는 방법

② 산지, 벌림 쐐기 등으로 빠져 나오지 못하게 하는 것이 보통이다.

③ 내다지 장부, 반다지 장부, 평 장부, 턱 장부, 쌍턱 장부, 쌍 장부, 두쌍 장부, 부채 장부, 지옥 장부, 턱솔 장부 등

(4) 연귀

① 나무 마구리를 감추면서 튼튼한 맞춤을 할 때에 사용한다.

② 반 연귀, 안촉 연귀, 바깥촉 연귀, 안팎촉 연귀, 사개 연귀, 딴혀 연귀 등

(5) 기타

메뚜기장 맞춤, 내림 메뚜기장 맞춤, 갈퀴 맞춤, 거멀 맞춤 등

(6) 사용 예

① 반턱맞춤 : 도리 등의 직각부분

② 걸침턱 맞춤 : 멍에와 장선, ㅅ자보와 중도리, 지붕보와 도리

③ 안장맞춤 : 평보와 ㅅ자보

④ 짧은 장부맞춤 : 기둥과 가로재, 왕대공과 평보

⑤ 턱 장부맞춤 : 토대, 창호 등의 모서리

⑥ 쌍 장부맞춤 : 창호

⑦ 빗턱 장부맞춤 : 통재기둥과 층도리

⑧ 가름장 장부맞춤 : 왕대공과 마룻대

⑨ 주먹 장부맞춤 : 토대의 T형부분, 토대와 멍에, 달대공

⑩ 큰 연귀맞춤 : 문선, 걸레받이, 두겁대

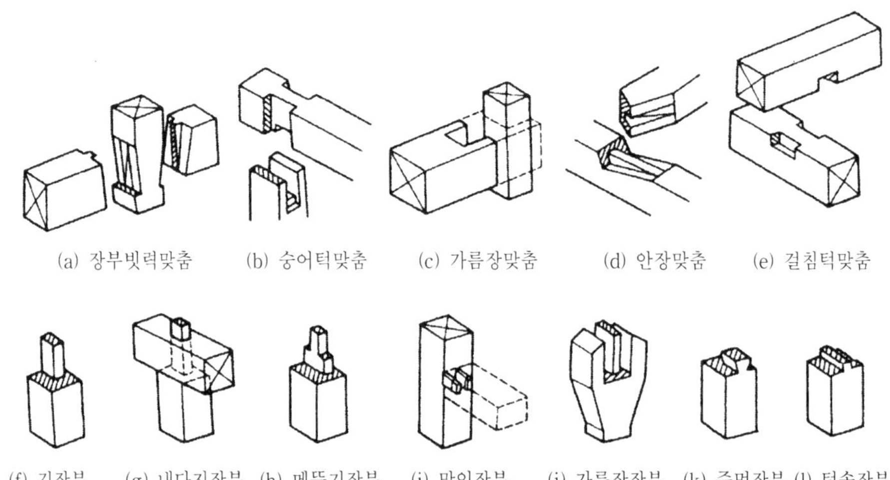

그림 6.2 목재의 맞춤

4. 쪽매

(1) 맞댄 쪽매

툇마루 등에 틈서리있게 의장하여 깔 때, 경미한 널대기 등에 사용한다.

(2) 빗 쪽매

간단한 지붕, 반자널 쪽매 등에 사용한다.

(3) 반턱 쪽매

15mm 미만의 얇은 널에 사용한다.

(4) 오늬 쪽매

살촉 모양으로 한 것으로, 흙막이 널말뚝에 사용한다.

(5) 제혀 쪽매

한쪽에 홈을 파고 딴쪽에 혀를 내어 물린 것으로, 진동에도 못이 빠져나올 우려가 없는 이상적 쪽매이다.

(6) 딴혀 쪽매

양 옆에 홈을 파서 혀를 딴쪽으로 끼워 대고 홈 속에서 못질하여 대어 나가는 방법

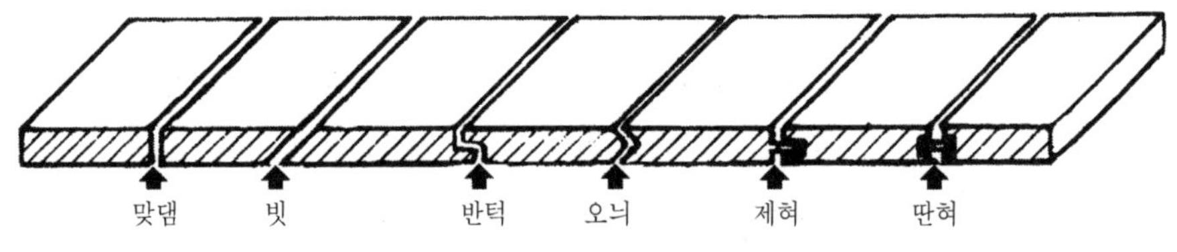

그림 6.3 쪽매

5. 접합 및 보강 철물

(1) 못

① 길이 : 박아 대는 나무두께의 2.5~3.0배 [마구리에서는 3.0~3.5배 정도]

② 지름 : 나무두께의 1/6 이하 [각재의 두께 : 못 지름의 6배 이상]

③ 개수 : 1개소에 4개 이상 박을 것

④ 15° 정도 기울여 박는 것이 수직보다 빠지지 않게 된다.

⑤ 녹이 나기 쉬운 곳에는 구리못, 놋쇠못, 스테인레스못을 사용하고, 가구에는 나무못이나 대나무못을 사용한다.

⑥ 목재의 섬유방향에 대하여 엇갈림 박기로 한다.

⑦ 나사못 : 지름의 1/2 정도로 구멍 뚫으며, 길이의 1/3 이상은 틀어서 박는다.

(2) 볼트(Bolt)

① 종류 : 보통 볼트, 양나사 볼트, 갈구리 볼트(앵커볼트), 주걱 볼트 등

② 주로 인장력을 받을 때 사용한다.

③ 구조용은 12mm, 경미한 곳은 9mm 정도 사용한다.

④ 볼트구멍 : 지름보다 2mm 이상 크게 안한다.

⑤ 볼트접합은 구멍을 뚫게 되므로 못 접합보다 접합부의 강성이 약하다.

⑥ 목재의 찌그러짐을 막기 위하여 와셔(Washer)를 사용한다.

(3) 꺽쇠(Clamp)

① 보통 꺽쇠, 엇 꺽쇠, 주걱 꺽쇠 등

② 몸통 길이는 90~120mm(보통 100mm), 갈고리 길이는 40~50mm 정도이다.

③ 큰 내력은 없으나 사용이 간편하여 뼈대공사에 많이 사용된다.

(4) 듀벨(Dübel)

① 볼트와 함께 사용하며 듀벨은 전단력에, 볼트는 인장력에 작용시켜 접합재 상호간의 변위를 방지하는 강한 접합에 쓰인다.

② 종류 : 가락지형 듀벨, +자형 듀벨, o형 듀벨

(5) 띠쇠

두 부재가 벌어지지 않도록 하는 것

(6) 감잡이쇠

평보를 대공에 달아 맬 때 또는 평보와 ㅅ자보의 접합에 쓰인다.

(7) ㄱ자쇠

세로부재와 가로부재의 접합면에 사용한다.

(8) 안장쇠

안장처럼 한 부재에 걸쳐 놓고 다른 부재를 받게 하는 보강철물로, 큰 보를 따내지 않고 큰 보에 작은 보를 걸칠 때 사용한다.

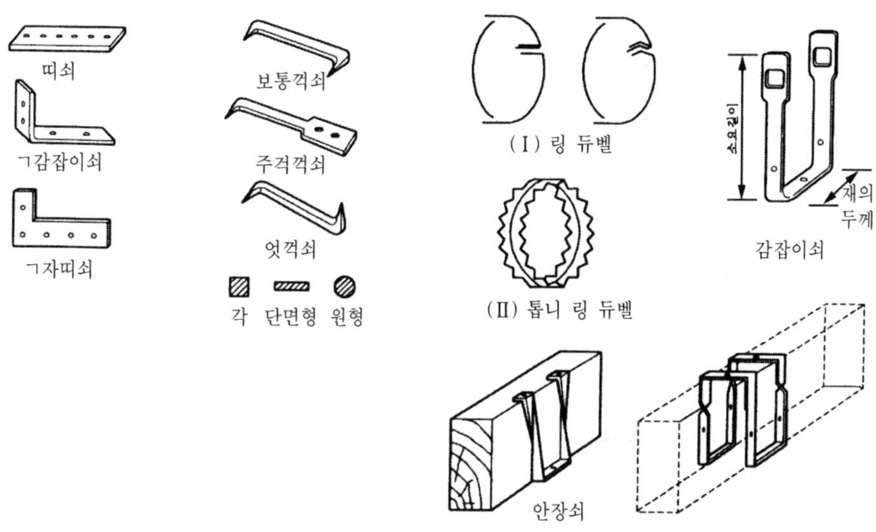

그림 6.4 목재의 보강 철물

(9) 접합 및 보강 철물의 사용

① 기초와 토대 : 앵커 볼트

② 기둥과 토대 : 감잡이쇠, 꺽쇠, 띠쇠

③ 기둥과 층도리 : ㄱ자 띠쇠, 띠쇠

④ 큰 보와 작은 보 : 안장쇠

⑤ 보와 처마도리 : 주걱볼트

⑥ 처마도리와 깔도리 : 양나사 볼트

⑦ 평보와 왕대공 : 감잡이쇠

⑧ 평보와 ㅅ자보 : 볼트

⑨ 왕대공과 ㅅ자보 : 띠쇠, 가시못, 볼트

⑩ 빗대공과 ㅅ자보 : 양면 꺽쇠

⑪ 달대공과 ㅅ자보 : 볼트, 엇꺽쇠

6.3 목조 벽체

1. 토대

(1) 상부하중을 기초에 전달하며 기둥 밑을 고정하고 벽을 설치하는 수평재

(2) 구조내력상 주요한 기둥의 하부에는 외벽뿐만 아니라 내벽에도 토대를 설치한다.

(3) 토대는 기초에 긴결하며, 긴결철물은 약 2m 간격으로 설치한다.

(4) 크기는 기둥과 같거나 다소 크게 한다.

(5) 토대와 기둥 또는 가새와의 맞춤은 기둥, 가새로부터 압축력에 대해서 지압력이 충분하도록 통맞춤 면적을 정하고, 또 기둥, 가새로부터의 인장력을 토대에 전달할 수 있도록 한다.

(6) 토대 하단은 지면에서 200mm 이상 높게 한다.

(7) 토대에는 내구력이 있고 가압방부 처리된 목재를 사용한다.

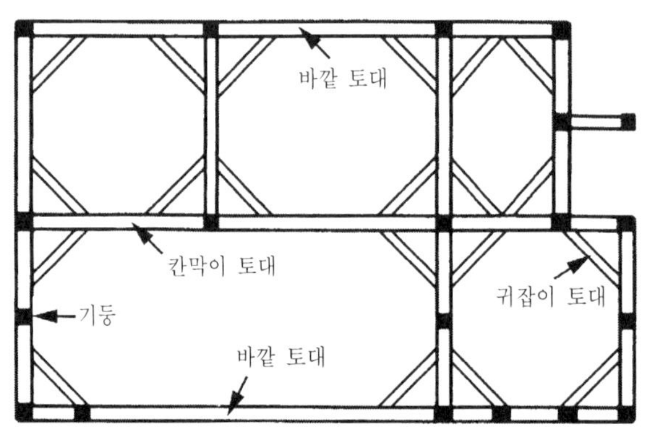

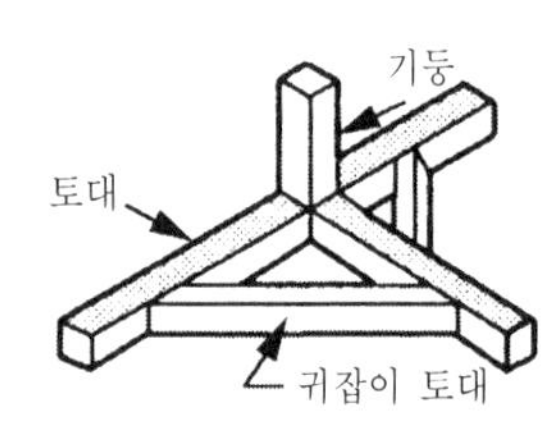

그림 6.5 토대

2. 기둥

(1) 기둥은 평면상 균등하게 배치하며, 압축력에 의한 좌굴 및 지압에 대하여 안전하도록 한다.

(2) 단일 기둥은 원칙적으로 이음을 피하며, 부득이 이음할 경우는 접합법에 주의하고 또한 부재의 중앙부분은 피한다.

(3) 기둥의 끝면은 횡이동, 인발 등이 생기지 않도록 응력을 충분히 전달하고 또한 필요한 강성을 확보할 수 있는 맞춤을 한다.

(4) 기둥의 종류

① 통재 기둥

- 아래층에서 윗층까지 1개의 재로 만든 기둥(5~7m 길이)
- 건물의 모서리나 중간 요소에 배치한다.

② 평 기둥 : 1층과 2층을 층별로 세우는 기둥

③ 샛 기둥

• 본기둥과 본기둥 사이에 세워 벽체를 구성시키는 것
• 가새의 휨을 방지하는 역할을 한다.
• 크기는 본기둥의 1/2쪽 또는 1/3쪽으로 하고 간격은 약 450mm 정도로 한다.

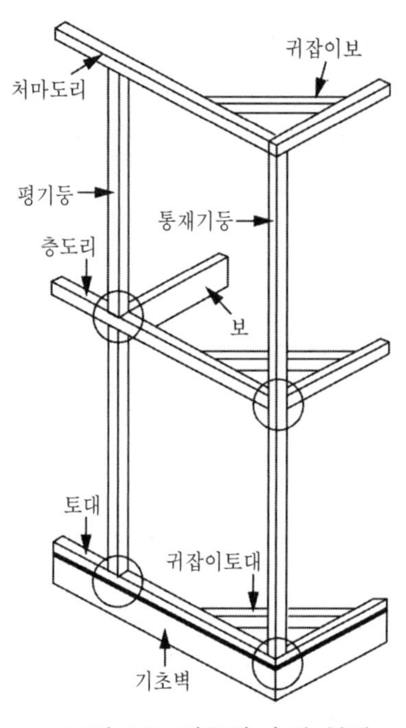

그림 6.6 기둥과 수평 부재

3. 보, 층도리, 깔도리, 처마도리, 기둥 밑잡이

(1) 보 및 기타의 휨부재는 충분한 휨강도 및 전단강도를 갖도록 하며, 처짐, 진동 등의 사용상 장애가 생기지 않도록 적절한 강성을 갖도록 한다.

(2) 층도리, 깔도리와 기둥과의 맞춤은 철물을 사용해서 견고히 접합한다.

(3) 보의 스팬이 커질 경우에는 사다리보, 포갬보, 트러스보, 못질충복보 등의 조립보를 사용할 수 있다.

(4) 보 양단의 걸침 길이는 충분히 하며 주요한 보와 기둥과의 맞춤은 철물을 사용하여 긴결한다.

(5) 보의 따냄은 되도록 피하며, 부득이 따냄할 경우에는 유효단면을 충분히 확보한다.

(6) 층도리

① 2층마루 바닥이 있는 부분에 수평으로 대는 가로재

② 기둥을 연결하고 보를 받게 되며 웃기둥의 토대로 되는 것

③ 폭은 기둥과 같고 춤은 폭의 1~2배 정도로 한다.

(7) 깔도리

① 기둥 맨 위 처마 부분에 수평으로 대는 가로재

② 기둥 머리를 고정하며 지붕틀의 하중을 받아 기둥에 전달하는 것

③ 크기는 기둥과 같거나 다소 춤이 높은 것을 사용한다.

④ 깔도리와 처마 도리를 평보 옆에서 죄지만 기둥 옆에서 1개의 주걱 볼트를 연결하면 한 물에 4 부재가 연결된다.

(8) 처마도리

① 지붕틀의 평보 위에 깔도리와 같은 방향으로 댄 것

② 크기는 깔도리, 중도리 또는 기둥과 같은 정도로 하거나 다소 작게 한다.

(9) 기둥 밑잡이

① 1층 또는 2층 마루바닥이 되는 곳에서 기둥과 기둥 사이에 또는 그 옆면에 대는 것

② 마루를 받게 되며 기둥 밑을 연결하고 층보의 전도를 막기 위한 것

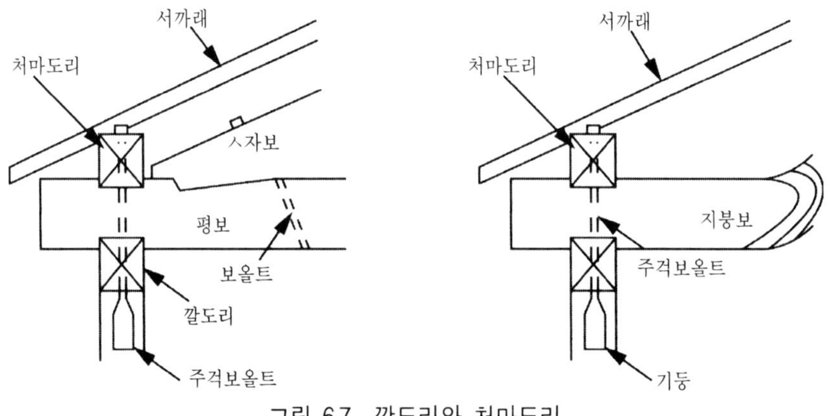

그림 6.7 깔도리와 처마도리

4. 가새, 버팀대, 귀잡이

(1) 가새(Brace)

① 목조 벽체를 수평력에 견디게 하고 안정한 구조로 하기 위한 것

② 크기

- 인장력을 부담하는 가새 : 기둥 단면적의 1/5 이상을 가진 목재 또는 9mm 이상의 철근을 사용
- 압축력을 부담하는 가새 : 기둥 단면적의 1/3 이상을 가진 목재

③ 맞춤 : 기둥 기타에 파 넣고 큰 못, 꺾쇠 치기한다.

④ 파내거나 결손을 만들어 내력상 지장을 주지 않는다.

⑤ 설치 원칙

- 기둥이나 보의 중간에 가새의 끝 단을 대지말 것
- 기둥이나 보에 대칭이 되도록 할 것
- X자형으로 배치 : 인장과 압축을 겸비하도록 한다.
- 상부보다 하부에 많이 배치한다.
- 경사 : 45°에 가까울수록 유리하다.

(2) 버팀대

① 모서리에 짧게 수직으로 빗댄 것

② 가새보다는 약하지만 방의 쓸모로 또는 가새를 댈 수 없는 곳에 유리하다.

(3) 귀잡이

① 모서리에 짧게 수평으로 빗댄 것

② 귀잡이 토대, 귀잡이 보 등

5. 심벽과 평벽

(1) 심벽

① 기둥이 벽의 바깥쪽에 내보이게 한 것

② 수평력에 대한 내력이 부족하다.

(2) 평벽

① 기둥 바깥면에 벽을 쳐서 기둥이 보이지 않게 한 것

② 벽은 다소 두껍지만 수평력에 잘 견딘다.

6. 인방과 창대, 홈대, 꿸대

(1) 인방

① 기둥과 기둥 사이에 수평으로 설치하여 벽의 하중을 기둥에 전달하고 창문틀을 끼워 대는 뼈대가 되는 것

② 크기는 보통 기둥 정도의 것을 쓴다.

(2) 홈대

① 한식 구조 또는 절충식 구조에서 인방 자체가 창문틀 역할을 하는 것

② 크기는 기둥의 1/2~2/3 정도로 한다.

③ 홈의 폭 : 20mm 정도, 깊이 : 웃홈대 15mm, 밑홈대 20mm 정도

(3) 꿸대

① 기둥과 기둥 사이에 가로로 설치하여 외를 엮어 대는 힘살이 되는 것

② 토대와 도리 사이에 100mm×20mm 정도의 각재를 수평으로 3~5개 붙인다.

6.4 마루(Floor)

1. 일층 마루

(1) 동바리 마루

① 동바리돌 위에 동바리를, 그 위에 멍에를 걸고 다시 위에 직각방향으로 장선을 걸치고 마루널을 까는 것

② 보통 지반 위로 450mm 이상 높인다.

(2) 납작 마루

① 멍에나 콘크리트 바닥에 장선을 대고 마루널을 까는 것

② 간단한 창고, 공장, 임시건물 등의 마루를 낮게 놓을 때 사용한다.

2. 이층 마루

(1) 홑마루틀(장선 마루틀)

① 보를 쓰지 않고 도리에 직접 장선을 걸쳐 대고 마루널을 까는 것

② 경간이 적을 때(2.4m 이하) 적당하다.

(2) 보 마루틀

① 보를 걸고 장선을 걸어서 마루널을 까는 것

② 경간 2.5~6.4m 정도에 적당하다.

(3) 짠 마루틀

① 큰 보 위에 작은 보를 걸고 그 위에 장선을 대고 마루널을 까는 것

② 경간 6.4m 이상일 때 적당하다.

6.5 지붕틀

1. 왕대공 지붕틀

(1) 여러 부재를 삼각형으로 짜서 지붕의 하중을 받게 하고 지붕 모양을 꾸미는 것

(2) 양식 지붕틀 중에서 가장 많이 쓰이는 것으로 외력에 튼튼하다.

(3) 경간 : 보통 10m 정도(최대 20m), 간격 : 2~3m 정도

(4) 부재 응력 : 경사재는 압축재, 수직재 · 하현재는 인장재이다.

① ㅅ자보 : 압축응력+휨모멘트(중도리에 의한)

② 평보 : 인장응력+휨모멘트(천정하중에 의한)

③ 왕대공 · 달대공 : 인장응력

④ 빗대공 : 압축응력

(5) 부재 크기(mm) : ㅅ자보 100×200, 왕대공 · 평보 100×180, 마룻대 100×120, 중도리 100×100, 빗대공 100×90

(6) 용어 설명

① 왕대공 : 지붕틀의 한 가운데 서는 대공

② ㅅ자보 : ㅅ자형으로 마주치는 부재로, 중간에 중도리를 받게 되고 빗대공 · 달대공 등이 접합된다.

③ 평보 : 지붕틀의 하부에 있는 수평재, 응력이 적은 경간의 중앙부에서 이음한다.

④ 빗대공 : 평보와 ㅅ자보에 빗 버티어 대는 부재

⑤ 달대공 : 상현재에 하현재를 달아 매는 형식으로 된 부재

⑥ 귀잡이보 : 지붕틀과 도리가 네모 구조로 된 것을 굳세게 하기 위하여 귀에 45° 방향으로 보강한 것

⑦ 대공 밑둥잡이(보잡이) : 지붕틀 또는 평보의 옆 휨을 막고 대공 밑을 연결하며 지붕틀 상호간의 연결을 더욱 튼튼히 하기 위하여 평보와 평보 사이에 걸쳐 댄 부재

⑧ 대공 가새 : 대공 상호간을 연결하여 수평력에 저항하게 하는 것

⑨ 버팀대 : 지붕틀과 기둥과의 연결을 튼튼히 하는 것

⑩ 수평가새 : 평보를 상호 연결하기 위하여 수평으로 댄 가새

⑪ 중도리 · 마루대 : 중도리는 ㅅ자보에, 마루대는 왕대공 위에 수평으로 걸쳐 대어 서까래를 받는 것

2. 쌍대공 지붕틀

(1) 지붕 속, 즉 보꾹방을 이용할 때 또는 꺾임 지붕틀로 외관을 꾸밀 때 쓰인다.

(2) 지붕틀 경간은 10~15m가 적당하고 간격은 1.8~3m 정도로 한다.

(3) 구성 : ㅅ자보, 평보, 종보, 쌍대공, 왕대공, 달대공, 빗대공, 버팀대 등

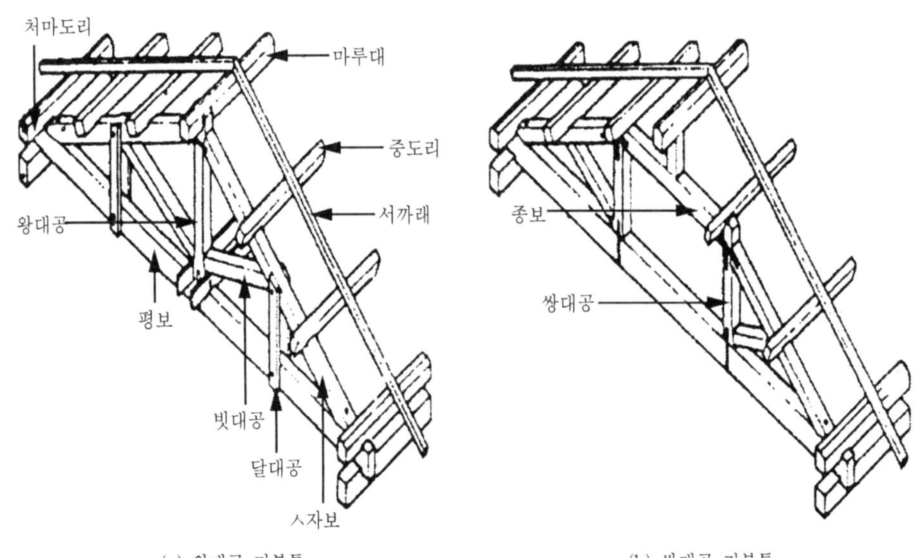

(a) 왕대공 지붕틀 (b) 쌍대공 지붕틀

그림 6.8 양식 지붕틀

3. 절충식 지붕틀

(1) 보 위에 동자기둥이나 대공을 세우고 그 위에 도리를 걸쳐서 지붕을 받치는 것

(2) 공작이 간단하며, 경간이 작거나 간벽이 많은 건물에 사용한다.

(3) 용어 설명

① 지붕보(들보) : 지붕하중을 받는 가로재[간격 : 1.8m]

② 동자기둥・대공 : 보 위에 세워 중도리・마루대를 받는 짧은 기둥

③ 종보 : 지붕이 클 때 낮은 동자 기둥과 대공을 세우기 위하여 이중으로 설치한 보

④ 지붕 꿸대 : 지붕 동자기둥을 연결하는 꿸대

⑤ 베개보 : 지붕보가 길어 중간을 이어야 할 때 중간에 기둥을 세우고 그 위에 직각으로 걸쳐 댄 보

⑥ 중도리・마루대 : 중도리는 동자기둥에, 마루대는 대공 위에 수평으로 걸쳐 대어 서까래를 받는 것

⑦ 서까래 : 지붕 경사에 따라 도리에서 처마 끝까지 건너 지른 나무

⑧ 지붕널 : 서까래 위에 덮는 널[개판]

⑨ 우미량 : 모임지붕의 귀에서 동자기둥과 대공을 세울 수 있도록 지붕보에서 도리 방향으로 짧게 댄 보

⑩ 추녀 : 모임지붕의 귀에서 대각선 방향으로 거는 경사진 재

⑪ 귀서까래 : 추녀 마루 옆에 붙은 서까래로, 선자 서까래, 나란히 서까래, 말굽 서까래의 총칭

제7장 방수공법

7.1 개요

7.2 재료별 방수공법

7.3 부위별 방수공법

제7장 방수공법

7.1 개요

1. 방수 관리

(1) 방수의 기본 개념

- 물이 고이면 누수된다.
- 이질재의 접합 부위에는 틈이 있다.
- 방수의 품질은 모체의 품질에 따른다.
- 적용 부위에 맞는 방수재료 및 공법을 선정한다.
- 후속 공정에서 방수층이 훼손된다.

(2) 누수

- 누수는 물+틈+압력차가 공존할 때 발생한다.
- 1가지 요인만 제거해도 누수는 발생이 억제된다.

(3) 같은 공법이라도 작업 당시의 온도, 습도의 상황에 따라 품질에 차이가 있다.

(4) 기상작용으로부터의 방수재료 보호가 중요하다.

- 프라이머 계통 : 가연성, 인화성에 유의한다.
- 루핑 시트류 : 적재로 인한 변형의 위험이 있고, 습기를 먹으면 변질된다.
- 액상 재료 : 외기에 노출되면 화학반응

(5) 균열, 콜드 조인트, 허니 캄 등의 바탕면 하자는 방수성능에 치명적이다.

(6) 방수층의 성능이 제대로 발휘되기 위해서는 균일한 두께, 균열로 인한 파손방지, 적당한 구배가 필요하다.

(7) 바탕면에 남아 있는 습기는 방수층을 파괴시킨다.

(8) 콘크리트의 균열 부위, 이어치기 부위, PC판의 접합부는 신축에 대응할 수 있도록 한다.

(9) 부위별, 위치별로 상부마감 여부에 따라 가장 적합한 공법을 채택한다.

2. 방수공법의 분류

(1) 공법상 분류

- 재료 자체 수밀법 : 수밀콘크리트 등으로 구조체 자체를 수밀하게 하는 것
- 피막(멤브레인) 방수층법 : 여러 층의 피막을 만들어 방수층을 형성하는 공법. 아스팔트방수 · 시트방수 · 도막방수
- 방수제 도포 또는 침투법 : 방수제를 도포하거나 침투시켜 방수층을 형성하는 공법 시멘트액체방수 · 침투성 방수
- 수밀재 붙임법 : 구조체에 타일, 테라조 등 수밀성 석재판을 붙이는 것

(2) 부위별 분류

- 지하실방수 : 시멘트액체방수, 아스팔트방수법이 있고 안팎에 양자를 병용하기도 한다.
- 옥상방수 : 시멘트액체방수, 아스팔트방수 등으로 한다.
- 외벽방수 : 지상 외벽면은 대개 방수모르타르 바름으로 한다.
- 실내방수 : 비교적 물을 많이 사용하는 화장실, 욕실, 부엌 등의 바닥과 벽은 대개 방수모르타르 바름, 수밀재 붙임 등으로 한다.

(3) 재료별 분류

아스팔트방수, 시트방수, 도막방수, 시멘트액체방수, 침투성 방수, 실링 방수

7.2 재료별 방수공법

1. 아스팔트 방수

아스팔트의 접착성과 방수성을 이용하여 아스팔트와 방수지(아스팔트 펠트와 아스팔트 루핑)를 몇 층이고 겹쳐 붙여 방수층을 형성하는 방법

(1) 장단점

① 여러 층의 적층 시공으로 하자 감소, 경험이 풍부, 가격이 저렴

② 고온시의 처짐 및 저온시의 약화, 화재 위험, 악취와 민원발생

(2) 아스팔트와 방수지의 겹친 수를 통산하여 6, 8, 10층 등으로 호칭

아스팔트 8층방수(3겹방수)의 구성 : 아스팔트 프라이머(A.P)→아스팔트(A)→아스팔트 펠트(A.F)→아스팔트(A)→아스팔트 펠트(A.F)→아스팔트(A)→아스팔트 펠트(A.F)→아스팔트(A)

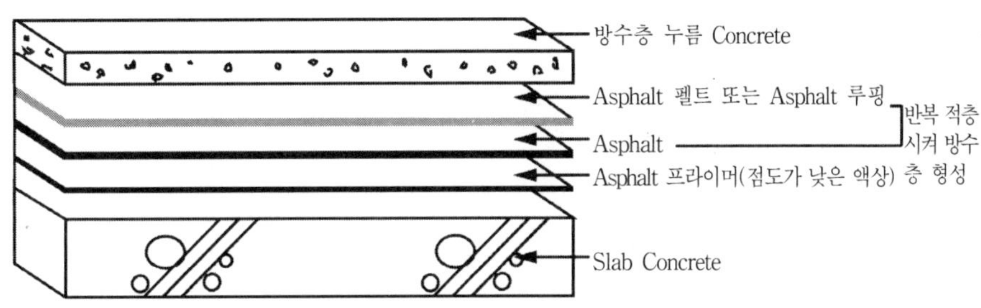

그림 7.1 아스팔트 방수층의 구성

(3) 아스팔트의 품질

① 침입도(針入度) : 아스팔트의 적합한 굳기를 나타내는 것

② 연화점(軟化點) : 아스팔트가 일정한 점성에 도달했을 때의 온도

③ 인화점(引火點) : 불이 붙을 때의 온도

④ 감온비(感溫比) : 온도에 민감한 정도

⑤ 신도(伸度) : 아스팔트의 적합한 늘임도를 나타내는 것

⑥ 가열감량(加熱減量) : 가열시 증발 등으로 감량되는 정도

⑦ 비중, 이황화탄소 가용분, 고정탄소

(4) 아스팔트의 재료

① 아스팔트(Asphalt)

- 블로운(Blown) 아스팔트 : 연화점이 높고 안전하여 건축공사에 많이 사용
- 스트레이트((Straight) 아스팔트 : 연화점이 낮아 지하방수와 아스팔트 펠트 삼투용으로 사용

② 아스팔트 컴파운드(Asphalt compound)

블로운 아스팔트에 동식물성 유지나 광물질 분말을 혼합하여 내열성, 내구성, 탄성, 접착성 등을 개량한 최우량품 아스팔트

③ 아스팔트 프라이머(Asphalt primer)

- 블로운 아스팔트를 휘발성 용제로 녹인 것

- 방수층의 바탕에 도포하여 방수층과 아스팔트의 접착을 잘 되게 하는 것

④ 방수지

- 아스팔트 펠트(Felt) : 루핑 재료에 비해 불성이 취약하므로 주로 중간층 재료로 사용
- 아스팔트 루핑(Roofing) : 내균열성이 좋아 아스팔트 방수층의 두께를 형성
- 망형 루핑 : 펠트나 루핑의 원지 대신 마포, 면포 등을 쓴 것

(5) 아스팔트방수 시공

① 바탕 처리

- 구석, 모서리, 치켜올림 부분은 방수층이 잘 부착되도록 둥글게 30~100mm 면 접어둔다.
- 습윤상태 바탕에는 프라이머가 침투되지 않으므로 바탕면이 완전 건조한 다음에 방수공사를 한다.

② 프라이머 먹임 : 바탕이 충분히 건조된 후 솔칠 또는 뿜칠(2회 이상)로 골고루 먹인다.

③ 아스팔트 바름 : 1~1.5mm 정도의 균일한 두께를 유지한다.

④ 루핑류 붙임 : 이음 부위는 엇갈리게 하고 100mm 이상 겹쳐 붙인다.

⑤ 방수층 보호누름 : 온도변화에 따른 신축, 자연 또는 인위적 파손 등의 우려가 있으므로 그 표면을 피복하여 보호한다.

(6) 지붕 마무리면의 팽창, 수축에 의한 균열을 방지할 목적

신축줄눈을 설치한다.

2. 시트(Sheet) 방수

여러 층의 방수를 두께 0.8~2.0mm의 시트 1층으로 하여 방수효과를 기대하는 공법

(1) 장단점

① 제품이 규격화되어 있어 두께가 균일하고 마감이 미려하다.

② 시공이 신속하여 공기가 단축된다.

③ 다소 신축성을 발휘한다.

④ 시트 상호간 이음부위의 결합이 우려된다.

⑤ 온도에 민감하여 동절기나 하절기 작업에 제한을 받는다.

⑥ 복잡한 시공부위의 작업이 곤란하다.

(2) 재료에 따른 분류

① 합성고분자계 시트방수

- 합성고무계
  - 가황고무계(1.0mm 이상) : 내후성이 우수, 노출 방수공법에 적합
  - 비가황고무계(1.5mm 이상) : 인장강도는 작으나 시트 상호간의 접착성은 양호
- 합성수지계(1.0mm 이상) : 열이나 외력에 의한 소성변형 우려

② 개량아스팔트 시트방수 : 천연고무, 합성고무, 합성수지 등과 아스팔트를 혼합한 것

(3) 합성고분자계 시트 방수층의 종류

① S-RuF : 합성고무계 시트를 이용하여 전면접착으로 하는 공법

② S-PIF : 합성수지계 시트를 이용하여 전면접착으로 하는 공법

③ S-PIM : 합성수지계 시트를 이용하여 바탕과 기계적으로 고정하는 공법

(4) 시공법에 따른 분류

① 노출 공법 : 비보행용, 마감(착색도료, 알루미늄판 부착 등)

② 비노출 공법 : 보행용, 시트 시공후 모르타르나 콘크리트로 누름층 형성

(5) 방수층 시공

① 시트 방수층 붙임방법 : 온통(전면)접착, 줄접착, 점접착, 들뜬(갓둘레)접착

② 시트 상호간의 이음나비 : 겹친이음 50mm 이상, 맞댐이음 100mm 이상

③ 시트의 접착방향 : 물구배와 직각, 아래서 위로

④ 시트가 잡아당긴 상태로 붙여지지 않는지 확인한다.

⑤ 방수층 치켜올림부는 30~50mm 둥글게 면접어 붙이고 접합부・마감부는 테이프로 보강하고 시일재 등으로 충진하여 수밀하게 한다.

3. 도막 방수

합성고무나 합성수지의 용액을 여러번 발라서 방수층을 형성하는 공법

(1) 장단점

① 복잡한 형상의 지붕도 시공이 용이하다.

② 내약품성이 우수하다.

③ 고무의 탄력성으로 균열이 생길 염려가 적다.

④ 균일한 두께의 도포가 곤란하다.

⑤ 고른 바탕면이 필요하다.

(2) 주로 노출공법에 사용

보행하지 않는 부위나 간단한 방수성능이 필요한 부위에 사용된다.

(3) 도막방수의 분류

구 분	우레탄 고무계	아크릴 고무계	고무아스팔트계	HIPEM
적용부위	지붕, 복도, 발코니, 실내	RC,PC 등의 외벽	RC 지하 외벽	지붕, 복도, 발코니, 실내
보 호 층	도장마감, 모르타르, 우레탄 포장	도장마감, 모르타르	콘크리트, 모르타르, 블록류	콘크리트, 모르타르, 블록류
두 께	3.0mm	1.0mm	2.0mm	2.0mm

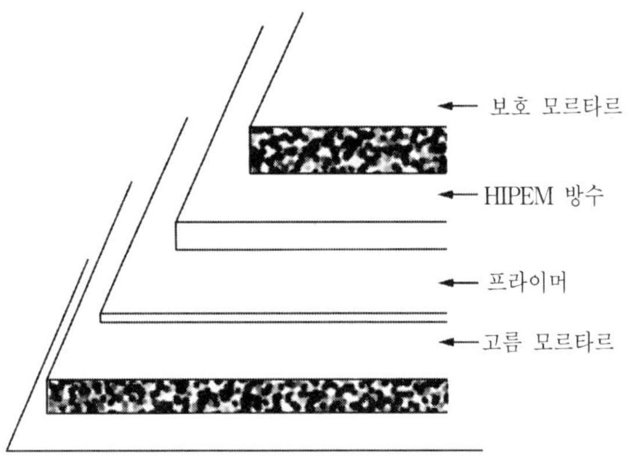

그림 7.2 HIPEM 도막방수

(5) 시공법

① 코팅(Coating) 공법 : 도막 방수제를 단순히 도포만 하는 것

② 라이닝(Lining) 공법 : 유리섬유, 합성섬유 등의 망상포를 적층하여 도포하는 방법

(6) 유의사항

① 바탕면 상태에 가장 민감하다. → 방수층 두께

② 바탕면이 건조 습윤상태인지 확인한다. → 바탕면 수분 증기압에 의한 부풀음(Air Pocket) 현상 발생

③ 점도 조절을 목적으로 혼합 후 용제 첨가 금지 → 물성 저하, 경화수축 증가

④ 보강붙임 부위 : 코너 부위, 드레인 주변, 돌출부, 이질재 접합부

4. 시멘트 액체 방수

(1) 표면에 시멘트 방수제를 도포하고 방수제를 혼합한 모르타르를 덧발르거나 또는 시멘트 모르타르에 방수제를 혼합하여 표면에 덧발라 방수하는 것으로, 이중 방수제를 혼합한 모르타르를 덧발라 방수하는 것을 시멘트모르타르방수라 한다.

(2) 시멘트모르타르방수는 콘크리트나 모르타르 사이에 있는 공극을 미세한 물질로 충전함으로써 콘크리트나 모르타르의 흡수 및 투수에 대한 저항성을 물리적으로 증대시키는 것이다.

(3) 시공이 간단하고 결함이 생기면 발견하기 쉽고 보수도 용이하다.

(4) 방수층 자체의 신축성이 없기 때문에 균열이 쉽게 발생한다.

(5) 외기의 영향을 많이 받는 옥상 등의 부위에는 적당하지 않지만 지하실 방수나 부엌, 발코니와 같은 건물의 실내 등에 주로 사용된다.

(6) 시멘트모르타르방수는 여러층으로 이루어지나 현실적으로 준수 곤란하므로 적정 기준을 제시하여 지키도록 유도한다.

(7) 시멘트모르타르방수는 구조체의 품질과 시공 부위의 특수성으로 인해 누수 사례가 공통적으로 발생하므로 취약 부위는 중점 관리한다.

(8) 방수제의 종류

① 무기질 시멘트계(분말형), 유기질 고분자계(액체형)

② 지방산계(완결제), 규산소다 및 염화칼슘계(급결제)

(9) 폴리머 시멘트모르타르방수

① 폴리머 방수제(아크릴계 에멀션이나 고무라텍스)를 시멘트모르타르에 혼합한 것

② 시멘트액체방수와는 달리 탄성을 가진 유기질의 고분자 성분을 포함하기 때

문에 건조수축 등의 영향을 크게 받지 않으며, 자체 강도가 높다.

③ 부착성능이 우수하며 투수 및 흡수에 대하여 저항성이 증대하고 방수효과가 커진다.

5. 침투성 방수

(1) 콘크리트, 조적조, 석재 및 미장 표면에 방수제를 침투시켜 구조체의 구조를 치밀하게 함으로써 수밀성을 향상시키는 공법

(2) 시공성이 좋고 공기단축이 가능하며 적용범위가 넓으나, 방수성능에 대한 신뢰성이 떨어진다.

(3) 침투방수를 적용하기 위해서는 근본적으로 밀실한 구조체가 필수적이며 구조적 균열이 없어야 한다.

(4) 침투방수는 모체의 양호함이 방수성능 확보의 핵심사항이므로 방수 전 결함부의 확실한 보수를 반드시 실시한다.

(5) 침투성 도포방수의 종류와 특성

① 무기질계

- 시멘트와 화학적 수화작용으로 독특한 수화물을 형성
- 높은 수압에 유리하며, 도포에 의한 두께를 최소화할 수 있다.
- 습윤면에 적용 가능하다

② 유기질계

- 아크릴이나 실리콘 수지를 주성분으로 콘크리트 내부의 모세관 조직에 침투하여 겔(Gel)층의 방수막을 형성
- 건조상태의 유지가 필요하다.
- 노출 외벽면에 적용 가능하다.

③ 무기·유기 혼합계

- 직접 도포로 콘크리트 표면에 발수성을 갖는 방수막을 형성
- 무기질계의 분말에 유기질계의 폴리머나 고무 라텍스를 혼합한 재료
- 내외부에 방수 가능하고, 습윤면에 적용 가능하다

6. 실링(Sealing) 방수

(1) 퍼티, 가스켓, 코킹 및 실란트 등의 실링재를 접합부에 충전하여 수밀성·기밀성을 확보하는 공법

(2) 실링재는 방수재 뿐만 아니라 콘크리트의 줄눈, 커튼월의 조인트, 창호 주위, 균열 보수 등에 사용되고 있으며, 수밀성과 기밀성 확보는 물론 신축성, 내구성 등의 성능도 요구된다.

(3) 실링재의 종류

① 정형 : 퍼티, 가스켓

② 부정형 : 코킹(비탄성형), 실란트(탄성형)

(4) 퍼티(Putty) : 탄성 복원력이 적고 새시 접합부에 사용한다.

(5) 가스켓(Gasket)

① 부재의 접합부나 유리를 끼운 부분에 사용하는 단면 형상이 일정한 정형 재료

② 네오프렌과 연질 염화비닐이 많이 쓰이고, H형 · Y형 · U형 등이 있다.

(6) 코킹(Caulking)

① 광물 충전제와 전색제를 혼합한 것

② 피착물의 손상이 없고 오랫동안 점성을 유지하며 균열이 없다.

③ 종류 : 유성 코킹재와 아스팔트 코킹재

(7) 실란트(Sealant)

① 사용시에는 페이스트(Paste)상으로 유동성이 있으나 공기 중에서 시간이 경과한 후에는 고무상태의 탄성체로 변한다.

② 접착력, 기밀성이 커서 커튼월, 새시 등의 접합부에 부착 또는 충전재로 적당하다.

③ 종류

- 실리콘계 : 1성분형(미리 배합되어져 있어 그대로 시공할 수 있는 것)
- 폴리설파이드계 : 2성분형(시공 직전에 기제와 경화제를 배합하고 비벼서 사용하는 것)

(8) 바탕면의 접착 저해요소(수분 · 먼지 · 시멘트풀 등)를 완전 제거한다.

(9) 조인트의 신축에 대응하기 위해서 백업재, 본드 브레이크를 이용하여 2면접착이 되도록 한다.

(10) 백업(Back up)재

① 줄눈 형상을 유지하고 3면 접착을 방지하기 위해 줄눈 바닥에 삽입하는 성형 재료

② 발포 폴리에틸렌이나 폴리우레탄의 원형 또는 사각형 제품

③ 백업재의 설치 깊이가 나오지 않는 경우에는 본드 브레이크를 사용한다.

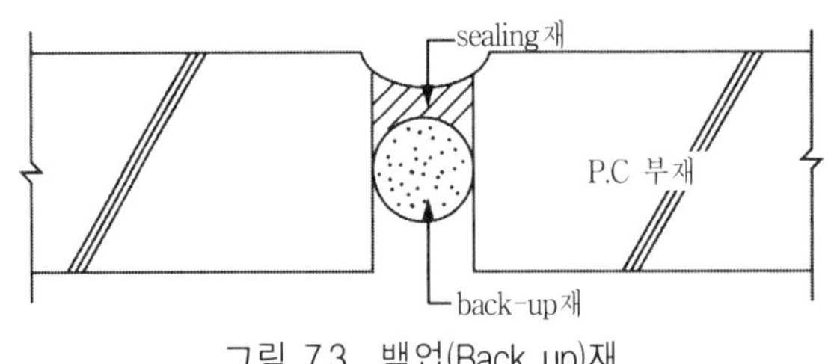

그림 7.3 백업(Back up)재

(11) 본드 브레이크(Bond breaker)

① 줄눈의 3면 접착을 방지하여 실링재료에 내부응력이 생기지 않게 피착면에 붙이는 테이프

② 하부에 본드 브레이크를 사용해 신축적으로 대응할 수 있게 처리한다.

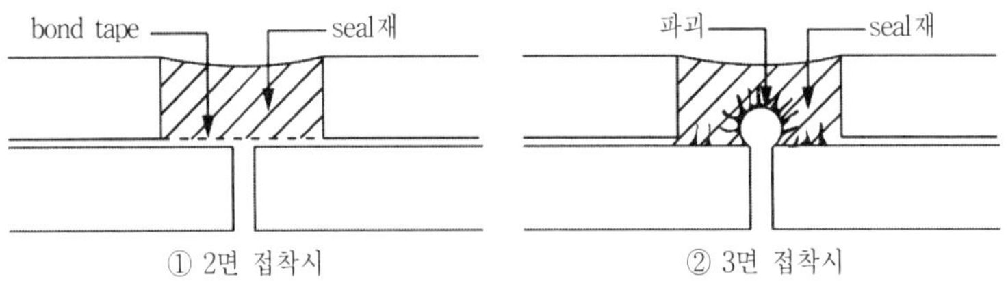

그림 7.4 본드 브레이크(Bond breaker)

(12) 마스킹 테이프(Masking tape)

실링재의 충전부위 이외를 오염시키는 것을 방지하고 줄눈선을 깨끗하게 마무리하기 위하여 사용하는 보호 테이프

7.3 부위별 방수공법

1. 지하실 방수

(1) 바깥 방수법

① 깊은 지하실에 사용되는 공법

② 구조체가 방수층 안에 있으므로 수압의 처리가 유리하고 방수의 확실성이 있다.

③ 기초파기 및 말뚝지정이 완료되면 방수층의 바탕을 축조하여야 하므로 공사시기에 제한을 받는다.

(2) 안방수법

① 수압이 작고 얕은 지하실에 사용되는 공법

② 지하 구조체가 완성되면 자유로이 시기를 택하여 공사할 수 있고 공사가 용이하다.

③ 수압 처리가 어렵다.

(3) 안방수와 바깥방수의 비교

종 류	안방수법	바깥 방수법
적용대상	수압, 토압이 적고 얕은 지하실	수압이 크고 깊은 지하실
방수층 바탕	따로 만들 필요없다	따로 만든다
공사 용이성	간단하다	어렵다
공사시기	자유롭다	반드시 지하실 공사에 선행한다
공사비(경제성)	비교적 저렴하다	비교적 고가이다
수압처리	수압에 약하다	수압에 강하다
공사순서	간단하다	상당한 절차가 필요하다
보호누름	반드시 필요	필요없다

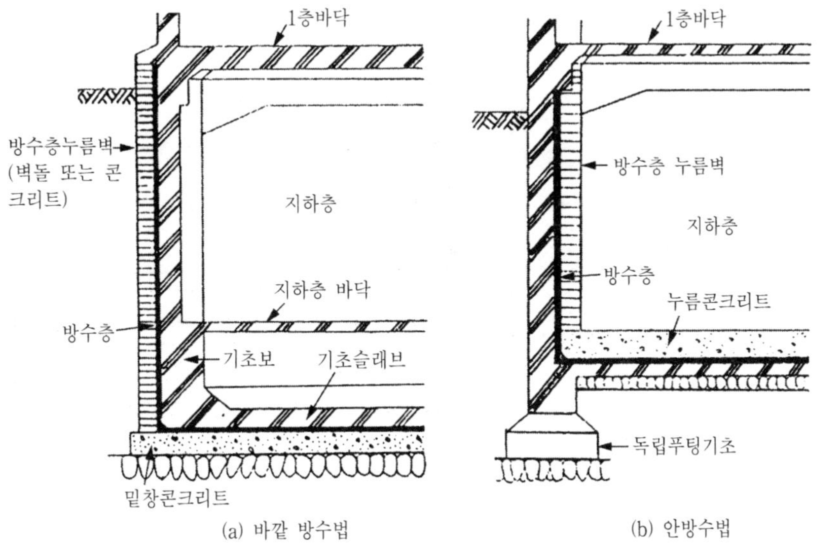

그림 7.5 지하실 방수

2. 옥상 방수

(1) 바탕면

물흘림 경사를 두어 물이 빨리 드레인으로 흘러 내려가도록 한다.

(2) 옥상 드레인(Drain)

① 드레인의 배수 분담 면적은 여유있게 처리한다.

② 우수 흐름을 위해 드레인 몸체의 높이를 주변 슬래브면보다 30mm 정도 낮춰서 설치한다.

③ 파라펫 쪽에 치우치면 방수시공이 어려워 누수의 우려가 크다.

(3) 파라펫(Parapet)

① 콘크리트 이어치기는 방수층 마감 슬래브 상부로부터 100mm 이상 높은 위치에서 바깥구배로 한다.

② 방수층 치켜올림 높이는 옥상바닥 마감면의 최상부에서 200~300mm 이상으로 한다.

③ 모서리의 면처리 : 방수층의 접착을 위해 50~70mm 정도의 코너깔기(Cant strip)를 형성한다.

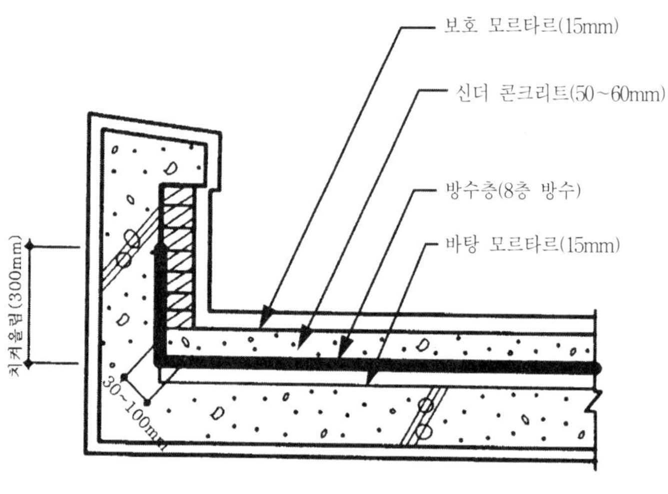

그림 7.6 옥상 방수

(4) 신축 줄눈

① 온도에 의한 콘크리트의 수축, 팽창에 대비하여 적정 크기의 폭으로 전체 두께가 완전히 분리되도록 설치한다.

② 간격은 파라펫 방수 보호층에서 600mm 이내로 하며, 일반적으로 3m 간격으로 적절히 분할한다.

③ 폭은 20~25mm 정도로 하고, 깊이는 누름층을 완전히 끊을 수 있을 정도로 한다.

④ 줄눈재 고정 모르타르의 높이는 누름콘크리트 두께의 2/3 이하로 하고, 형상은 삼각형보다 원형으로 하는 것이 좋다.

(5) 옥상녹화 부위 방수 처리

① 자연배수 경로를 확인하고, 옥상 녹화에 적합한 방수공법을 선정한다.

② 옥상녹화 시스템 : 구체 슬래브－방수층－방근층－배수층－토양여과층－육성토양층－식생층

③ 방수의 종류 : 아스팔트방수, 우레탄 도막방수, 우레탄+FRP 도막방수, 염화비닐 시트방수

(6) 박공지붕의 누수

① 박공지부의 누수는 콘크리트 이음 부위, 트렌치(Trench)에서 발생하므로 유의한다.

② 콘크리트 이음 부위는 균열에 대응할 수 있는 재료로 보강한다.

3. 바깥벽 방수

(1) 빗물이 장시간 흘러내리면 벽체의 내부로 물이 스며 들게 되므로 지상의 바깥벽은 방수처리가 필요하다.

(2) 바깥벽은 비를 맞거나 흘러내리지 않도록 채양, 처마돌림띠 등을 길게 내밀어 두는 것이 효과적이고, 벽을 두껍게 하거나 공간을 두어 이중으로 하면 어느 정도 방지할 수 있다.

(3) 바깥벽 치장은 타일, 테라죠, 석재판 등의 수밀재를 붙이면 효과가 좋다.

(4) 창호 주위의 누수

① 창호 주위는 이질재의 만남으로 인한 균열 및 불합리한 단면 형상으로 누수되기 쉽다.

② 마감재 후면으로 보이지 않게 흘러 누수되는 하자에 주의한다.

③ 콘크리트와 창호 프레임(Frame) 접촉면은 탄성 실링재를 충전할 수 있도록 단면을 확보한다.

④ 하인방 부위는 가능한 물구배를 크게(1/5 이상) 만든다.

4. 실내 방수

실내에서 방수를 요하는 곳은 항상 물을 쓰는 욕실, 세탁실, 주방 등의 바닥 또는 벽이다.

(1) 욕실의 방수

① 출입구 하부는 슬리퍼가 걸리지 않도록 70~80mm 정도의 높이를 확보한다.

② 코너 부위는 코킹(Caulking)을 설치하여 충격, 열팽창을 흡수한다.

③ 파이프 주위, 드레인 주위 등의 이질재 접합 부위는 도막방수 2회 보강한다.

(2) 주방의 방수

① 출입구 전면에 바닥 물청소를 고려하여 구배를 두거나 트렌치를 설치한다.

② 구조 도면상에 그리스 트랩, 트렌치 설치 계획을 반영한다.

③ 트렌치의 형태는 작업성을 고려하여 깊은 것보다는 넓게 하는 것이 좋다.

제8장 창호구조

제8장 창호구조

8.1 창호(窓戶)

(1) 문꼴(개구부, Opening)에 달아 채광 · 환기 · 출입에 쓰이는 것으로서, 동시에 방풍 · 방우 · 방서 · 방한 · 방온 · 방도(防盜)의 역할을 하는 것

(2) 움직이는 부분이고 떼어낼 수도 있지만 빈번히 사용되므로 고장 · 파손되기 쉬운 것으로, 우수한 재료를 써서 면밀 · 견고히 공작하여 뒤틀림 · 파손 등이 없도록 한다.

(3) 창호(Fitting)

① 창(窓, Window) : 채광과 통풍을 주목적으로 하는 것

② 문(門, Door) : 사람이나 물품의 출입을 목적으로 하는 것

(4) 창문틀

① 건물에 고정시켜 출입문이나 창 등의 문꼴에 창문을 다는 틀

② 윗틀과 밑틀, 선틀로 구성된다.

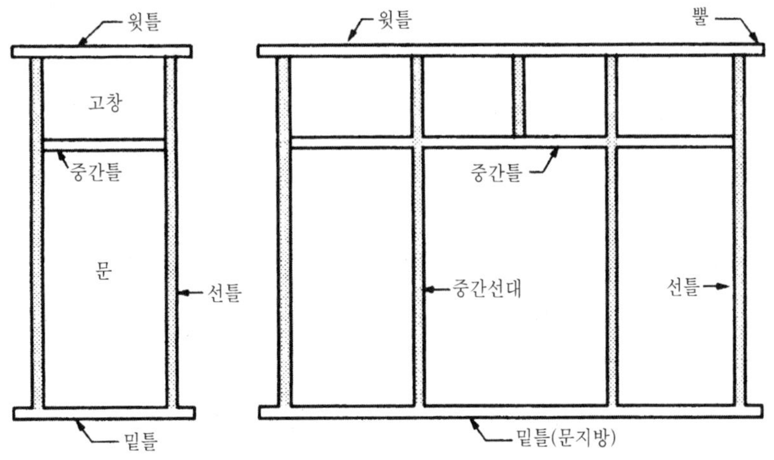

그림 8.1 문틀

8.2 창호의 개폐방식

1. 여닫이, 회전

① 여닫이 : 안팎으로 잡아당기거나 밀어서 여는 문이나 창

② 안여닫이와 밖여닫이가 있으며, 피난의 방향으로 열리도록 하는 것이 원칙이다.

③ 여닫이가 하나인 외여닫이와 여닫이 2개가 좌우대칭으로 마주해 가운데서 좌우 바깥으로 열리는 쌍여닫이가 있다.

④ 회전문 : 은행, 호텔 등의 출입구에 통풍, 기류를 방지하고, 출입 인원을 조절하는 목적으로 사용하는 것

⑤ 회전창 : 윗 창은 안으로, 아랫 창은 밖으로 돌려 여는 창

⑥ 자재문 : 안팎 자유로 여닫을 수 있고 저절로 닫혀지는 것으로, 사람 출입이 많은 사무소에 쓰인다.

⑦ 미들창 : 내밀면 들리면서 열리는 창문

2. 미닫이, 미서기

① 미닫이

- 좌우로 밀어서 열고 닫는 문이나 창으로, 개구부 전체를 개방할 수 있다.
- 문짝이 하나인 것을 외미닫이, 두 짝으로 된 것을 쌍미닫이라고 한다.
- 창문이 유리일 때는 문짝이 무거우므로 밑에 홈 대신 레일을 대고, 문짝에는 바퀴를 달아 잘 미끄러지게 한다.

② 미서기

- 구조적으로는 미닫이문과 거의 비슷한 형식이지만, 문이 2짝이나 3짝 또는 4짝으로, 여닫을 때 한편으로 겹치도록 홈을 2줄 또는 3줄로 하여 문 1짝을 다른 짝 옆에 밀어 붙이게 되어 있다.
- 미닫이는 문 전체를 열 수 있으나 미서기는 반만 열릴 수 있게 되어 있으며, 3짝일 경우에는 1/3만 열리게 되어 있다.
- 미닫이와 마찬가지로 실내 공간이 방해되지 않는 이점이 있다.

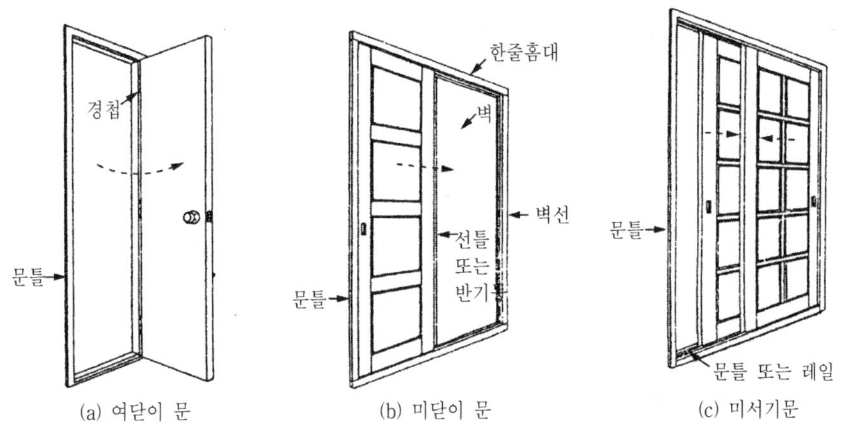

그림 8.2 여닫이 및 미닫이, 미서기

3. 접문

간막이를 문짝으로 만들어 두 방을 하나의 큰 방으로 사용할 수 있는 것

4. 오르내리창

아래 위로 오르내릴 수 있게 한 것으로, 개방을 적당히 할 수 있어 통풍의 조절에 편리하다.

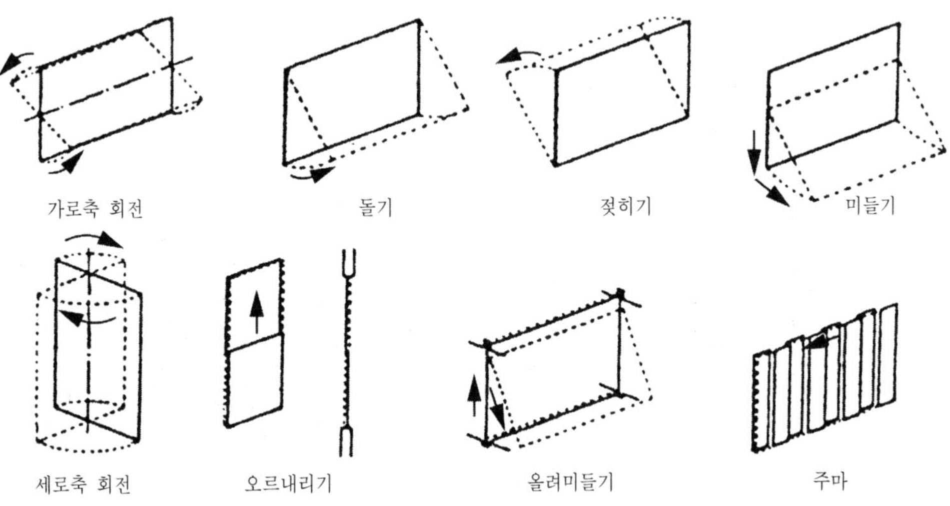

그림 8.3 창호의 개폐방식

8.3 창호의 종류

1. 목재 창호

(1) 재료

① 작은 부재, 넓은 널 등을 조립하여 짜는 것이므로 곧은결 무절재를 뒤틀리지 않게 충분히 건조시켜 사용한다.

② 설계도면에서 창문틀 치수는 제재 치수로 하고, 창문짝은 마무리 치수로 한다.

(2) 최근 들어, 목재 창호는 양질의 목재 확보, 수축 팽창에 따른 뒤틀림 현상 및 경제성 때문에 원목 대신 집성목, ABS(합성수지) 소재로 만든 것이 주종을 이룬다.

(3) 목재문의 마감 자재에는 무늬목, PVC 무늬목(필름), 도장 등을 주로 사용하며, 최근에는 공장에서 대량생산되는 기성제품 문을 적용하는 추세이다.

(4) 문짝은 변형에 대한 성능, 문 여닫음에 대한 내구성이 확보되는 한 가볍게 제작한다.

(5) 목재문의 하자 : 비틀림・휨 발생, 문짝의 배부름, 창호철물의 고장, 자물쇠의 작동 불량, 흠집・벗겨짐・오염변색 등

(6) 목재문

① 양판문 : 울거미를 짜고 그 정간(井間)에 넓은 판을 끼워 넣는 문

② 플러쉬문 : 문틀을 짜고 그 표면에 합판을 붙여서 평평하게 만든 문

③ 도듬문 : 울거미를 짜고 중간살을 가로세로 넣어 종이를 두껍게 바른 문

④ 세살문 : 가는 살(세살)을 짜고 한면에 창호지를 바른 문

⑤ 비늘살문 : 울거미를 짜고 얇고 넓은 살을 빗대어 채양, 통풍이 되는 문

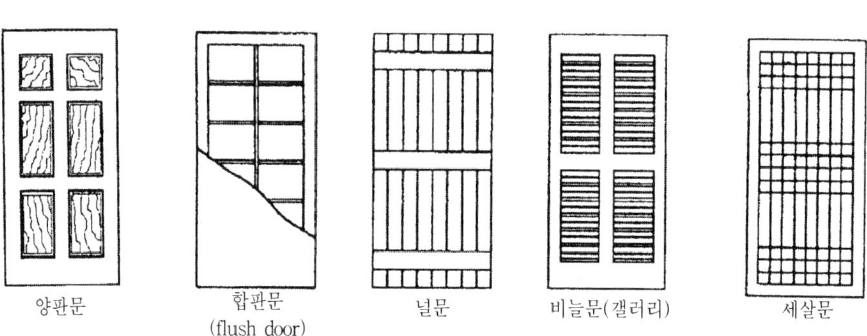

그림 8.4 목재문

2. 철재(강재) 창호

(1) 새시 바를 용접 또는 나사못으로 조합시킨 것으로, 스틸 새시(Steel sash)와 스틸 도어(Steel door)로 구분한다.

(2) 새시 바(Sash bar)에는 중공식, 압연식, 판철식 등이 있다.

(3) 특징

① 강도가 크며 파손이 잘 되지 않고 용융점이 높아 내화성이 있다.

② 기밀성이 떨어지며, 녹슬기 쉽고 제품이 무겁다.

(4) 재료 : 문짝은 1.0~1.2mm 철판, 문틀(Frame)은 1.6mm 철판

(5) 마감 : 문짝은 정전분체 열간처리(소부) 도장, 문틀은 조합 또는 우레탄 페이트 현장 도장

(6) 가스켓 : 방화문은 방화용 가스켓, 일반문은 네오프렌계 가스켓 사용

(7) 제작부터 설치 완료 후까지 허용오차 내에서 관리한다.

(8) 설치 공법에는 나중세우기 공법과 먼저세우기 공법이 있으며, 보통 나중세우기 공법을 많이 취한다.

(9) 멀리온(Mullion)

① 창면적이 클 때 스틸 바(Steel bar)만으로는 약하거나 여닫을 때의 진동으로 유리가 파손될 우려가 있을 때 이를 보강하고 외관을 꾸미기 위하여 사용하는 것

② 강판을 중공형(中空形)으로 접어 가로나 세로로 댄다.

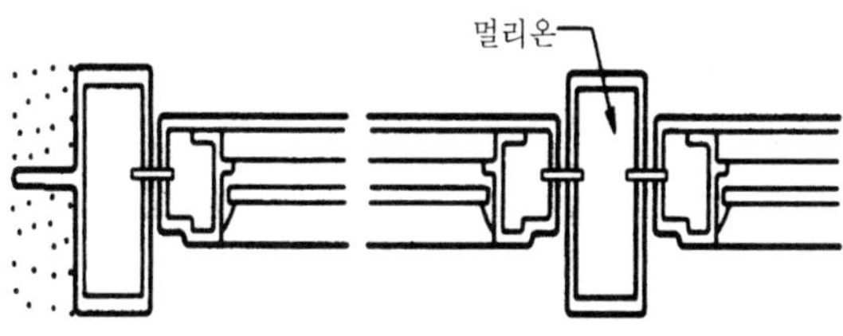

그림 8.5 멀리온(Mullion)

3. 알루미늄(Aluminium) 창호

(1) 특징

① 비중이 철의 1/3로 가벼워 건물의 자중을 감소시킬 수 있다.

② 녹슬지 않고 사용연한이 길며, 가공이 쉽다.

③ 기밀성과 수밀성이 우수하고, 개폐가 경쾌하다.

④ 알루미늄은 표면이 연하며 특히 용접부는 철보다 약하다.
⑤ 내화성은 매우 떨어진다. → 온도 상승에 따라 강도가 급히 감소한다.
⑥ 콘크리트, 모르타르, 회반죽 등의 알칼리성에 대단히 약하다.
→ 알루미늄새시의 문틀이 모르타르와 접하는 부분에는 검은 얼룩이 생기게 되므로 직접 접촉시키지 않는다.

(2) 표면 처리
① 새시 바의 내구성을 향상시키기 위하여 표면에 양성 산화피막을 만든다.
② 양성 산화피막 : 알루미늄 표층을 전기적으로 산화한 산화알루미늄으로 된 피막을 생성하는 것
③ 창호 내구성을 확보하기 위해서는 피막두께 확보가 중요하므로 표면처리 두께를 확인한다.

(3) 골조의 크리프(Creep)에 의해 새시가 휘는 경우가 있으므로 주의한다.

(4) 알루미늄 창호의 요구성능
내풍압성, 기밀성, 수밀성, 방음성, 단열성, 방화성

4. 기타 창호

(1) 합성수지 창호
① 내화학성, 단열성, 기밀성 등이 우수하며, 결로를 막을 수 있다.
② 가연성이며 자외선에 장시간 노출된 경우 변색, 변형의 염려가 있다.

(2) 셔터(Shutter)
① 두루마리 형태로 감아올려 개폐하는 오르내리의 철재문
② 슬래트(Slat, 좁고 길다란 강판)을 연속시켜 커튼처럼 면을 구성한 것
③ 종류 : 방화셔터, 방연셔터, 방범셔터, 단열셔터, 방폭셔터 등
④ 개폐방법 : 수동식(손잡이식과 체인식), 전동식, 퓨즈 장치식
⑤ 설치시 레일 설치에 필요한 좌우 간격 및 축(Shaft) 설치를 위한 상하 간격의 확보가 중요하다.

(3) 무테문(Frameless door)

① 울거미없이 강화 판유리나 투명 아크릴판을 강력접착제나 볼트 등을 사용하여 설치하는 문

② 상점이나 사무소 건물의 주출입구에 사용하는 것

③ 유리판의 상하부에는 지도리(Pivot)를 설치하기 위하여 황동제 또는 스테인레스 스틸제의 테를 두른다.

(4) 자동문

① 자동으로 개폐가 이루어지도록 한 문

② 기능에 따라 개폐방식을 선택한다. → 상부 센서(Sensor), 매트 센서(Mat sensor), 누름 버튼(Push button), 좌우 센서, 카드 리더(Card reader) 등

③ 상부 센서를 적용한 자동문은 센서의 반지름을 1.5~1.8m 기준으로 설치한다.

(5) 접문(Folding door)

몇 개의 문짝을 서로 정첩으로 연결하여 도르래를 윗 레일에 걸쳐 대고 접어서 열고, 펴서 닫는 식의 문

(6) 에어 도어(Air door, 에어 커튼)

개구부 상부에서 공기를 분사하고 하부에서 흡입토록 하여 건물 내외부의 공기 유통을 차단하는 것

(7) 시스템 창호

기밀성과 단열성을 향상시킴과 동시에 미닫이와 들창과 같은 2가지 이상의 개폐 기능을 갖도록 제작된 것

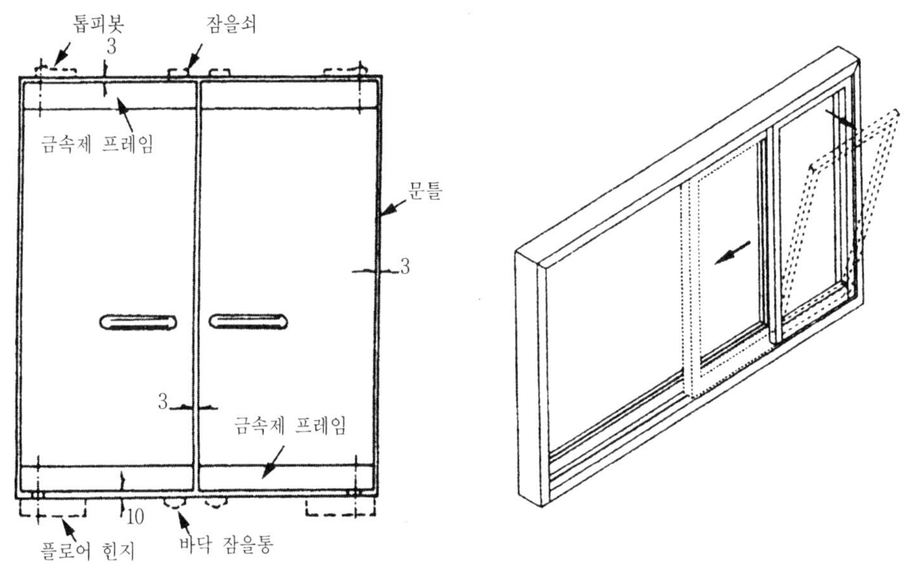

그림 8.6 무테 유리문

그림 8.7 시스템 창호

8.4 창호 철물

1. 개요

(1) 창호철물(Hardware)

창문짝을 틀에 달고 잠그며 여닫는 데 쓰이고 또는 창문의 보호 보강용으로 쓰이는 일체의 것

(2) 창호 종류와 철물

① 여닫이 창문 : 정첩 및 문지도리, 플로어 힌지, 피보트 힌지, 도어 클로저(도어 체크), 함자물쇠, 오르내리 꽂이쇠 등

② 미서기 · 미닫이 창문 : 레일 및 문바퀴, 오목손걸이, 꽂이쇠, 도어 행거, 크레센트

③ 오르내리창 : 크레센트, 도르레, 추, 손걸이

(3) 창호철물 선정시 고려사항

건축물의 위치, 건축물의 특성, 건축물의 용도, 실의 용도, 문의 위치, 문 및 문틀의 재질, 창호철물의 형상 및 색상, 출입 빈도 및 예산 등

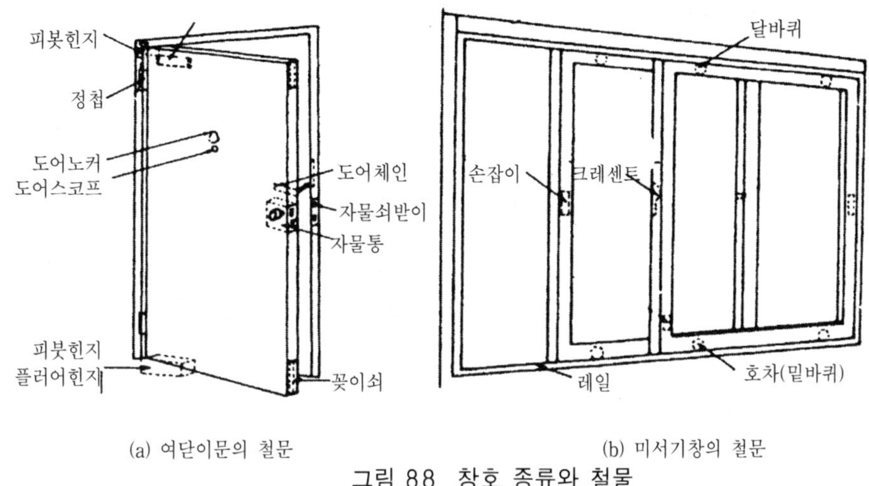

(a) 여닫이문의 철문 (b) 미서기창의 철문

그림 8.8 창호 종류와 철물

2. 여닫이 창호철물

(1) 보통 정첩(Butt hinge)

① 문짝을 문틀에 달아 여닫는 축이 되는 것

② 규격은 문의 두께와 폭에 의해 결정되고, 수량은 문의 높이에 의해 결정된다.

(2) 자유 정첩(Spring hinge)

스프링을 장치하여 안팎으로 개폐할 수 있는 정첩으로, 자재문에 사용

(3) 플로어 힌지(Floor hinge)

① 자유정첩과 같이 문을 자동으로 닫히게 하는 힌지

② 유압식으로 되어 있고 중량이 큰 문짝에 사용한다.

③ Auto power hinge : 바닥과 문 속에 매립 정착하여 사용하는 피보트 힌지의 일종으로 스프링이 내장되어 항상 닫히는 힘이 가해진다.

(4) 피보트 힌지(Pivot hinge)

① 문지도리(문장부돌쩌귀)로서 용수철을 쓰지 않고 문장부식으로 된 힌지

② 일반적으로 중량문에 사용한다.

③ 종류 : 중심축형(Center hung type)과 돌출형(Offset hung type)

(5) 래버터리 힌지(Lavatory hinge)

① 저절로 닫혀지지만 완전히 닫혀지지 않고 약간(15cm 정도) 열려 있게 된 것
② 자유정첩의 일종으로, 공중 화장실과 공중전화 출입문 등에 사용된다.

(6) 도어 체크(Door check)=도어 클로저(Door closer)

① 문 윗틀과 문짝에 설치하여 문을 열면 자동적으로 조용히 닫히게 하는 장치
② 피스톤 장치가 있어 개폐속도를 조절할 수 있다.

(7) 함자물쇠(Rimlock)

① 출입문 등에 붙이는 작은 상자에 장치한 자물쇠
② 손잡이를 돌리면 열리는 자물통(Latch bolt)과 열쇠로 회전하여 잠그는 자물쇠(Dead bolt)가 수장되어 있다.

(8) 실린더 자물쇠(Cylinder lock)

① 자물통이 실린더로 된 것
② 안에서 누름버튼으로 손잡이을 고정시키고 바깥에서는 열쇠로 손잡이를 돌리는 방식과 손잡이 속에 실린더를 장치한 것이 있다.

3. 미서기 · 미닫이 창문용 철물

(1) 레일(Rail)

① 내식성과 강도가 좋고, 바퀴끼우기에 편리해야 한다.
② 단면 형태에 따라 둥근 레일과 각 레일이 있고, 철제 · 주철제 · 플라스틱제 등이 있다.

(2) 문바퀴(Sash roller)

① 창문 밑막이에 대어 문이 레일 위를 구르게 하는 창호철물
② 볼 베어링이 들어 있는 주철제가 많이 사용된다.

(3) 도어 행거(Door hanger)

① 도어 행거에는 행거 레일 및 바퀴를 쓰고 철물의 크기는 창호의 크기와 두께에 적당한 것을 사용한다.

② 행거 레일은 여닫음이 잘 되도록 조절한 후 설치한다.

4. 오르내리창용 철물

(1) 도르래(고패, 바퀴), 달끈, 추, 손걸이로 구성되어 있다.

(2) 도르래와 테는 헐겁지 않아야 하며, 그 사이에 달끈이 끼이거나 갈려서 끊어지지 않는 기구와 재질로 된 것을 사용한다.

(3) 크레센트(Crescent)는 오르내리창의 여밈막이에 사용되는 걸쇠로 상하 창이 잘 채워지도록 손걸이와 같이 적당한 위치에 단다.

그림 8.9 창호 철물

제9장 지붕잇기 및 홈통

제9장 지붕잇기 및 홈통

9.1 지붕

(1) 지붕은 건축물의 형태를 결정하는 중요한 요소의 하나로서, 지붕의 모양이나 형태 및 재료는 그 지역의 기후나 풍토, 생산 가능한 건축재료 및 거주자의 지역에 따라 다르다.

(2) 지붕의 모양은 단조롭고 지붕틀 구조가 간단하며, 빗물처리에 불리한 지붕골이 많이 생기지 않도록 하는 것이 바람직하다.

(3) 지붕의 형상

① 물매가 없는 평지붕과 물매가 있는 경사지붕이 있으며, 평지붕의 형태는 철근콘크리트조에서 많이 쓰이는 형태이고, 목구조에서는 경사가 있는 형태의 지붕이 많이 사용된다.

② 박공지붕과 외쪽지붕은 경사지붕의 기본형이며, 모임지붕, 방형지붕, 합각지붕, 맨사드지붕 등은 의장상의 요구를 가미한 것이고, 솟을지붕, 톱날지붕 등은 채광과 통풍을 고려한 것이다.

(4) 지붕의 종류

① 외쪽지붕 : 지붕면이 한쪽 방향으로 경사진 지붕

② 눈썹지붕 : 외쪽지붕의 상부를 접은 것과 같은 모양의 지붕

③ 박공지붕 : 지붕면이 양쪽 방향으로 경사진 지붕

④ 모임지붕 : 지붕마루에서 네 방향으로 경사진 지붕

⑤ 방형지붕 : 지붕 중앙의 한 점에서 네 방향으로 경사진 각추형 지붕

⑥ 합각지붕 : 박공지붕의 양 옆에 모임지붕 단부의 경사면을 붙여댄 모양의 지붕

⑦ 맨사드((Mansard)지붕 : 모임지붕면을 꺾어 상부물매를 작게 하고, 하부는 크게 한 것

⑧ 꺾임지붕 : 박공지붕면을 중앙에서 꺾어 상하물매를 달리 한 것

⑨ 솟을지붕 : 지붕 위에 다시 만든 작은 지붕

⑩ 톱날지붕 : 외쪽지붕이 연속되어 톱날같은 모양을 한 지붕

⑪ 평지붕 : 지붕면이 거의 수평으로 된 것

⑫ 곡면지붕 : 반원지붕, 돔지붕, 버터플라이 지붕 등

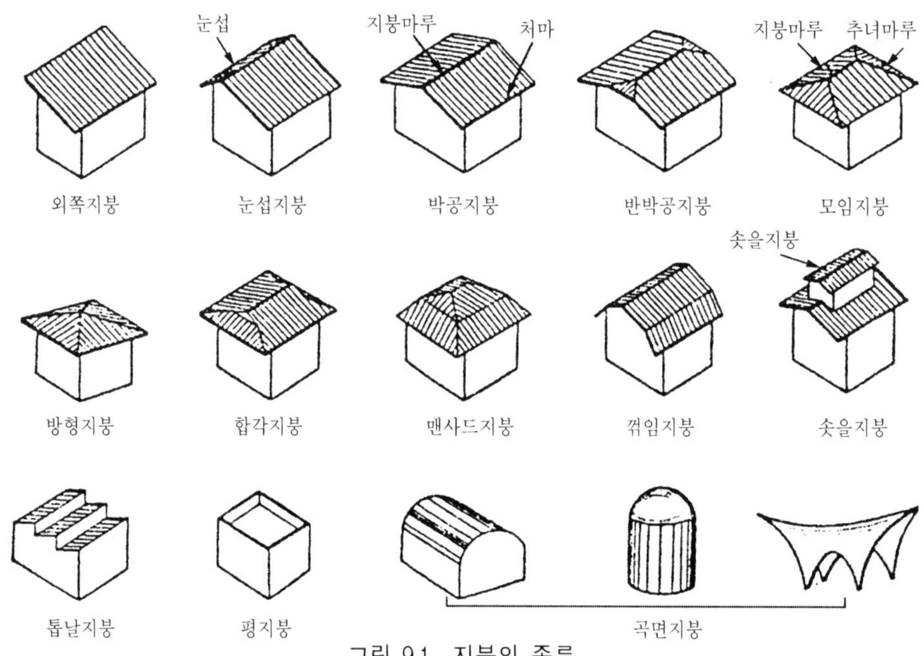

그림 9.1 지붕의 종류

(5) 지붕재료에 요구되는 조건

① 방화적이고 내한, 내열적이며 열차단성이 클 것

② 수밀, 내수적일 것

③ 가볍고 내구성이 크고 내풍적일 것

④ 보기 좋은 모양과 빛깔로서 건물에 조화가 잘 될 것

⑤ 시공 용이하고 수리에 편리할 것

(6) 지붕의 물매

① 지붕물매 : 직각삼각형에서 수평거리를 10으로 하였을 때의 수직높이

② 물매의 종류

- 되물매 : 수평거리와 높이가 같은 물매(10cm 물매, 45°)
- 된물매 : 수평거리보다 높이가 클 때의 물매(45° 이상)
- 평물매 : 수평거리보다 높이가 작을 때의 물매(45° 이하)

③ 지붕이 클수록 물매는 크게 한다.

④ 지붕재료의 크기가 작을수록 비가 새기 쉬우므로 물매를 크게 한다.

⑤ 풍우량, 적설량이 많은 지방에서는 물매를 크게 한다.

⑥ 지붕재료 및 물매

- [기와] 점토기와(한식기와) : 4.5/10, 시멘트기와(평기와) : 4/10
- [금속판] 아연판 · 알루미늄판 · 동판 : 2.5/10
- [슬레이트] 석면슬레이트 : 5/10(대형) · 3/10(소형), 골슬레이트 : 3/10
- [유리] 평판 및 골판 : 5/10
- 아스팔트 싱글 : 3/10

9.2 지붕 잇기

1. 기와 잇기

(1) 한식 기와 잇기

① 종류 : 암기와, 숫기와, 막새, 내림새, 감새, 보습장, 착고, 용머리, 취두, 귀두

② 암기와 잇기 : 처마끝 연암에서 90mm 내밀고 알매 흙을 채워 가며 잇는다.

③ 숫기와 잇기 : 숫기와 밑에 홍두깨 흙을 뭉쳐 놓고 잇는다.

④ 지붕 마루

- 착고 : 기와골에 맞추어 숫기와를 옆세워 댄 기와
- 부고 : 착고 위에 숫기와를 또 옆세워 댄 것
- 머거블 : 용마루 끝 마구리에 숫기와를 옆세워 댄 것
- 보습장 : 추녀마루 처마끝에 암기와를 삼각형으로 댄 것

⑤ 회첨골 : 골추녀에 암기와를 낮게 두 줄로 깐 것

(2) 일식 기와 잇기

① 종류 : 걸침기와, 내림새, 감새, 마루장, 용머리

② 내림새 : 처마끝에 쓰이는 것으로, 빗물 낙하에 편리한 비흘림판이 달린 것

③ 감새 : 박공지붕에서 박공을 감싸는 옆판이 달린 기와

④ 감내림새 : 박공의 처마끝에 쓰는 기와

⑤ 골내림새 : 지붕골에 쓰는 내림새

⑥ 모임지붕의 귀부분에는 귀내림새를 쓰고 골(회첨)에는 골내림새를 쓴다.

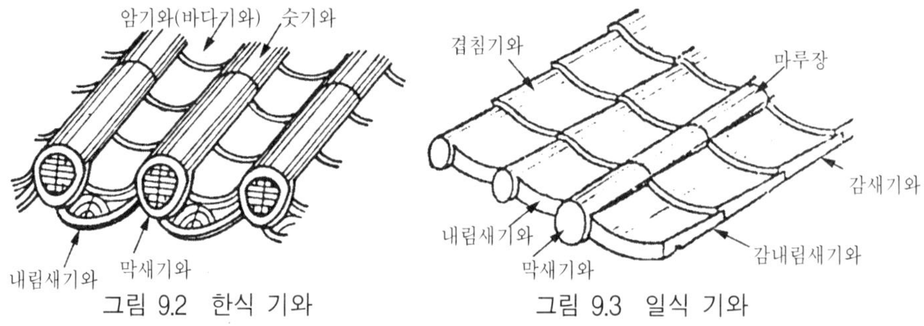

그림 9.2 한식 기와

그림 9.3 일식 기와

(3) 금속기와 잇기

① 알루미늄(55%), 아연(43.4%), 규소(1.6%) 합금을 냉연강판에 도금한 강판 위에 천연화산석 가루를 도포한 것

② 폭우와 태풍에 강하며, 내열성과 내식성이 우수하다.

③ 가벼워 취급이 용이하며, 시공이 간편하다.

④ 고정못은 용융도금 처리 후 흑색 코팅된 것을 사용하며, 일반 코팅못은 사용을 금지한다.

⑤ 서까래는 45×90mm 이상 각재를 900mm 간격으로 설치한다.

⑥ 용마루 연결부분은 최소 100mm 겹치도록 고정하며 옆부분은 300mm 간격으로 못을 박아 고정한다.

2. 슬레이트(Slate) 잇기

(1) 천연 슬레이트 잇기

① 판형 석재를 소요 형태와 치수로 가공하여 만든 지붕재료

② 석질이 약하여 쉽게 깨어질 우려가 있고 생산 산지마다 그 크기가 다양하다.

③ 잇기 방법은 일자이음 · 마름모이음 등이 주로 쓰이며, 모양에 따라 귀잡이무늬 · 귀갑무늬 · 비늘무늬 등의 방법이 있다.

(2) 석면 슬레이트 잇기

① 시멘트 페이스트 속에 석면 및 펄프를 혼합하여 가압 성형한 판

② 지붕재료에는 소형 골판, 대형 골판, 작은 평판 등이 사용된다.

③ 작은 평판 잇기 : 일자이음과 마름모이음이 주로 쓰인다.

④ 골판 슬레이트 잇기

• 지붕널 위에 깔 때도 있지만, 대개 중도리에 직접 걸쳐대고 갈구리볼트로 고정하며, 이때 겹치는 부분은 상하 100~150mm, 좌우 1.5~2.5골 정도가 되게 한다.
• 시공이 간편하고 빗물처리가 잘 되기 때문에 공장이나 창고 등의 지붕과 외벽에 사용된다.
• 충격에 약하고 유연성이 부족하여 파손되기 쉬우므로 주의가 필요하다.

3. 금속판 잇기

(1) 재료로는 아연도금강판(함석판) · 동판 · 납판 · 아연판 · 알루미늄판 등이 있으며, 잇기는 평판잇기 · 기와가락잇기 · 골판잇기 등의 방법이 있다.
(2) 금속판의 이음은 거멀접기, 납땜, 못조짐 등의 방법이 있으나 거멀접기가 주로 쓰인다.
(3) 급경사의 지붕이나 뾰족탑 등과 같이 기와나 슬레이트를 사용할 수 없는 곳에도 자유롭게 지붕잇기를 할 수 있다.
(4) 열전도가 크고 온도변화에 의한 신축이 크기 때문에 바탕재와의 연결에 주의가 필요하다.
(5) 바탕널과의 고정은 거멀쪽 또는 거멀띠를 사용하여 금속판에 구멍이 생기지 않도록 한다.
(6) 기와가락은 40~60mm 각재를 400~550mm 간격으로 지붕흐름 방향으로 댄다.

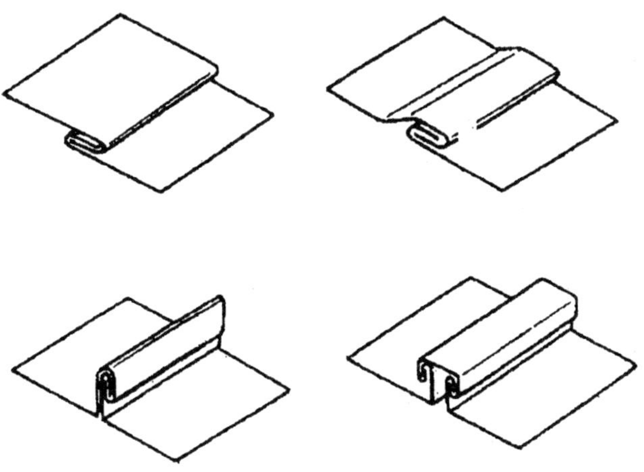

그림 9.4 거멀접기

(7) 아연도금강판(함석판)

① 철의 부식을 방지하기 위해 표면에 아연을 도금한 것

② 비를 맞으면 아연이온이 빗물에 용해되어 철판이 노출되고 부식된다.

③ 착색 아연도금강판(컬러강판)

- 아연도금강판 소재에 다양한 컬러를 표면에 코팅한 후 열간 경화시킨 강판
- 폴리에스테르수지 강판, 실리콘수지 강판, 불소수지 강판, 고내후성 폴리에스테르수지 강판, 용융알루미늄아연도금 강판 등

(8) 동판(구리판)

① 가공이 자유롭고 곡면 만들기도 쉬우며, 내식성과 내후성이 강하다.

② 시간이 경과함에 따라 색상이 변화되는 특성이 있다.

③ 산화동판 : 특수 공정을 걸쳐 일정기간이 경과하면 산화된 것처럼 고풍스로운 색상을 지니며, 녹청색 · 밤색 산화동판이 있다.

(9) 알루미늄 판

① 경량이며 가공이 쉽고 내구력도 뛰어나다.

② 산과 알칼리에 약해 이질재와 접촉을 피해야 하며, 습기 · 염분 등으로 부식되기 쉬우므로 바탕재와 절연해야 한다.

(10) 스테인리스 강판

① 일반 강이나 알루미늄에 비해 내식성이 우수하며, 추가적 도장이 없고 온도변화에 따른 열팽창률이 적다.

② 선택시 마감은 반사에 의한 눈부심 방지를 위해 무광택 마감을 적용한다.

4. 아스팔트 싱글 잇기

(1) 두꺼운 펠트에 아스팔트를 함침시킨 후 양면에 아스팔트를 도포하여, 바닥층에는 세사를 고르게 붙이고 상부 노출면에는 균일한 입도의 천연 쇄골재 또는 특수 무기안료로 고열처리 채색된 부순돌 입자를 붙인 제품

(2) 내후성이 뛰어나고 유연성이 좋아 복잡한 형상의 지붕에도 적용할 수 있으며, 가격이 저렴하다.

(3) 가연성 재료이며, 재료 자체가 가벼워 강풍에 날아갈 위험이 있다.

(4) 크기 : 305×915mm 정도 크기의 3탭, 두께 2.8mm 이상

(5) 고정철물 : 콘크리트 바탕－콘크리트못, 목재 바탕－아연도금 못

(6) 바탕의 치켜올림면은 50mm 이상의 삼각면으로 처리한다.

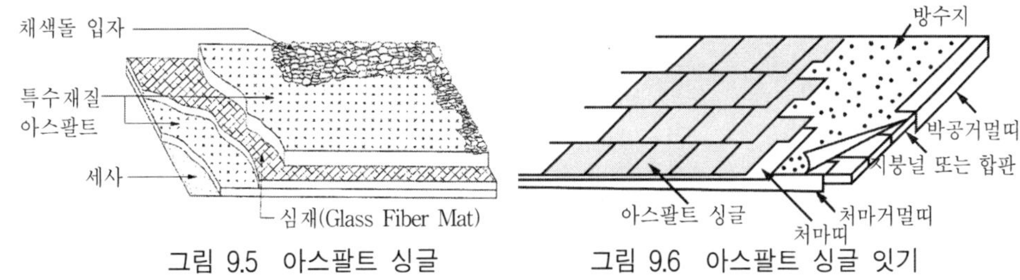

그림 9.5 아스팔트 싱글 그림 9.6 아스팔트 싱글 잇기

9.3 홈통

(1) 지붕의 우수나 물을 지상으로 흘러내리게 하기 위하여 설치하는 것

(2) 홈통의 크기는 지붕면의 크기, 물매 및 그 지역의 최대 강우량에 따라 결정된다.

(3) 지붕면을 타고 흘러내린 빗물은 처마홈통에 모여진 다음 선홈통을 통하여 배수된다.

(4) 처마 홈통

① 지붕의 처마 끝 부분에 수평으로 설치한 홈통

② 물흘림 경사는 1/200 이상으로 하고, 1/50 정도로 하는 것이 좋다.

③ 처마의 내민 길이가 적으면 우수의 파도에 의해 누수의 위험이 있으므로 처마의 내민 길이는 150mm 이상으로 설치한다.

④ 금속제 홈통은 열에 의한 신축팽창이 있으므로 20m 이내에 신축이음을 둔다.

⑤ 상자 홈통 : 처마끝 돌림띠 모양으로 보이게 하고 그 안에 처마 홈통을 댄 것

(5) 선홈통

① 처마홈통에 모인 물을 수직으로 땅바닥까지 흐르게 하는 홈통

② 선홈통의 설치는 건물 디자인이나 개구부의 위치와 관계가 있기 때문에 제약을 받게 되는 경우가 많다.

③ 배수가 잘 될 수 있도록 크기와 위치에 대한 충분한 검토가 이루어져야 한다.

④ 위에 깔대기홈통을 받고, 밑은 지하 배수관에 직접 연결하거나 낙수받이돌 위에 빗물이 떨어지게 한다.

⑤ 하부에는 철관 등을 써서 보호하고 그 높이는 1.2~1.8m 정도로 한다.

(6) 깔때기 홈통

① 처마홈통과 선홈통을 연결하는 깔대기 모양의 홈통

② 우수의 낙차에 의하여 연결부위가 떨어지기 쉬우므로 주의하여야 한다.

(7) 장식홈통

① 선홈통의 상부에 대어 깔대기 홈통과 연결하는 홈통

② 우수의 방향을 돌리거나 집수통의 넘쳐흐름을 방지하고, 외부 장식을 위하여 설치한다.

(8) 골홈통

① 지붕의 골부분에 만들어지는 홈통

② 누수의 위험이 크기 때문에 깊고 폭을 넓게 한다.

③ 골홈통 중앙을 절곡하면 판의 처짐이 적어지고 물빠짐이 양호해진다.

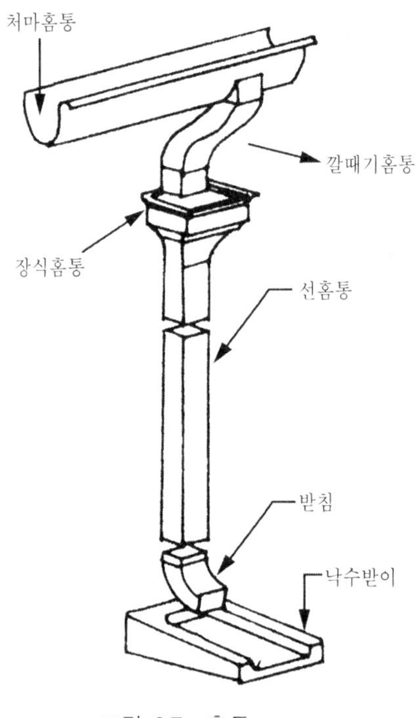

그림 9.7 홈통

제10장 기타구조

10.1 수장

제10장 기타구조

10.1 수장

1. 벽

(1) 벽(Wall)

① 수직으로 공간을 막은 구조로, 안과 밖을 구획하는 외벽과 내부 공간을 구획하는 간막이벽이 있다.

② 외벽은 빛·열·공기·소리 등의 환경인자를 제어하여 쾌적한 실내 환경을 만들며, 건물의 외피를 이루는 부분이므로 건축적인 미관과 안전성을 겸비하여야 한다.

③ 내력벽은 벽식 콘크리트구조나 조적구조의 벽처럼 지붕, 벽, 바닥을 지지하는 벽이다.

④ 비내력벽은 기둥과 보 사이에 끼워져 외력을 부담하지 않는 벽으로, 외부의 비내력벽은 커튼월(Curtain wall)으로 불리운다.

(2) 바름벽

모르타르, 회반죽, 플라스터 등으로 발라 만든 벽

① 시멘트모르타르 바름 : 시멘트, 모래를 주재료로 하여 물과 함께 혼합한 것

② 회반죽 바름 : 소석회, 모래, 여물, 해초풀 등을 섞어 만든 전통적인 재료

③ 플라스터 반죽 바름 : 석고 또는 석회, 물, 모래 등의 성분으로 이루어진 재료

④ 벽지 바름 : 종이, 비닐, 섬유 자재를 벽, 천장, 바닥에 접착제를 사용하여 부착한다.

- 종이벽지 : 코팅벽지, 엠보싱벽지, 그라비아벽지
- 비닐벽지 : 염화비닐벽지(비닐실크벽지), 발포벽지, 케미컬벽지
- 섬유벽지 : 일반섬유벽지, 실크벽지, 스트라이트벽지, 날염벽지
- 갈포벽지 : 원료(완심포, 완포, 갈포, 저마포)에 따라 구분

(3) 붙임벽

① 목재판벽

- 비늘판벽 : 외벽에 접합부의 빗물처리를 위하여 판을 수평으로 붙이는 것, 누름대 비늘판벽 · 영식 비늘판벽 · 독일식 비늘판벽
- 징두리판벽 : 실내벽 하부에서 높이 1~1.5m 정도로 판벽을 한 것

② 합판 붙임 : 마감용 합판은 가공한 상태에 따라 기계가공 합판, 오버레이 합판, 장식가공 합판, 프린트 합판, 경량 합판 등 다양하다.

③ 섬유판 붙임 : 나무조각 · 톱밥 · 짚 · 종이조각 · 펄프 등으로 만들어진 식물질 섬유판과 석면 · 암면 · 유리섬유 등을 시멘트, 합성수지 등으로 고결하여 판상으로 성형한 광물질 섬유판이 있다.

④ 목모판 붙임 : 시멘트와 목모 또는 나무조각을 혼합 압축하여 판상으로 성형한 것

⑤ 합성수지 재료판 붙임 : 합성수지를 재료로 하여 벽을 마감하는 것

⑥ 타일 붙임, 돌붙임, 벽돌붙임 : 타일, 돌, 벽돌 등을 콘크리트면에 붙이는 것

(4) 경량 벽체

① 석고 보드(Gypsum board)

- 소석고를 주원료로 하여 톱밥, 섬유, 펄라이트 등을 혼합하여 판상으로 굳힌 것
- 차음성 · 단열성 · 방화성이 있으며, 온도변화에 의한 신축이 작다.
- 경량이고 가공하기 쉽다.
- 충격에 약하고 누수에 취약하다.

② 무석면 섬유보강 시멘트 보드(CRC 보드)

- 내충격성이 우수하며, 내수성이 우수해 습기에 강하다.
- 석고보드보다 가공이 어렵다.

③ ALC 블록

- 단열성능이 우수하며 경량이어서 운반 및 취급이 용이하다.
- 운반 과정에서 파손의 우려가 있다.

④ 경량콘크리트 복합패널

- 흡수율이 낮으며, 내구성이 우수하다.
- 가공이 어렵고 조인트 부분이 취약하여 균열 발생의 우려가 있다.

⑤ 압출성형 경량콘크리트 패널(아코텍 패널)

- 인공경량골재, 시멘트, 모래, 물, 기타 무기첨가제를 일정 비율로 혼합하여 압출성형의 공정으로 제조되는 것
- 강도, 내구성, 기밀성이 우수하며, 흡수율이 낮아 내수성이 양호하다.
- 가공이 어렵고 패널 중량이 무거워 불리하다.

⑥ 코펜하겐 리브(Copenhagen rib)

벽에 음향효과를 내기 위해 표면을 자유곡면으로 파내서 수직 평행선이 되게 리브를 만든 것으로, 의장적으로도 쓰인다.

(5) 경량철골 간막이벽

① 상하 구조체에 철제의 런너(Runner)를 설치하고 런너의 사이에 경량형강의 샛기둥(Stud)을 세워 벽틀을 구성한다.

② 습식공법과 건식공법

- 습식공법 : 메탈라스나 리브라스, 석고보드 등을 붙이고 모르타르, 플라스터로 미장하여 마감하는 것
- 건식공법 : 직접 석고 보드를 붙이는 것

③ 방화, 단열, 차음 등을 확실하게 하기 위해서는 벽체를 천장면에서 그치지 않고 보 하단 또는 슬래브 하단까지 연장시켜야 한다.

④ 창호 개구부는 크기에 적합한 보강을 하여야 한다.

⑤ 설비배관, 콘센트 박스, 소화전 등의 벽체의 타공 부위는 기밀성을 확보한다.

⑥ 석고보드의 설치시 중앙부분부터 고정시킨 후 점차 가장자리 부위를 고정한다.

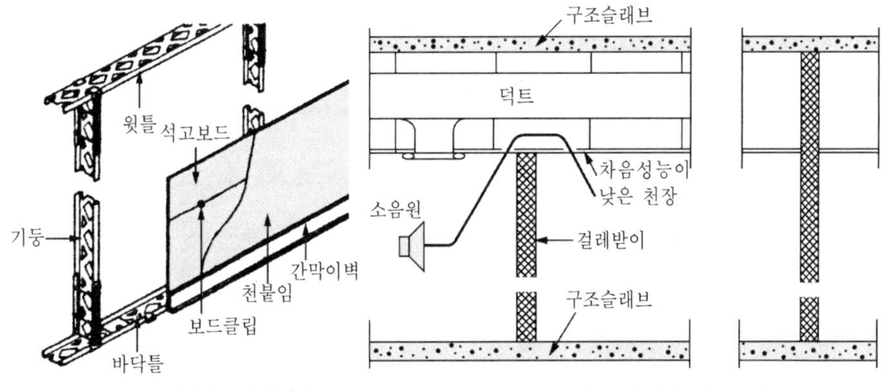

그림 10.1 경량철골 간막이벽

그림 10.2 간막이벽의 천장 차음

(6) 가동 간막이벽(Movable partition wall)

① 천장면의 아래에 매달려 설치된다는 것이 다른 간막이벽과는 다른 점이다.

② 설치와 이동이 자유로워 사용자의 다양한 요구에 대응하기 쉽다.

③ 차음효과를 기대하기 어려우므로 높은 차음성능이 요구되는 곳에서는 사용을 피한다.

2. 바닥

바닥은 사람이나 가구 등의 연직하중을 지지하고 풍하중, 지진하중 등의 수평력에 저항하는 기능을 가지며, 공간을 수직방향으로 구획하는 역할을 한다. 따라서 충분한 강도와 강성을 갖고 소리와 공기에 대한 높은 차단성능을 가져야 한다.

(1) 목재판 바닥

① 마루널 깔기 : 보통 제혀쪽매로 두께 18mm 이상의 쪽널을 깐다.

② 플로링 블록 깔기 : 크기 300×300mm, 두께 18mm의 것을 콘크리트 바탕에 부착시킨 것

③ 무늬목 마루판 깔기 : 합판 위에 무늬목를 얇게 켜서 붙인 것

④ 쪽매널 깔기 : 자연목의 작은 널판을 접착제를 사용하여 이어댄 것

(2) 붙임 바닥

① 타일붙임 : 콘크리트 바탕에 깔아 붙이게 되며 바닥용 클링커타일 및 모자이크타일을 사용한다.

② 돌붙임 : 내부를 보호·방수·표면 수장을 위하여 얇은 돌판을 모르타르로 붙이는 것

③ 벽돌붙임 : 벽돌을 세우거나 눕혀 깔고 일정한 문양을 내기도 한다.

④ 플라스틱 타일(Plastic tile) 깔기

- 콘크리트 바탕에 접착제를 사용하여 깔아 나간다.
- 아스팔트 타일(아스타일), 고무 타일, 염화비닐(PVC) 타일 깔기
- 촉감이 좋고 탄력이 있으며 내화학성이 우수하다.

⑤ 시트(Sheet) 깔기

- 출입구, 복도, 거실, 사무실 등 용도에 따라 종류와 재질을 선택하여 설치한다.
- 리놀륨(Linoleum), 염화비닐(PVC) 시트, 고무시트 깔기

- 리놀륨 : 아마인유의 산화물인 리녹신에 수지, 고무질물질, 콜크 가루, 안료 등을 섞어 마포 같은 데 발라 두꺼운 종이 모양으로 압연 성형한 제품
- 염화비닐(PVC) 시트는 늘어짐이 발생하지 않게 평행하게 붙이는 것이 중요하며, 이음매 처리를 확실히 한다.

⑥ 카펫(Carpet) 깔기

- 종류 : 수(手)직 카펫[융단, 후크 드러그, 윌튼 카펫], 기계직 카펫[아키스민스터, 터프티드 카펫, 니들펀치 카펫]]
- 공법 : 못박기공법, 메탈 몰딩(Metal molding)공법, 그리퍼(Gripper)공법, 접착공법
- 타일 카펫(Tile carpet) : 타일 형태의 카펫, 방음・쿠션・디자인 효과가 뛰어나다.

(3) 바름 바닥

① 시멘트 모르타르 바름 : 콘크리트 바탕면에 시멘트 모르타르를 바른다.

② 현장 테라조(Terrazzo) 갈기 : 콘크리트 슬래브 위에 자연석의 돌부스러기를 안료 등과 함께 모르타르로 굳힌 다음 물갈기한 것으로 인조석의 일종이다.

③ 합성수지 바름 : 이음새가 없고 방수성과 내약품성이 좋은 바닥을 만들 수 있으며, 주로 화학공장, 실험실, 체육관, 욕실이나 세면장 등에 사용한다.

④ 셀프 레벨링(Self leveling)재 바름 : 고르지 못한 바닥면에 물로 반죽하여 흘러부음으로써 자체 유동성에 의해서 수평으로 바닥면을 형성하는 것

(4) 액서스 플로어(Access floor)

① 바닥에 전선의 배관이 자유롭게 배치할 수 있도록 일정한 공간을 두고 떠 있게 한 이중바닥 시스템

② 공조, 배관, 전기, 전자, 컴퓨터 설치와 유지관리, 보수의 편리성, 용량조정의 편리성 등으로 사용된다.

③ 슬래브 위에 받침대(pedestal)로 지지된 사각 패널을 만들고 카펫, 비닐타일, 내마모플라스틱 등으로 마감한다.

④ 지지 형태(Support type) : 패널(panel) 공통(개별)조정 방식, 받침대(pedestal) 일체(분리) 방식, 지지볼트(Support bolt) 방식, 트렌치(Trench) 방식

⑤ 액서스 플로어 선정시 고려사항

• 지지 형태(Support type) : 높이에 따라 결정
• 판재질 : 하중조건에 따라 선정
• 마감재 : 실 용도에 따라 선정

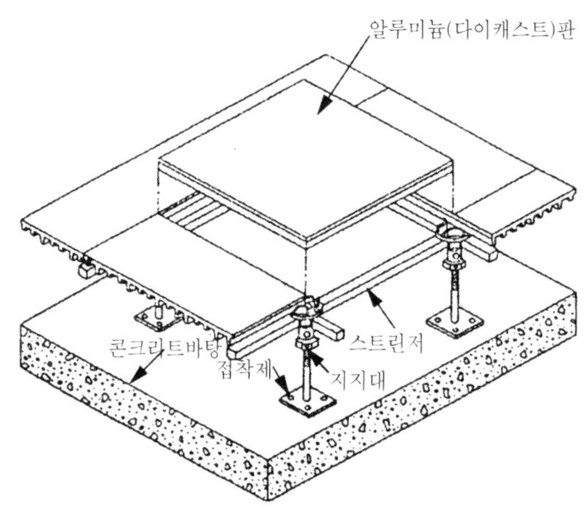

그림 10.3 액서스 플로어(Access floor)

(5) 걸레받이

① 청소시 걸레와 맞닿게 되어 더럽혀지는 것을 방지하고, 바닥재와 벽재의 연결을 매끄럽게 하기 위해 설치하는 것

② 높이는 200mm 정도로 벽면보다 10~20mm 정도 나오게 설치한다.

3. 천장

(1) 천장의 기능

① 지붕틀, 바닥, 보 등의 구조체를 감추고 에어덕트, 설비 배관, 전선관 등을 설치하기 위한 공간이 된다.

② 벽, 바닥과 같이 외부로부터의 영향을 어느 정도 차단 또는 흡수할 수 있다.

③ 소리, 열, 빛의 반사면으로도 이용된다.

④ 색, 모양, 면 등의 조합에 따라서 어떤 크기의 공간을 의장(意匠)할 수 있다.

(2) 반자는 천장을 가리워 댄 구조체이다.

① 제물반자

• 바닥판 밑면이 직접 천장의 역할을 하거나 바닥판 밑면에 직접 바름질한 천장
• 윗층의 바닥충격음이 그대로 전달되는 경우가 많으므로 주의한다.

② 달반자
• 윗층의 바닥 또는 지붕틀에 달아맨 천장
• 마감은 합판, 섬유판, 석면판, 목모시멘트판, 금속판 등을 붙여댄다.

(3) 일반적으로 경량철골 반자틀을 행거볼트로 매달아 간막이판을 설치하는 것과 격자로 틀을 짜서 못으로 붙이는 방법이 있다.

① 반자돌림대 : 반자의 가장자리벽과 천장과의 접속부에 둘러댄 테
② 반자틀 : 천장에 수평으로 건너 질러 반자틀을 붙이는 바탕이 되는 재료
③ 반자틀받이 : 반자틀을 걸기 위하여 그 바로 위에 가로댄 부재
④ 달대 : 반자틀을 보 위에 걸친 달대받이에 연결하는 수직재
⑤ 달대받이 : 보 위에 건너 질러 달대로 밑에 있는 반자틀을 매달아 고정하는 수평부재

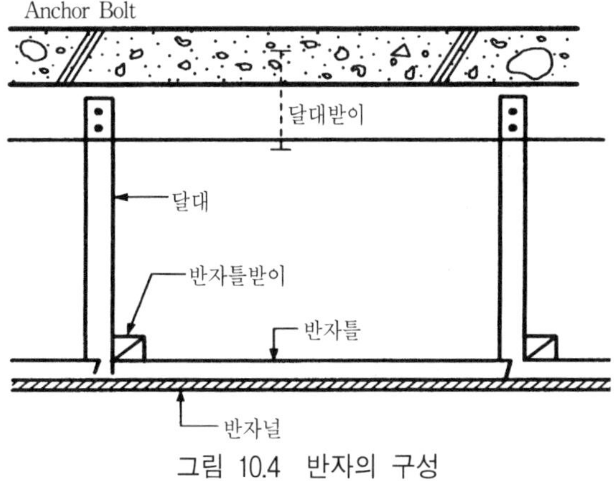

그림 10.4 반자의 구성

(4) 붙임 반자

① 판반자 : 합판, 각종 섬유제 보드류, 석면시멘트판, 석고판, 금속판 등을 대는 반자
② 널반자
• 치받이 널반자 : 반자틀을 짜고 그 밑에 널을 치올려 못을 박아 붙여 대는 것
• 살대 반자 : 넓은 널 또는 합판 등을 대고 그 밑에 면을 접는 살대를 대는 것
• 우물 반자 : 반자틀을 네모방틀 모양(격자)으로 하는 것

③ 구성 반자

- 천장 주위 또는 구석 일부의 반자를 일단 낮게 하여 일반 반자와 대조가 되게 한 반자
- 응접실, 거실 등의 장식 겸 음향효과와 전기조명시 간접조명을 하기 위한 반자

(5) 바름 반자

① 모르타르반자 : 콘크리트 바닥판 밑을 모르타르로 바르는 반자

② 도장반자 : 솔칠, 롤러칠이나 뿜칠을 하여 초벌칠, 재벌칠 한다.

(6) 경량철골 천장

① 반자틀을 경량 형강재로 하고 달대, 반자틀받이 등도 경량 형강재나 볼트를 사용한다.

② 인서트(Insert)는 거푸집 조립시 배치하여 콘크리트 내에 매설한다.

③ 인서트에 연결시키는 행거볼트의 길이는 보통 900mm 정도로 하고, 철골조의 경우 철골에 용접한다.

④ 행거 볼트(Hanger bolt)는 진동하는 덕트(Duct)류 등에 연결해서는 안된다.

⑤ M-BAR

- 가장 많이 사용되는 것으로, 나사못으로 각종 천장재를 고정한다.
- 매립형으로 구조적으로 견고하며, 천장판 이음이 밀착되어 방음효과가 우수하다.
- 설치 간격은 300mm 전후로 한다.

⑥ 반자틀과 반자틀 받이의 고정에는 클립(Clip)을 사용한다.

⑦ 석고보드 붙이기의 경우 석고보드를 M-BAR에 고정하여 벽 몰딩에 하중이 가해지지 않도록 유의한다.

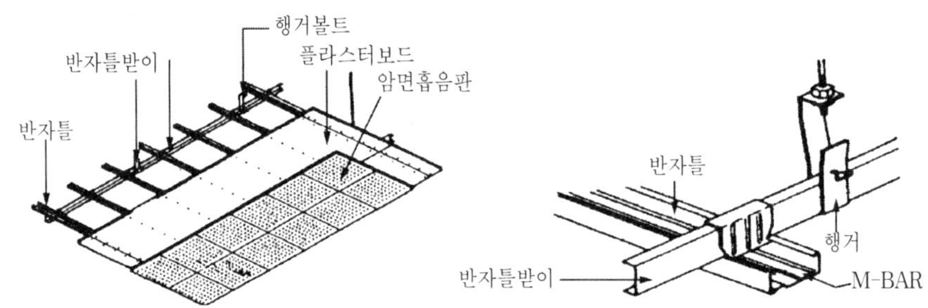

그림 10.5 경량철골 천장

(7) 시스템(System) 천장

① 설비기구와 천장마감재가 일체화되어 시공이 간단하고 공기를 단축시킬 수 있는 공법

② 일반적으로 T-BAR를 살대와 같이 평행으로 배열하고 조명, 공기 취출구(Diffuser), 스프링클러(Sprinkler) 등의 기기를 한줄로 배열하는 방법이다.

③ 천장 속 공간의 유지관리가 용이한 구조이다.

④ 천장재의 낙하방지를 위한 유의사항

- 공조기 및 스프링클러의 행거볼트는 슬래브에 직접 인서트시킨다.
- 흡출구와 덕트 사이는 유연성있게 처리한다.
- T-BAR에 마감재가 걸쳐지는 길이를 확인한다.

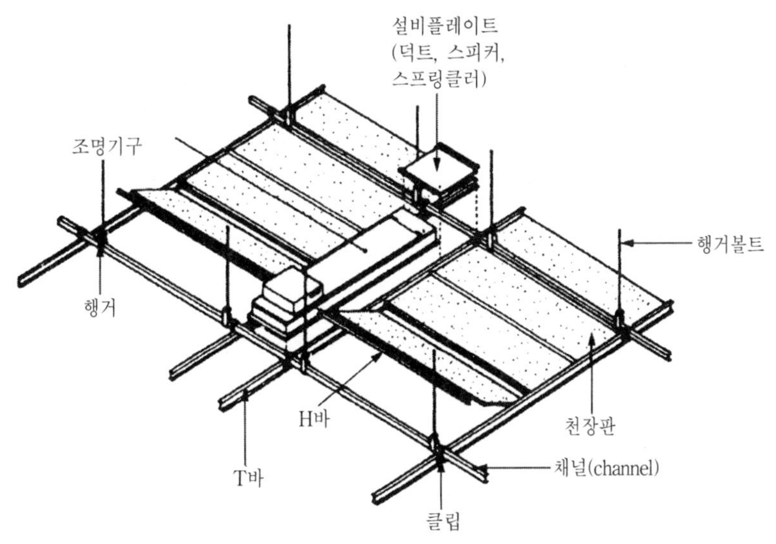

그림 10.6 시스템 천장

4. 커튼월(Curtain wall) 구조

커튼월(Curtain wall)은 공장 생산된 부재로 구성되는 비내력벽이며 구조체의 외벽에 고정철물(파스너)을 사용하여 부착시킨 것으로 초고층 건물에 많이 사용한다.

(1) 커튼 월의 특징

① 건물의 경량화

② 건축물의 부분적인 공업화

③ 품질관리의 용이
④ 성능의 개선

(2) 입면에 의한 분류
① 멀리언 방식(Mullion type) : 수직 부재인 멀리언을 노출시키고 그 사이에 창호나 스팬드럴 패널을 끼우는 방식으로, 외관상 수직을 강조한다.
② 스팬드럴 방식(Spandrel type) : 수평을 강조하는 창과 스팬드럴의 조합으로 이루어지는 방식
③ 격자 방식(Grid type) : 수직, 수평의 격자형 외관을 보여주는 방식
④ 피복 방식(Sheath type) : 구조체가 외부에 노출되지 않도록 패널로 은폐시키고 새시(Sash)는 패널 안에서 끼워지는 방식

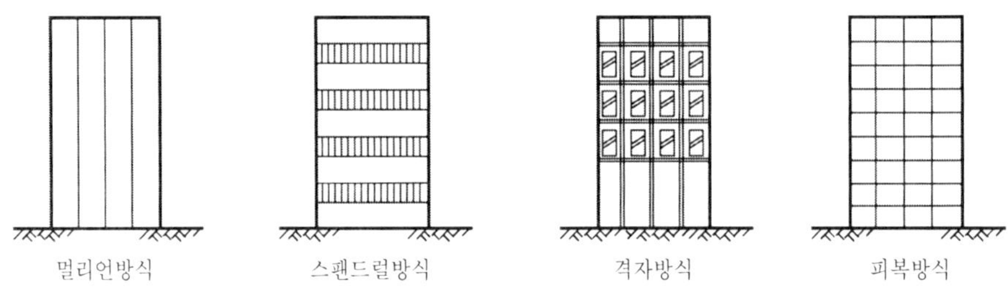

그림 10.7 입면에 의한 분류

(3) 구조방식에 의한 분류
① 멀리언 방식(Mullion system)
- 멀리언을 먼저 슬래브나 보 등의 구조체에 구축하고, 그 사이에 새시 및 스팬드럴 패널 등을 조립하는 방식
- 수직선을 강조한 큰 요철이 없는 평면적인 의장에 적용한다.
- 금속제 커튼월에 주로 사용한다.
- 통상 고정 파스너(Fastener)를 사용한다.
- 풍압력은 모두 멀리언을 거쳐 파스너에 전달되며, 지진력은 멀리언 접합부의 슬라이드 및 멀리언 자체의 변형에서 흡수한다.

② 패널 방식(Panel system)
- 커튼월 부재를 공장에서 제작, 유니트(Unit)화하여 현장 반입 후 설치하는 방식

• 층간형 패널 방식, 기둥형·보형 패널 방식, 연속벽 패널 방식
• 여러가지 형태의 디자인이 가능하다.
• 외관 및 프리패브(Pre-Fab) 측면이 강조되는 경우에 주로 사용한다.
• 풍압력 및 지진력에 대한 변위는 파스너 형식에 따라 패널의 거동에 다라 흡수된다.

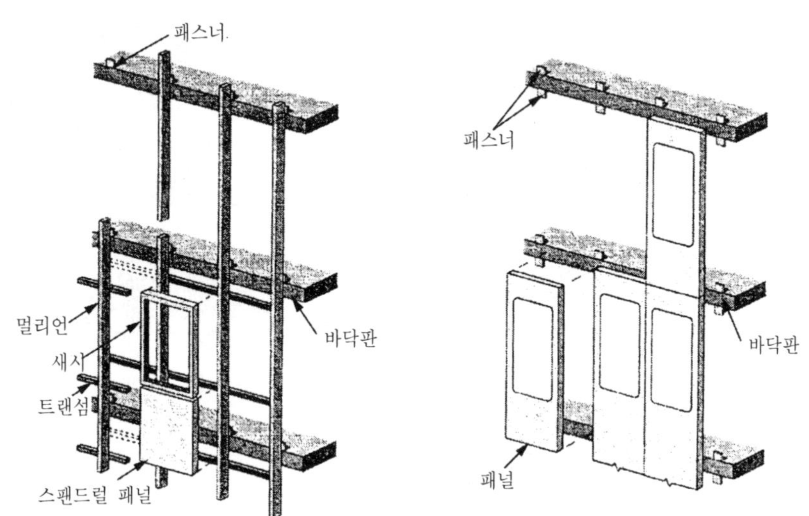

그림 10.8 구조방식에 의한 분류

(4) 조립방식에 의한 분류

① 유니트 월(Unit wall) 방식
• 구성 부재 모두를 공장에서 완전히 유니트화하여 현장에 반입·설치하는 방식
• 유리끼우기 작업까지 포함하는 경우가 일반적이다.
• 시공 속도나 품질관리의 업체 의존도가 높아 현장상황에 융통성을 발휘하기가 어렵다.

② 스틱 월(Stick wall) 방식
• 구성 부재를 현장에 반입해서 현장에서 조립 연결하여 설치하는 방식
• 유리끼우기 작업은 현장에서 실시한다.
• 현장안전과 품질관리에 부담이 있지만, 현장 적응력이 우수하여 공기조절이 가능하다.

③ 윈도우 월(Window wall) 방식 : 스틱월 방식과 유사하지만, 창호 주변이 패널

로 구성됨으로써 창호의 구조가 패널 트러스에 연결되는 점이 구분된다.

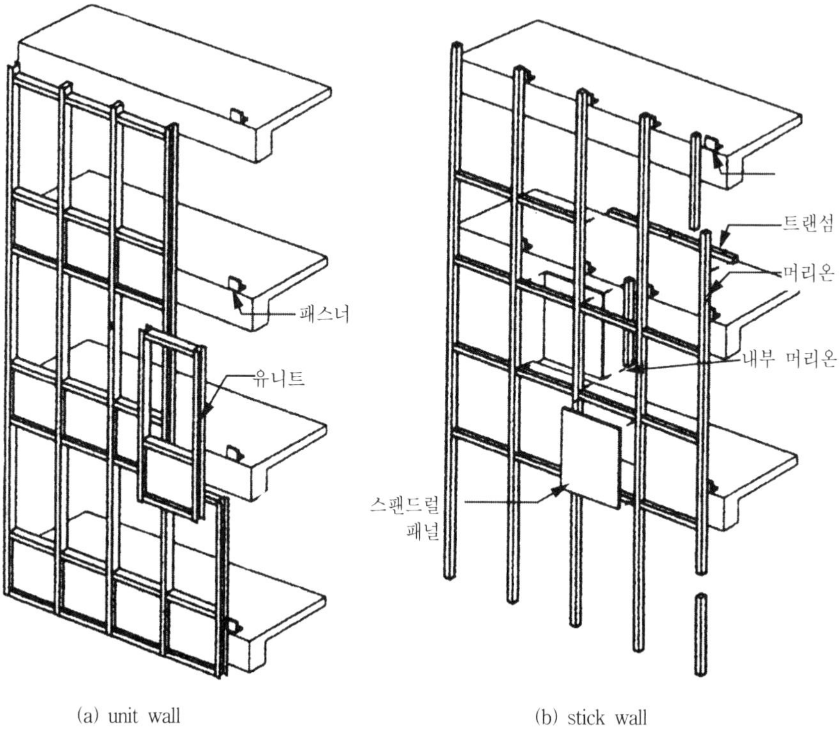
패스너
유니트
(a) unit wall
트랜섬
머리온
내부 머리온
스팬드럴
패널
(b) stick wall

그림 10.9 조립방식에 의한 분류

(5) 재료에 의한 분류

① 금속제 커튼월(알루미늄 패널, 강판 패널, 스테인리스 패널)과 콘크리트제 커튼월(G.P.C, T.P.C)이 있다.

② 알루미늄 패널

- 얇은 알루미늄판 사이에 단열재 등을 끼워 넣은 복합패널의 형태로 만들어진다.
- 경량으로 조립 가공이 쉬우며 부식에 강하기 때문에 많이 사용된다.

③ 강판 패널

- 가격이 저렴하나 녹이 발생하기 쉽다.
- 녹이 슬지 않도록 불소수지(PVDF)로 코팅된 아연도금 패널이나 금속제 표면에 유약을 입힌 법랑 패널이 사용된다.

④ 스테인리스 패널

- 고가이나 내후성이 좋고 외관이 미려하여 독특한 외벽의 디자인을 표현할 수 있다.
- 강성이 뛰어난 반면 가공에 제약이 따른다.

⑤ G.P.C(Granite Precasted Concrete)

콘크리트 커튼월을 공장에서 제작하면서 석재를 부착한 PC 커튼월

⑥ T.P.C(Tile Precasted Concrete)

콘크리트 커튼월을 공장에서 제작하면서 타일을 부착한 PC 커튼월

(6) 유리끼우기 방식에 의한 분류

① Pocket Glazing 방식

- 유리와 금속 사이를 충전하는 연성 재질의 적합성에 유의한다.
- Glass pocket : 유리를 끼우는 홈

② S.S.G(Structural Sealant Glazing) 방식

- 실리콘 고무계의 구조용 실란트를 사용하여 새시 주변을 고정하는 방식
- 프레임이 외부에 노출되지 않도록 함으로써 건물 외관을 향상시키는 방법의 커튼월

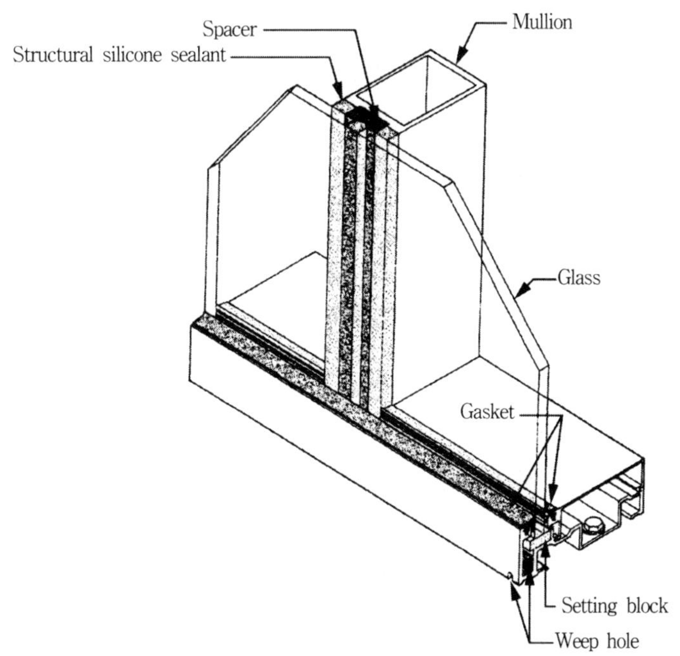

그림 10.10 S.S.G 방식

③ D.P.G(Dot Point Glazing) 방식

강화유리판의 네귀에 구멍을 뚫은 다음 특수한 철물을 사용하여 트러스 부재나 기둥, 보 등에 고정시키는 공법

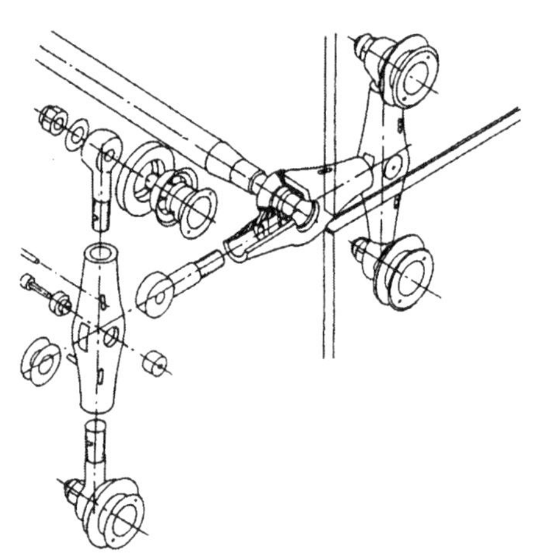

그림 10.11 D.P.G 방식

(7) 파스너(Fastener) 형식에 의한 분류

① Slide 방식(수평이동)

- 커튼월 유니트 상부를 지지단(일단은 고정단, 일단은 루즈단)으로 하고 하부는 상하 좌우 자유인 슬라이드단으로 하여 변위에 추종하는 방식
- 보통 슬라이드가 가능하도록 파스너 사이에 스테인리스판이나 불소수지계의 Backing재를 넣어 준다.
- 층간변위가 적은 부재, 횡으로 긴 부재에 적용한다.

② Locking 방식(회전)

- 유니트의 상부(지지단)에 핀(Pin) 파스너를 채용하고 하부는 상하 자유인 루즈(Loose)단 방식
- 지진 및 강풍에 의해 층간변위가 발생하면 자중을 지지하는 파스너를 축으로 회전하여 경사를 이룬다.
- 층간변위가 큰 부재, 종으로 긴 부재에 적용한다.

③ Fix 방식(고정)

- 모든 파스너를 고정하고, 변위에 대해서는 커튼월 유니트가 변형함에 따라 그 변형을 흡수하는 방식

• 유니트간의 줄눈재에 무리한 변형이 거의 없으며 슬라이드 방식에 나타나는 다양한 파스너 방식을 필요로 하지 않는다.
• 알루미늄 커튼월에 주로 쓰이는 방식

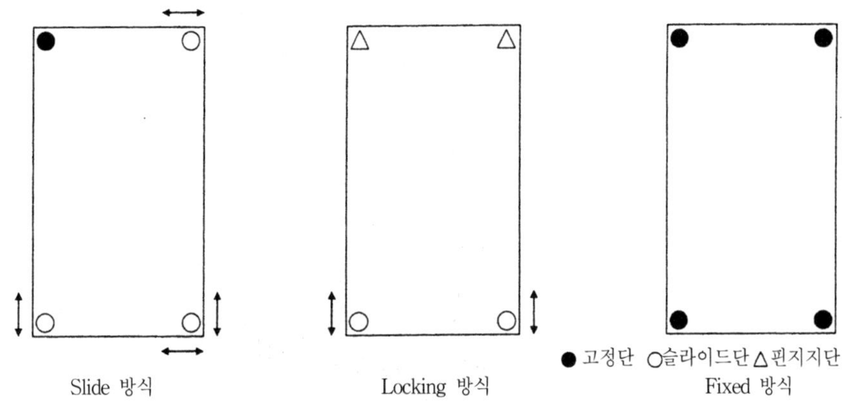

그림 10.12 파스너의 접합 방식

(8) 파스너(Fastener)

① 커튼월을 구조체에 긴결시키는 중요한 부품

② 파스너에 요구되는 기능

• 힘의 전달 기능 : 커튼월 자중의 지지, 지진력과 풍압력의 지지
• 변형흡수 기능 : 층간변위의 지지, 온도변화에 의한 신축흡수
• 오차흡수 기능 : 구조체 오차의 흡수, 제품 및 설치 오차의 흡수

③ 층간변위 : 지진력 및 풍압력 등에 의해 생기는 건물 구조체의 서로 인접하는 상하 2층 사이의 상대변위

④ 구조체에 직접 설치되는 1차 파스너와 커튼월 본체와 1차 파스너 사이의 오차를 조정하기 위한 2차 패스너로 구성된다.

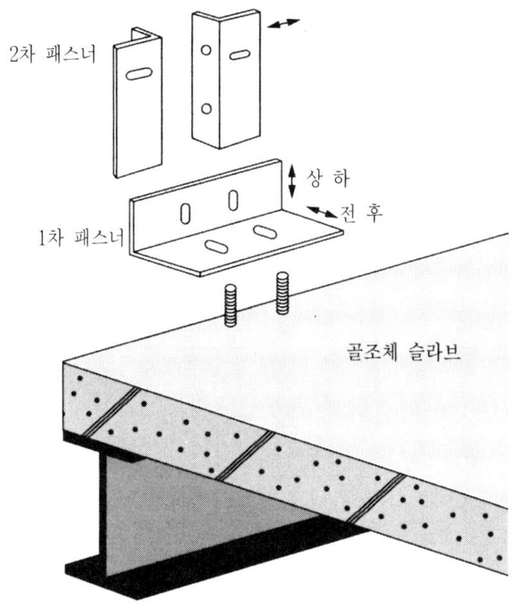

그림 10.13 파스너의 구성

(9) 접합부 줄눈 방식

① Closed Joint 방식

- 줄눈에 실링재를 충전하여 밀폐시킴으로써 물의 침투를 막는 방식
- 외부에 부정형 실링재(1차), 실내측에 정형 실링재(2차)를 설치하여 2단계로 누수를 차단하는 방식
- 1차 실링재가 파손되어 침투한 물은 2차 실링재에 도착하기 전에 배수되는 시스템을 사용한다.

② Open Joint 방식

- 내부와 외기의 압력을 거의 동등하게 유지하여 기압차에 의한 물의 이동을 막는 방식
- 1차측에 외기 도입구를 설치하여 공기를 도입하고 동시에 2차측에 기밀재를 이용하여 기밀성을 유지한다.
- 침투한 빗물도 중력에 의하여 하부로 흘 뒤 외부로 배수 처리한다.

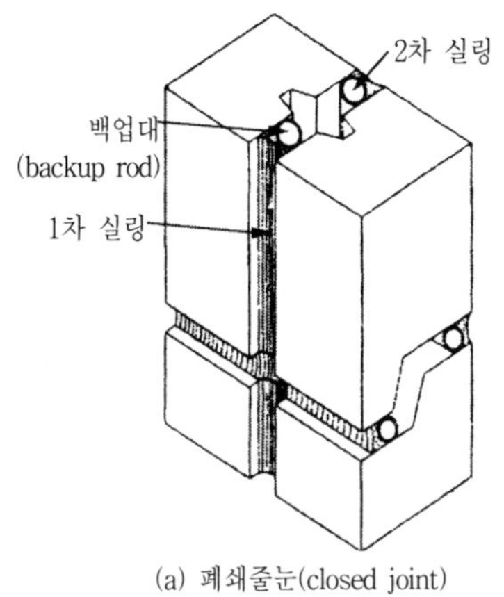

(a) 폐쇄줄눈(closed joint)

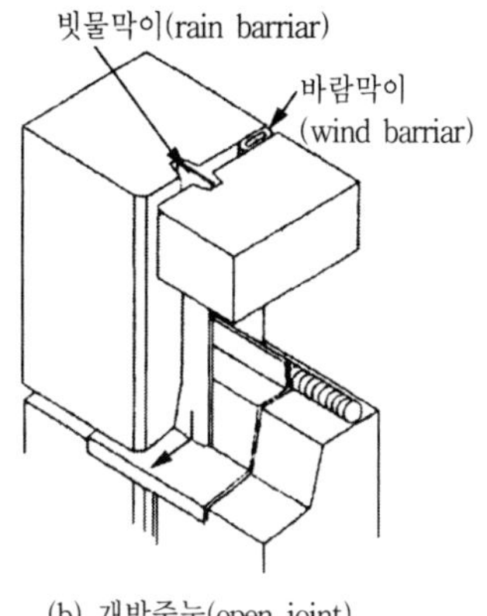

(b) 개방줄눈(open joint)

그림 10.14 접합부 줄눈 방식

(10) 커튼 월의 요구 성능

① 내풍압성 : 커튼월이 어느 정도의 풍압에 견딜 수 있는 지를 표현한다.

② 기밀성 : 실내외의 기압차로 흘러 들어오는 공기량의 정도를 나타내는 성능

③ 수밀성 : 특정 압력 하에서 실내측에 누수가 생기지 않는 것을 기준으로 한다.

④ 층간변위에 대한 추종성 : 수평 및 수직 방향의 변위에 추종하는 성능을 확보

⑤ 단열성 : 열관류율(K값) 또는 열관류저항(R값)으로 표시

⑥ 차음성 : 틈이 생기지 않게 정밀 시공하여 내외부 소음으로부터 차음성능 확보

⑦ 결로 방지성 : 내외부 온도차에 의한 접합부 및 모서리부 결로방지 가능한 공법 요구

⑧ 내열성 : 외기온도에 견딜 수 있는 성능 확보

참고문헌

1. 콘크리트 구조설계기준 해설, 한국콘크리트학회, 기문당, 2007.
2. 콘크리트 표준시방서 해설, 한국콘크리트학회, 기문당, 2003.
3. 건축구조 설계기준(KBC), 대한건축학회, 기문당, 2005.
4. 건축공사 표준시방서, 대한건축학회, 기문당, 2006.
5. 건축일반구조학, 정상진 외 7인, 기문당, 2001.
6. 건축일반구조학, 김세훈 외 5인, 기문당, 2003.
7. 최신 건축일반구조학, 김정수 외 5인, 문운당, 2002.
8. 건축일반구조, 강병두 외 1인, 구미서관, 2008.
9. 건축구조학, 정인규 외 4인, 기문당, 1995.
10. 건축구조학, 장기인, 보성각, 1999.
11. 최신 건축구조학, 이홍렬, 기문당, 2000.
12. 새로운 건축구조, 주석중 외 3인, 기문당, 2002.
13. 건축구조, 염창렬 외 1인, 한솔아카데미, 2009.
14. 건축구조·토질기초의 A to Z, 양지수 외 12인, 기문당, 2002.
15. 건축시공학, 신현식 외 6인, 문운당, 2000.
16. 건축시공학, 심명섭 외 6인, 기문당, 2003.
17. 건축시공학, 이찬식, 한솔아카데미, 2006.
18. 최신 건축시공학, 김정현 외 5인, 기문당, 2003.
19. 건축시공기술사 용어 설명, 김우식, 세진사, 2006.
20. 구조계획, 대한건축학회, 기문당, 1997.
21. 건축기술지침(건축Ⅰ,건축Ⅱ), 대우건설, 공간예술사, 2006.
22. 철근콘크리트 배근 상세도, 현대산업개발, 2007.
23. 최신 콘크리트공학, 한국콘크리트학회, 기문당, 2005.
24. 철근콘크리트 구조설계, 김상식, 문운당, 2008.
25. 철골 구조설계, 김상식, 문운당, 2000.
26. 건축기사 필기, 이종석 외 3인, 한솔아카데미, 2009.
27. 건축기사 실기, 한규대 외 3인, 한솔아카데미, 2009.

건축일반구조 정가 20,000원

저 자 정 세 환
정 순 오
발행인 문 형 진

판	권
검	인

2009년 8월 14일 제1판 제1인쇄발행
2010년 2월 9일 제1판 제2인쇄발행
2013년 3월 15일 제1판 제3인쇄발행

발행처 도서출판 세 진 사
136-087 서울특별시 성북구 보문동 7가 112-8
(세진빌딩)
TEL : 922-6371~3, 923-3422 · 7224 / FAX : 927-2462
〈2009. 3. 31 / 등록 · 서울 제307-2009-23호 / 등록번호〉